U0725571

阎卫东　吕文浩
王延臣　周鹏　著

地方高校产教融合高质量发展探索与实践

中国建筑工业出版社

图书在版编目（CIP）数据

地方高校产教融合高质量发展探索与实践 / 阎卫东
等著. —北京：中国建筑工业出版社，2022.4（2024.11 重印）
ISBN 978-7-112-27089-7

Ⅰ.①地… Ⅱ.①阎… Ⅲ.①地方高校—产学合作—
研究—中国 Ⅳ.①G649.2

中国版本图书馆CIP数据核字（2022）第019006号

　　产教融合促进地方高校内涵式发展、转型发展的目标和途径，是以产业需求为导向，建立面向生产一线的应用型、复合型、创新型人才培养机制的重要抓手。

　　本书系统分析了我国地方高校产教融合发展现状和存在问题，借鉴发达国家产教融合经验，以地方高校产教融合为研究对象，提出了地方高校以产教融合促进产业转型升级的路径，以及基于协同创新理论，以产教融合培养应用型人才的路径。书中还介绍了沈阳建筑大学基于产教融合开展教育教学改革，服务辽宁经济社会发展和建设行业转型升级的做法。

　　本书可供地方高校及从事产教融合教育教学改革的教学、科研人员等参考。

责任编辑：赵　莉　吉万旺
版式设计：锋尚设计
责任校对：姜小莲

地方高校产教融合高质量发展探索与实践
阎卫东　吕文浩　王延臣　周　鹏　著
*
中国建筑工业出版社出版、发行（北京海淀三里河路9号）
各地新华书店、建筑书店经销
北京锋尚制版有限公司制版
北京中科印刷有限公司印刷
*
开本：787毫米×1092毫米　1/16　印张：16　字数：301千字
2022年7月第一版　　2024年11月第二次印刷
定价：**58.00**元
ISBN 978-7-112-27089-7
　　（38937）

前言

◆ ◆ ◆

习近平总书记在庆祝中国共产党成立100周年大会上向全世界庄严宣告，中国全面建成了小康社会，历史性地解决了绝对贫困问题。正在意气风发向着全面建成社会主义现代化强国的第二个百年奋斗目标迈进，开启全面建设社会主义现代化国家新征程，这标志着我国进入了一个新发展阶段。

高等教育立足新发展阶段，必须贯彻新发展理念，坚持走以质量提升为核心的内涵式发展道路，营造新发展格局。地方高校是我国高等教育大众化的中坚力量，是教育强国建设的重要组成部分，承担着为地方经济社会发展和产业转型升级培养应用型人才的历史使命。当前，经济结构调整、产业升级加快、高校同质化发展等问题，都迫切要求地方高校培养大批高质量应用型人才，提高办学水平。因此，地方高校加快向应用型高校转变是时代要求和人民期盼，更是地方高校改革发展的必然趋势。

地方高校转型发展必须找准着力点和突破口，紧紧围绕行业需求和区域经济社会发展需要对人才供给侧进行改革，实现高等教育与产业协调发展。产教融合是地方高校向应用型转变的必由之路，是以产业需求为导向，建立面向生产一线的应用型、复合型、创新型人才培养机制的重要抓手。地方高校要紧紧抓住国家实施产教融合战略的机遇期，通过开放办学打破原有的办学藩篱和思维固化，整合办学资源，实现在宏观层面教育与产业的融合，在微观层面教学与生产的融合。地方高校要将产教融合作为学校教育教学改革的核心目标、主要途径和重要内容，更好地为新常态下国家经济社会发展和产业结构优化升级提供人才保障。

产教融合是地方高校贯彻落实党的教育方针政策的有效行动。2017年以来，党中央、国务院出台了一系列关于深化产教融合的政策文件，明确了将实施产教融合战略作为推进高等教育改革、加强人才队伍建设和创新产业发展的战略性举措，并要求高校改变单一作战的思维定势，通过发挥政府统筹推动和市场配置资源的决定性作用，着重发挥"城市承载、行业聚合、企业主体"功效，统筹部署、协调推进。以习近平同志为核心的党中央高度重视产教融合。习近平总书记亲自主持召开中央全面深化改革委员会第九次会议，会上审议通过《国家产教融合建设试点实施方案》，指出："深化产教融合，促进教育链、人才链与产业链、创新链有机衔接，是推动教育优先发展、人才引领发展、产业创新发展、经济高质量发展相互贯通、相互协同、相互促进的战略性举措。"

当前，面对日益激烈的人才竞争和逐渐加大的毕业生就业压力，如何通过产教融合为社会培养高素质的应用型人才成为地方高校发展过程中的一个重要问题。沈阳建筑大学以建筑、土木等学科为特色和优势，是住房和城乡建设部与辽宁省合作共建高校，是国家建筑行业优秀人才的摇篮。学校始终以坚持服务建设行业发展和辽宁经济社会发展为己任，不断探索深化产教融合、校企合作，形成了具有建筑行业特色的产教融合人才培养体系。本书是学校承担辽宁省普通高校本科教学改革研究项目"地方工科高校实施产教融合战略创新协同育人模式的研究与实践"，辽宁省社会科学规划基金教育学项目"基于产教融合的创新型专业学位研究生培养模式研究（L20AED005）"，辽宁省教育科学"十二五"规划重大课题"高校与行业、企业、科研院所联合培养人才的模式研究"，辽宁省新工科研究与实践立项项目"土木工程专业新工科人才学习质量提升路径的探索与实践"等项目的研究成果，相关成果获得辽宁高等教育教学成果奖一等奖，中国高等教育学会第九次高等教育科学优秀成果奖三等奖等奖项，主要研究观点被《新华文摘》论点摘编录入。

全书共分6章，介绍了地方高校产教融合的背景与意义，分析了相关概念及理论基础，梳理了当前我国产教融合的研究现状和国内外产教融合培养应用型人才的现状；提出了地方高校以产教融合促进产业转型升级的路径，以及基于协同创新理论，以产教融合培养应用型人才的路径。全书回顾梳理了沈阳建筑大学在产教融合发展中的经验，详细介绍了沈阳建筑大学基于产教融合开展教育教学改革，服务辽宁经济社会发展和建设行业转型升级的做法，为我国地方高校进行产教融合改革，培养应用型人才提供参考意见。

囿于时间和能力的关系，书中有很多瑕疵和不足之处，欢迎专家、读者悉心指正。

作　者
2021年10月于沈阳

目录

第5章
协同创新理论与地方高校产教融合 / 161

第1章

—— ◆◆◆ ——

绪　论

2021年1月，习近平总书记在省部级主要领导干部学习贯彻党的十九届五中全会精神专题研讨班开班式上发表重要讲话，强调"正确认识党和人民事业所处的历史方位和发展阶段，是我们党明确阶段性中心任务、制定路线方针政策的根本依据，也是我们党领导革命、建设、改革不断取得胜利的重要经验"。同样，当前和今后一个时期，把握新发展阶段的历史逻辑、理论逻辑和实践逻辑，充分认识地方高校在新发展阶段的时代内涵和机遇挑战，是探寻提升地方高校高质量发展实践路径的必要前提。

1.1 相关概念的界定

一、新发展阶段

（一）新发展阶段特征

回顾中国共产党百年奋斗的辉煌历史，根据不同时期的工作任务，我们提出不同发展阶段的划分表述。比如在1938年9月，毛泽东同志在党的六届六中全会上发表了《论新阶段》的政治报告和会议总结，提出了"新阶段"的表述；经过长期探索积累，以党的十一届三中全会为标志，中国进入改革开放新的历史时期，我们党将改革开放以来的阶段称为"新时期"；2012年11月，党的十八大召开，会议明确提出开启我国社会主义建设新阶段和新征程，我们也将十八大以来的时期称为"中国特色社会主义新时代"。党的十九届五中全会提出，"全面建成小康社会、实现第一个百年奋斗目标之后，我们要乘势而上开启全面建设社会主义现代化国家新征程、向第二个百年奋斗目标进军，这标志着我国进入了一个新发展阶段。"在庆祝中国共产党成立100周年大会上，习近平总书记向全世界庄严宣告，中华大地全面建成了小康社会，并且正在开启全面建设社会主义现代化国家新征程、向第二个百年奋斗目标进军的新发展阶段。新发展阶段已经成为我们党对现阶段发展的最新表述。

每个阶段的划分表述，都是与中国革命、建设和改革发展的工作任务相适应的，体现了每个发展阶段的时代背景、发展思路、发展方式、规划目标和动力源泉。同时，每个阶段的划分表述也反映了我们党对工作任务的准确判断、主动作为和主动求变，体现了我们党对发展的连续性和阶段性的认识，从而不断完善党的理论方针，进一步增加了思想自觉、政治自觉和行动自觉。阶段表述既反映了时代面貌，也体现了我们党的主动作为、勇于担当和科学施策，是主观与客观的辩证统一。

2021年1月，习近平总书记在省部级主要领导干部学习贯彻党的十九届五中全会精神专题研讨班上发表了重要讲话，对我国已经进入新发展阶段作了科学阐释，明确提出"进入新发展阶段、贯彻新发展理念、构建新发展格局，是由我国经济社会发展的理论逻辑、历史逻辑、现实逻辑决定的"。新发展阶段是实现共产主义社会过程中的一个阶段，是中国共产党带领人民迎来从站起来、富起来到强起来历史性跨越的阶段，是新中国成立以来特别是改革开放四十多年来建立起的雄厚物质基础上的新阶段，新发展阶段的提出有其深刻的理论依据、历史依据和现实依据。从"新阶段""新时代"到"新阶段"，再一次体现了我们党对社会主义建设事业的历史阶段的正确判断，是我们党明确阶段性任务、制定路线方针政策的根本依据，更是我们党领导革命、建设、改革不断取得胜利的重要经验。

习近平总书记指出："社会主义初级阶段不是一个静态、一成不变、停滞不前的阶段，也不是一个自发、被动、不用费多大气力自然而然就可以跨过的阶段，而是一个动态、积极有为、始终洋溢着蓬勃生机活力的过程，是一个阶梯式递进、不断发展进步、日益接近质的飞跃的量的积累和发展变化的过程。"中国特色社会主义不是一蹴而就的，还有很长的路要走，还有很多问题需要解决，需要党带领全国人民进行伟大斗争、建设伟大工程、推进伟大事业、实现伟大梦想，这也是社会主义初级阶段的主要任务。我们党提出开启全面建设社会主义现代化国家新征程，到2035年基本实现社会主义现代化，到21世纪中叶把我国建设成为富强民主文明和谐美丽的社会主义现代化强国的奋斗目标，既是社会主义初级阶段我国发展的客观要求，又是我国社会主义从初级阶段向更高阶段迈进的必然要求。因此，新发展阶段是社会主义初级阶段的一个组成部分，是初级阶段迈向更高阶段的重要组成部分。

新发展阶段的目标任务是全面建设社会主义现代化国家，当然我们建设的现代化必须是具有中国特色、符合中国实际的，是全体人民共享发展改革成果、实现共同富裕的现代化，是精神文明大发展和文化大繁荣的现代化，是青山绿水和生态文明的现代化，是和平发展和民族统一的现代化。

新发展阶段是在新发展理念基础上的发展，是更高质量、更有效率、更加公平、更可持续、更为安全的发展。从国际形势看，大国关系具有诸多不稳定因素；新冠肺炎疫情的爆发，加速全球经济动荡，世界经济发展下行风险逐渐上升；以通信技术、人工智能、物联网为代表的新兴科技正在重塑产业模式、商业模式。从国内形势而言，我国主要矛盾发生变化，第一个一百年目标已经实现，我们已经全面建成小康社

会，中国人民正在从"站起来""富起来"的基础上，向实现"强起来"的奋斗目标
而奋斗，经济从快速发展进入高质量发展的新常态，脱贫攻坚战取得伟大成果，乡村
振兴方兴未艾。国内国际环境的深刻变化对高等教育提出新的要求，使高等教育进入
高质量发展阶段，更好地发挥地方高校服务国家战略和区域经济社会发展，推进我国
从高等教育大国向高等教育强国迈进，迫切需要对我国高等教育特别是地方高校进行
系统的改革。

（二）新发展阶段对高等教育的要求

习近平总书记和党中央着眼于第二个百年奋斗目标及更长时期发展，提出了新发
展阶段的准确判断，系统提出了新发展理念，构建了新发展格局，改变过去发展的方
式和动力，实现自主发展和高质量发展，形成适应"两个循环"的发展动力和发展优
势。高等教育是社会发展的重要组成部分，在经济社会发展中肩负人才供给、科学创
新和社会服务的主要任务，要准确把握新发展阶段的目标任务，贯彻新发展理念，适
应并服务于新发展格局，不断优化教育结构、学科结构、人才结构，实现高等教育的
高质量发展。

构建新发展格局，就是要立足于新发展阶段，培育发展新动能，重塑发展新优
势，以适应国际国内发展新形势。高等教育在经济社会发展中发挥重要的促进作用，
历史经验不断证明，高等教育普及或大众化将提升人力资源水平，带动社会生产力的
提高和经济的快速发展。特别是在人均GDP突破1万美元关口，进入高质量或者高收
入阶段时，高等教育将发挥更大的促进作用。

2006年，世界银行发布《东亚经济发展报告（2006）》，提出了"中等收入陷阱"
概念，人口红利的消失和创新经济的匮乏将导致经济止步不前。中国能否陷入"中等
收入陷阱"中，成为社会关注的热门话题。研究发现，在解释成功跨越"中等收入陷
阱"和实现国家保持长期经济增长的差异中，教育质量相比于教育数量、高等教育相
比于基础教育、高级技能水平相比于基础技能水平，对于成功跨越"中等收入陷阱"
具有更重要的作用。高水平的人力资本，能够显著降低中等收入阶段经济增长放缓的
可能性。也就是说，高等教育发展水平的差异是决定经济体能否跨越中等收入阶段的
重要因素之一。

《中共中央关于制定国民经济和社会发展第十四个五年规划和二〇三五年远景目
标的建议》提出到2035年实现经济总量或人均收入翻一番目标，这就要求未来15年，
我国人均GDP增长速度需达到4.7%以上。要实现这样的经济增速，有赖于教育尤其
是通过高等教育增强人力资本投入，提高人力资源质量。2019年，我国高等教育毛入

学率达到了51.6%，实现了从大众化向普及化的历史性跨越。从国际经验看，当人均GDP达到1万美元，高等教育毛入学率一般为50%左右，但随着经济持续发展和人均GDP的提高，高等教育毛入学率会逐步提高，进入到深度普及化阶段。因此，在新发展阶段，我国高等教育进入大众化教育阶段，必须保证高入学率的同时优化教育结构，实现分类差异化发展，以满足社会的不同需求，提升高等教育服务社会的能力，进一步释放高等教育在新发展格局中的动能和发挥应有作用。

新发展格局要求实施创新驱动，加快科技自立自强。高等教育是推进科技创新和建设科技强国的关键环节。《中共中央关于制定国民经济和社会发展第十四个五年规划和二〇三五年远景目标的建议》提出"支持发展高水平研究型大学，加强基础研究人才培养"。高等教育机构特别是高水平研究型大学的使命是通过基础研究和应用型基础研究，实现教学与科研、人才培养的统一，在原创性和颠覆性成果上取得重大突破，在此过程中培养高层次人才。

回顾国际高等教育发展历程，科技创新始终与国家发展战略紧密相连。冷战时期，军备竞赛、美苏争霸实际上也是科技创新水平的竞争。20世纪50年代，苏联发射人造卫星，给美国和西方施加巨大压力。原本美国和西方希望仿效苏联的科教体制和高等教育制度，建立独立的研究机构体系，并委托他们进行基础科学研究和研究生培训。然而，经过认真调查研究，他们认为科研院所在应急研究和重点项目方面确实具有无可比拟的优势，但高校在开展基础科学研究和人才培养方面具有较大的优势。高校拥有高素质的教师队伍和充满激情、创造力的研究生队伍。研究生不仅可以学习知识，而且可以通过参与导师和学校的科学研究，获得研究经验、探索精神和创新意识。研究型大学基础研究的发展不仅有利于科技进步，而且有利于人才培养，研究生是提高国家科技竞争力的主力军。因此，曾经希望建立独立研究机构体系的美国，放弃了原来的计划，把科研任务交给了大学，促进了美国研究型大学的发展、研究生教育的飞跃和科技进步。日本还委托其研究型大学进行基础研究，国家研究机构主要负责关键技术。

高校是我国从事基础研究的主体。2020年，在国家科学技术奖励方面，高校在国家自然科学奖获奖占比达到67.4%、在国家技术发明奖获奖占比达到80.3%、国家科技进步奖获奖占比达到54.1%，进一步彰显了高校在我国科技创新体系中的重要地位。近年来，高校在事关国家核心竞争力关键技术方面取得了一系列突破，解决了很多卡脖子问题，创造了一批极具应用前景的科技成果和具有自主知识产权的高新产业。当前，我们启动了"双一流"建设，就是要让高校面向世界科技前沿和经济发展主战场，释放高等教育整体活力动力，实现基础研究和人才培养的高质量发展。

新发展格局要求提高人民生活品质，以收入增长和消费升级引领供给创新。高等教育是促进社会公平、扩大中等收入群体、促进国民经济良性循环的重要支撑。在新发展格局中，需要加快培育壮大中等收入群体，以收入增长和消费升级引领供给创新、以供给提升创造消费新增长点，从而使社会再生产的循环动力持续增强，实现更高水平的供需平衡，促进国民经济良性循环。随着我国产业链从低端向中高端的发展，生产劳动需要的技术含量和知识含量不断提高，对劳动力的专业结构、岗位结构和人力资源结构提出新的要求，这也要求高等教育进一步优化教育结构，实现结构、规模和质量有机统一。接受系统高等教育是知识经济时代中等收入群体的标志，伴随着我国高等教育进入普及化阶段，有超过50%的年轻人能够接受高等教育，这对于提高国民素质、培养和壮大中等收入群体意义重大。2018年，我国劳动年龄人口平均受教育年限达到10.26年❶，新增劳动力接受过高等教育的比例超过一半，这对于源源不断输送高质量的人力资源，改善人民生活品质，在以高质量供给适应引领创造新需求方面，发挥了重要作用。

高等教育在新发展阶段要以调整结构、优化体系、提高服务社会水平为重点，重点谋划以下9个方面工作任务：

1. 坚持以人民为中心，坚持公益性导向

高等教育立足新发展阶段，构建新发展格局，必须要坚持以人民为中心，不断强化高等教育公益性属性，把服务国家战略需求和人民对美好生活向往内化为价值追求，不断提高服务社会的属性、价值使命和社会担当。要不断发挥高等教育的人才培养、科学研究、社会服务、文化传承和国际交流的基本功能，彻底摒弃高等教育产业化思想，不断增加高等教育公益属性。这要求高校始终以国家需求和人民需要为目标，加强改革，提高质量。同时，政府要加强宏观引导和经济投入，特别是引导高校分类发展，加强基础性学科建设和技能型人才培养，把高等教育体现公益导向的发展内容纳入国家基本公共教育服务体系建设。

2. 坚持分类发展，优化教育结构，建设高质量高等教育体系

普及化时期的高等教育，不是精英化大众化时期高等教育体系的扩大版。应该告别"存量决定增量"的机械增长，实现结构化改革。要以经济社会发展、行业发展、

---

❶ 谢倩芸，蔡翼飞."十四五"时期我国教育人力资本供需形势分析[J]. 中国人力资源开发，2020，37（12）：17-33.

职业要求为依据，以实现人才培养的多元化、高等教育体系功能的多样化为目标，构建与高校人才培养目标和办学定位相符合的高等教育体系。建设高质量高等教育体系既是高等教育自身转型与变革的需要，更是与经济社会发展相适应转型与变革的需要。这种高等教育体系系统完善，既符合国家和社会优先发展目标，又保障人民群众享有基本的教育权利；既适应经济社会发展需要，又满足学习者多样性需求；既与职业教育、继续教育相融通，又体现终身学习理念。

要提升服务经济社会发展能力。提升高等教育服务经济社会发展能力、提高毕业生就业率、提高专业与职业的对口率和匹配度的重要环节是，优化学科专业结构和人才培养结构，构建起学科专业优化调整与毕业生就业、人才培养模式改革、教育资源配置和经费投入的联动机制，加强创新型、应用型、技能型人才培养。当前，应根据区域经济社会发展目标、产业调整、就业岗位变化等情况，健全专业预警机制，建立完善"奖优退劣"的激励机制，提高专业设置的质量，促进学科专业结构的优化。引导高校围绕办学定位和市场需求，制定学科专业建设与调整规划，聚焦重点和优势，集中建设好优势特色学科专业群，打造并不断增强集群优势。

3. 坚持立德树人，把牢人才培养方向

党的十八大以来，习近平总书记高度重视高等教育，把高校育人工作上升到培养社会主义建设者和接班人的高度，提出了立德树人的根本任务，推动我国高等教育不断开创新局面。2020年9月，总书记在教育文化卫生体育领域专家代表座谈会上发表重要讲话，提出人力资源是构建新发展格局的重要依托。当前国际局面纷繁复杂，逆全球化愈演愈烈，面对繁重的奋斗目标，党和国家的事业对优秀人才需求更加迫切。高等教育要肩负起为党育人、为国育才的重任，把握新发展阶段人才的需求，不断融入国家发展大局，培养出各级各类适应社会需求的人才。

为谁培养人，这是世界上任何国家高等教育始终要回答的首要问题。我国高校是中国共产党领导下的高校，因此，必须坚定正确的政治方向，始终坚持为人民服务、为中国共产党治国理政服务、为巩固和发展中国特色社会主义制度服务、为改革开放和社会主义现代化建设服务的"四为"方针，培养立志为中国特色社会主义事业奋斗终身的有用人才。高校的改革发展首先要站稳政治立场，始终加强党对高校的领导，贯彻落实党的教育方针，坚持用习近平新时代中国特色社会主义思想铸魂育人。要不断强化立德树人根本任务，课程思政，构建"思政育人"工作体系和德智体美劳"五育并举"的教育体系，实现全员全程全方位"三全育人"工作格局，培养社会主义现代化建设者和接班人。

4. 优化人才培养结构，构建人才培养体系

新发展阶段对人才需求是多样化、差异化的，这就要求高等教育要通过调整人才培养结构，改变过去同质化的办学模式和无差别化的育人体系，要大力培养创新型、应用型人才，强化培养优秀拔尖人才，以满足社会的不同需求。一是要面向国家战略需求和科技前沿，特别是关键领域加快培养紧缺人才，补齐人才短板，解决社会急需问题；二是面向国际竞争和产业升级，加快培养跨学科、复合型拔尖人才。当前跨学科交叉带动产业转型升级步伐加快，高校要不断调整学科结构，加强交叉学科建设，加强跨学科人才培养；三是面向社会需求和地方经济发展，服务科技创新和产业升级，优化人才培养类型，加大应用型、创新型人才培养比重，为经济发展主战场提供大量有为的创新、应用型人才，让各类人才在新发展阶段大格局中各显其能，各尽其才。

新发展阶段的一个主要特征就是应对当前新冠肺炎疫情深刻冲击和国际局势构建"双循环"发展格局。无论是国内循环还是国际循环，都要以高质量人才做保障。高等教育立足新发展阶段，首先要融入国内循环体系之中，构建与国内循环相适应的人才培养体系，包括教学体系、思政体系、管理体系，涉及课程建设、教材建设、专业建设、实践平台等各个育人环节，是一项复杂的系统工程。首先，高等教育要以国内循环需求为导向，面向国家急需、战略性需求和人民群众对美好生活的向往，从各方面入手促进人才培养模式改革，打通学科壁垒，促进产业与教育、行业与学校、科研与教学、理论与实践相融合，实现各方协同育人合力，提高人才培养水平。同时，要在遵循教育教学规律的基础上，探索具有先进教育理念、符合我国国情的中国高等教育模式，增强自主发展模式，增强服务社会主义现代化建设能力。要激发教育活力，通过教育评价，以破除"五唯"为引领，强化师德师风、重视社会服务、尊重学生的教育主体地位等举措，激发教与学双向动力。

5. 紧跟国家战略需求，促进高水平科研成果转化

关于加强科技创新和突破关键核心技术方面，习近平总书记对高等教育寄予了厚望。在教育文化卫生体育领域专家代表座谈会上，习近平总书记要求"高校要勇挑重担，释放高校基础研究、科技创新潜力，聚焦国家战略需要，瞄准关键核心技术，特别是'卡脖子'问题，加快技术攻关"。随着高等教育与社会发展关系愈发紧密，高校服务社会的主要职责愈发显得重要，中国高等教育是服务人民、服务中国共产党治国理政、服务中国特色社会主义制度和服务改革开放和社会主义现代化建设的，这就需要高校紧密服务国家战略需要和经济社会发展需求，以"育一流人才、产一流成

果"作为服务国家需求的主要任务，不断提高贯彻新发展理念、服务新发展格局的能力和水平。

"两个循环"发展格局必须要以国内循环为主体，这就要求高等教育要进一步发挥科技创新能力，引领高端产业和战略性产业发展，解决一批"卡脖子"难题，为国内循环产业链和供应链的稳定提供科技创新保障。高等教育要进一步加强政产学研合作，促进产教深度融合，提高基础研究和应用研究能力，加快科技成果转化落地，为畅通双循环提供坚强保障。

6. 增强基础研究能力

钱学森之问、李约瑟之问，"卡脖子"现象等，都反映出一个问题，就是我国基础研究能力和产出是我国教育的一个短板问题。2020年9月，习近平总书记在科学家座谈会上发表重要讲话，对高校科技创新工作提出了新的要求，"要加强高校基础研究，布局建设前沿科学中心，发展新型研究型大学。"长期以来，我国基础研究人才匮乏，顶尖人才短缺，导致我国长期缺少重要原创性成果。因此，要从交叉学科入手，从体制机制改革入手，加大基础研究投入比重和支持力度，建立有利于基础研究和理论创新的评价制度，建设一批高水平的研究团队。特别是要发挥"双一流"的导向作用，汇聚各方英才开展关键领域的技术攻关，构建全新的基础研究工作架构和工作体系，推动高等教育在新发展阶段中发挥更加积极的作用。

7. 做实科学、产业、教育三者融合

科学、产业、教育是三个不同的主体，各自独立又相互促进。科学与教育的融合是将科研资源和创新成果转化为教育教学内容，提高人才培养水平；产业与教育融合则是通过让产业成为教育主体，教育服务产业升级，促进教育链、人才链与产业链、创新链的"四链"衔接。因此，科学、产业、教育三者融合，是推进人才资源供给侧改革的迫切需要，也是教育服务科研、产业升级的必然要求，三者融合对提高科技创新水平、产业结构升级、人才培养质量提升均有重要的推动作用。

高等教育要始终以人才培养为核心功能，将科学研究有效融入教育教学，让学生走出象牙塔，鼓励学生开展创新性学习和研究性学习，为学生搭建学术平台；高校要让教育链、人才链与产业链、创新链紧密对接，打造适应产业链、创新链的专业体系和教学平台，深入开展高校、行业、企业、科研院所协同育人；研究生培养要融入产教融合理念，调整优化学科专业设置，大力发展培养高层次应用型人才的专业学位教育，开展校企合作的研究生培养项目，将研究课题与产业发展亟须解决的现实问题紧密结合，满足企业新型人才需求，促成科研成果及时转化。

8. 以高水平对外开放，提升教育服务质量

"双循环"发展格局是以内循环为主的发展模式，但是并不是封闭的发展，而是开放的、国内国际的双循环。习近平总书记在庆祝中国共产党成立100周年大会上强调，"以史为鉴、开创未来，必须不断推动构建人类命运共同体。"当今世界，人类命运共同体意味着各国利益高度融合，合作共赢是大势所趋。这也要求高等教育树立新发展理念，不断完善内部治理结构和发展模式，不断完善评价体制和治理能力，以高质量发展加快对外开放，在国际合作和竞争中形成新的发展优势，树立具有世界影响力的中国高等教育形象。同时，高等教育要以更好的站位，宽广的胸怀和高远的视野谋划国际交流与合作，在国际交流中贡献中国智慧，展示中国姿态，以互利共赢、提升质量为原则，积极同世界一流大学开展高水平人才联合培养和科技联合攻关，引入国际优质教育资源，为我国经济社会发展提供支撑。重视发展中外合作办学，探索适应多元教育体制的教育教学新模式，培养具有全球视野、家国情怀、现代意识和创新精神的国际化人才。

9. 坚持思想文化引领

高校肩负文化传承与创新的职能。在新发展阶段，要实现更高质量、更可持续的发展，就必须发挥高等教育在人文交流、思想交流、文化沟通等领域作用，要通过"请进来"和"走出去"，用包容开放的心态和国际化视野加强同世界各国交流合作，不断学习吸收各国发展成果与经验。同时，要进一步坚定文化自信，积极传播中华优秀文化和中国共产党治国理政的理论与实践，在构建人类命运共同体中贡献中国智慧，彰显中国对人类文明价值的引领，构建中国特色、富有活力、充满韧性的教育发展体系。

二、地方高校

（一）地方高校的发展历程[1]

回顾我国高等教育办学历史，对高等教育的集权与放权始终交替。

1. 集权管理与统一领导（1949—1956年）

中华人民共和国成立之初，我国实施高度集中的计划经济体制，体现在教育领域，实施了对高等教育的集中管理，由中央统一领导。

---

[1] 郝维谦，龙正中. 高等教育史[M]. 海口：海南出版社，2000.

中华人民共和国成立之前的民国时期，我国高等教育分为国立、省立和私立三个部分，中华人民共和国成立后，与计划经济相适应，同时也是为了统一高等学校的政治属性，实现高校公立化成为首要任务。1950年7月，中央人民政府政务院发布了《关于高等学校领导关系的决定》，提出了以全国高等学校由中央人民政府教育部统一领导为原则，中央人民政府教育部对全国高等学校（军事院校除外）均负有领导责任。同时，受"一边倒"政策的影响，高等教育引入了苏联的大学模式，高度集中的管理体制领导高等教育体制。1952年，开启高校体制改革，即所谓的"院系调整"，将全部私立学校改为公立办学，从组织形态和物资形态上彻底消除私立学校，全面建成了公立高等教育体系，实行中央办学体制，这也奠定了此后大学行政化特征的基础。1953年5月，修订了《关于高等学校领导关系的决定》，进一步强化了中央政府对高等学校的统一领导，高校由教育部与其他中央主管部门主办和管理，也奠定了部委属高校的办学格局。截至1955年，全国共计227所高等学校，基本上均隶属于高教部和中央有关业务部门直接领导和管理。

2. 中央、地方办学格局（1956—1965年）

1956年，社会主义改造基本完成，确立了我国社会主义政治制度和经济制度。1956年4月，毛泽东同志《论十大关系》发表，初步提出了中国社会主义政治、经济建设的方针政策，对今后一个时期我国高等教育发展都有很强的针对性和指导作用。受《论十大关系》影响，1956年6月，全国人大一届三次会议分析了高等教育面临的问题，认为高校办学体制过于单一，地方办学的积极性不高，要有计划地下放办学权力。截至1958年，全国共有高校229所，其中187所高校下放到地方政府领导管理，占全部高校的81%，这是中华人民共和国成立以来首次出现地方高校，也为此后地方高校发展奠定了基础。

"一放就乱，一管就死"一直是计划经济的弊端，在高等教育方面也是如此。1956年后办学权力的陆续下放，一定程度上改变了高等教育过分集中管理的弊病，极大地发挥了地方高校办学积极性。但伴随1958年开始的"大跃进"和人民公社化运动，高指标、瞎指挥、浮夸风、"共产风"等错误泛滥，高等教育也不可避免地陷入其中。从1958年至1960年的三年时间，全国高等院校"大跃进"，由229所猛增到1289所。高校猛增现象，既增加了财政负担，也违背了教育发展规律，导致高等学校出现了不同程度的乱象，高等教育质量受到严重影响。

1961年中央《关于1961年国民经济计划控制数字的报告》首次提出"调整、巩固、充实、提高"的方针，高等学校也相应进行了整顿调整。邓小平同志系统总结

1950年代我国高等教育管理体制的经验教训，提出"为了改进我国高等教育事业的管理，对于全国高等学校加强统一领导和分级管理，是一个亟待解决的问题"。1963年5月，中共中央、国务院颁发了《关于加强高等学校统一领导、分级管理的决定（试行草案）》，明确规定"对高等学校实行统一领导，中央和省、直辖市、自治区两级管理的制度"，并对两级如何分工作了具体规定。

截至1965年，全国高等学校的数量由1960年的1289所调整到434所，其中高教部直接管理34所，中央业务部门管理149所，省、直辖市、自治区管理251所。至此，我国高等教育中央、地方分别办学、分级管理的模式和格局基本形成。中央、地方分别办学的高等教育管理体制较好地调动了中央、业务部门和地方办学的积极性，为社会主义建设提供了大批人才队伍。但是，政府行政化管理始终如一，学校缺乏办学自主权，外行指导内行现象严重，高等学校缺乏特色和分类管理，加之中央与地方办学各行其是，缺乏沟通，也造成了大量的资源浪费。

"文化大革命"期间，高等教育事业发展受到严重冲击，脱离了正常发展轨道，原有办学体制和管理模式遭到破坏，全国绝大部分高校被下放给地方管理。

3．中央、省、市三级办学体制（1978—1998年）

1978年，全国共有高校598所，其中部属高校255所，教育部所属38所，其他部委所属217所，省级地方政府所属343所。党的十一届三中全会开启了改革开放新的历史时期，我国经济、政治、思想等领域全面进行改革，高等教育得到全面恢复和发展，教育领域也开始逐步探索体制改革。

1984年，邓小平在肯定《中共中央关于经济体制改革的决定》时说，"进行社会主义现代化建设必须尊重知识，尊重人才"，"科学和教育对国民经济的发展有极其重要的作用。随着经济体制的改革，科技体制和教育体制的改革越来越成为迫切需要解决的战略性任务。"在邓小平积极有力的支持下，在积极吸取美国、苏联，特别是第二次世界大战后德国、日本的教育制度基础上，1985年5月，中共中央发布了《中共中央关于教育体制改革的决定》，提出高校要成为依照国家法律和教育规律办学、相对独立的办学实体，改变政府对高校统得过多的管理体制，扩大高校的办学自主权。为了调动各级政府办学的积极性，实行了中央、省（自治区、直辖市）、中心城市三级办学的体制。

1986年3月，国务院贯彻落实《中共中央关于教育体制改革的决定》，发布《高等教育管理职责暂行规定》，进一步明确了高等教育管理体制改革的内容和任务，对中央各有关业务主管部门、省（自治区、直辖市）高校的权利、义务进行了进一步规范，对高等教育的管理职责做了明确规定。

《中共中央关于教育体制改革的决定》和《高等教育管理职责暂行规定》的出台，都是为了加强高等学校办学的主动性和积极性，赋予高校更多的办学自主权，也促进高校在此后一段时间积极作为，学科专业建设不断完善，建立了与经济社会发展相适应的高等教育结构。然而，随着社会经济的不断发展，经济体制改革的不断深入，高等教育管理体制与经济社会发展需要不相适应的问题不断增多，办学体制僵化的现象并没有得到根本性的解决。

进入20世纪90年代，深化高等教育管理体制改革，解决政府与学校、中央与地方、国家教育委员会与中央各业务部门之间的关系始终是教育改革的重点环节。国家先后出台了《关于加快改革和积极发展普通高等教育的意见》《中国教育改革和发展纲要》《关于深化高等教育体制改革的若干意见》，旨在消除高校"条块分割"的管理体制，推动中央与地方共建、共管的工作格局，推动高校合并，实现高等教育资源整合，形成"共建、调整、合作、合并"四种主要改革模式，为进一步推动高等教育管理体制的改革奠定基础。

4. 中央地方共建，地方统筹为主（1998—2000年）

党的十五大提出机构改革历史任务和方针政策，1998年，国务院提出了国务院机构改革的方案。煤炭工业部、机械工业部、冶金工业部、化学工业部等9个国务院工业部委撤并为国家经贸委下属的工业局，中央机关机构调整给高等教育办学体制改革带来了前所未有的机遇与环境。与国务院机构改革相适应，国务院作出了《关于调整撤并部门所属学校管理体制的决定》和《关于调整撤并部门所属学校管理体制实施意见的通知》，对部委属高校进行了重大调整。在93所普通高等学校中，除中国矿业大学、华北矿业高等专科学校暂时仍由国家煤炭工业局管理外，其余91所普通高等学校都实行中央与地方共建。考虑到一些学校在人才培养、科学研究等方面的特点和作用，对东北大学、北京科技大学、吉林工业大学、湖南大学、中南工业大学、中国纺织大学、北京化工大学、无锡轻工大学、武汉工业大学、合肥工业大学10所普通高等学校，在实施共建中与其他院校有所区别，日常管理以地方为主，重大事项以中央为主。其余81所普通高等学校，实行中央与地方共建，以地方管理为主。

1999年1月，国务院作出《关于调整五个军工总公司所属学校管理体制的决定》和《关于调整五个军工总公司所属学校管理体制实施意见的通知》，对航空、航天、兵器、船舶、核工业等五个军工总公司直属的25所普通高校和高等职业学校都实行中央与地方共建，其中：北京航空航天大学、西北工业大学、南京航空航天大学、哈尔滨工业大学、北京理工大学、南京理工大学、哈尔滨工程大学等7所学校为国防科工委所属学校，其日常管理以地方管理为主，重大事项以国防科工委管理为主，其余18所高校全部以地方管理为主。

1999年12月，为了进一步调整部委属和事业单位学校管理体制和布局，国务院作出了《关于进一步调整国务院部门（单位）所属学校管理体制和布局结构的决定》，决定除教育部以及外交部、国防科工委、国家民委、公安部、安全部、海关总署、民航总局、体育总局、侨办、中科院、地震局等部门和单位继续管理所属学校外，国务院其他部门和单位不再直接管理学校。

2000年2月，国务院办公厅转发教育部等部门《关于进一步调整国务院部门（单位）所属学校管理体制和布局结构实施意见的通知》，涉及258所部委属高校的办学管理体制和布局结构的调整。在整个办学和管理体制改革过程中，原部委属的400余所高校改为由中央与地方共建，以地方为主管理，这可以说是地方高校的第二次大的发展。

1998—2000年高等教育管理体制和布局结构的调整是中华人民共和国成立以来比较大的高等教育结构调整，我国高等教育办学体制改革取得了质的突破，彻底改变了中央部门、单位和地方政府分别办学、分割管理的模式和格局，基本实现了中央和省级政府办学、以省级统筹为主，条块有机结合的高等教育管理体制框架，也奠定了我国目前高等教育的基本结构布局。

（二）新发展阶段地方高校面临的机遇和挑战

在新发展阶段，特别是国家出台"双一流"战略和行业转型发展的改革背景下，地方高校发展面临机遇与挑战。

1. "双一流"战略带来的机遇与挑战

2017年1月，《统筹推进世界一流大学和一流学科建设实施办法（暂行）》正式颁布，标志"双一流"建设正式启动。"双一流"建设总体目标是到2020年，若干所大学和一批学科进入世界一流行列，若干学科进入世界一流学科前列；到2030年，更多的大学和学科进入世界一流行列，若干所大学进入世界一流大学前列，一批学科进入世界一流学科前列，高等教育整体实力显著提升；到21世纪中叶，一流大学和一流学科的数量和实力进入世界前列，基本建成高等教育强国。

"双一流"建设方案是继"211工程""985工程"等教育重点建设项目之后的又一次国家教育发展改革项目。不同的是，"双一流"建设打破了原有项目身份固化、竞争缺失、重复交叉等问题，对促进公平竞争和高校特色发展具有重要推进作用。国家

"双一流"建设方案提出后，各省也开展了"双一流"建设方案，鼓励和支持不同类型大学和学科差别化发展，鼓励高校根据自身实际，合理选择"一流"建设路径。

长期以来，我国中央部属高校占据着得天独厚的发展资源，而地方高校在有限资源内既要实现规模扩张又要应对激烈竞争，导致地方高校同质化倾向严重，发展积极性受阻。"双一流"建设解决了高校之间长期以来身份固化的体制性障碍，为地方高校发展带来了难得的战略机遇。

首先，身份固化被打破，能有效调动高校改革发展积极性。"211工程""985工程"是特定历史时期的应对之举，对提高中国高等教育质量，适应经济发展起到了积极促进作用，并且维护了中国高等教育的国际形象。随着时代变迁，一成不变的等级划分势必影响高等教育发展活力，阻碍规模庞大的地方高校发展积极性，进而影响教育强国建设进程。"双一流"建设统筹推进高校整体发展，改变了一成不变的发展格局，一定程度上打破了教育不均衡发展的机制障碍和几家高校独大的发展模式。

其次，"双一流"建设通过竞争机制引导地方高校加快发展。"双一流"建设支持一部分高校冲击世界一流，也鼓励其他高校依靠自身发展提升我国高等教育综合实力，鼓励高校各显身手，在各自领域实现一流。"双一流"建设将实施范围从部委属高校扩展到全部高等教育体系，为地方高校发挥独特优势，挖掘潜力提供了可能；同时，地方高校"双一流"建设资金由地方统筹，中央引导支持，改变了条块分割的支持局面，创造了公平的发展环境，地方高校完全可以通过"一流"建设在各自领域追求卓越、争创一流，实现超越发展。

最后，"双一流"建设鼓励多样化发展，为地方高校提供发展契机。以往发展模式只重视学校，忽视了学科在高等教育体系中的作用，造成了大量资源浪费且没有达到应有的效果。"双一流"建设鼓励多样化发展，既支持一流大学建设，更注重一流学科发展，对地方高校而言，不是建设一流大学，但完全可以发挥比较优势，建设一流学科，这样可以有效地释放地方高校的发展活力，进一步引导地方高校凝练发展特色，鼓励地方高校在各个领域办出水平、办出特色、争创一流。

我国提出在21世纪中叶基本建成高等教育强国，高等教育强国需要大批地方高校实现高质量发展。"双一流"建设启动以来，中央统筹考虑，地方政府积极响应，在政策和资金方面对地方高校给予了更大的支持，进一步彰显了地方高校的区域优势和学科优势，为地方高校发展注入强劲动能。"双一流"建设打破了原有部委属高校几家独大的发展模式，全部高校都站在了新的起跑线上。但是，高校已经形成的发展不均衡矛盾和体制带来的资源不均衡问题依然存在，同时，各地都在"双一流"建设中奋力有为，竞争十分激烈，也对地方高校提出了严峻的挑战。

同时，经费保障难以持续发力。随着我国经济进入新常态，高速增长已经转变为中高速增长，财政增速也必然随之放缓，财政对教育支持力度不可能持续增多。依靠财政支持获得发展动力的难度进一步加大，特别是经济发展缓慢的地区，财政支持长期有限且短时间内难有大的改观，因此，经费差距必将逐步扩大，一些地方高校在"双一流"建设中将面临更大发展难题。

此外，一些地方高校在长期规模扩张的过程中，自身发展遗留很多问题。从办学条件来看，规模扩大遗留的大量银行欠款制约地方高校的师资规模、高层次人才数量、科研平台、教学设施等建设，都不能满足建设高水平大学的内在需求。从人才培养看，专业重复低水平建设，缺乏学科作为支撑，拔尖创新人才和应用型创新人才培养机制僵化落后，生源质量不够好，留学生数量和质量明显不足。在学科建设方面，学科数量偏少、排名偏低，缺乏一流学科和拔尖学科。支撑和引领创新驱动、转型升级、文化传承创新的能力亟待加强。在服务能力上，科研核心竞争力缺失，解决国家重大战略需求和前沿科学问题的原创性和标志性科研成果贡献率低。总之，地方高校在"双一流"建设上还面临很大的挑战。

2. 产业结构调整带来的机遇与挑战

进入新发展阶段，在市场配置和政府引导下，我国产业结构也到了调整升级的关键时期。新发展阶段需要以新发展理念为指导，创新、协调、绿色、开放、共享的发展理念是党的十八大以来，以习近平同志为核心的党中央提出的具有战略性、纲领性和引领性的发展理念，这也对产业调整和升级指明了方向。我国产业结构调整首先要把增强自主创新能力作为中心任务，构建以市场为导向、企业为主体、政产学研相结合的科技创新体系，不断提高集成创新能力、原始创新能力和引进消化吸收再创新能力，提高产业科技化水平；同时，要通过产业转型升级促进经济增长方式转变。要用信息化带动工业化，以工业化促进信息化，提高产业发展中的科技含量，实现污染能耗低、资源消耗少的节能减排发展，充分发挥人力资源在产业发展中的能动作用；此外，要优化产业结构，进一步提升服务业比重和质量，优化城乡结构布局和外资结构布局，推进经济社会协调发展。

产业结构调整与升级为地方高校发展提供了广阔的发展舞台。据不完全统计，20世纪90年代以来，200余所院校从中央所属部委划转到地方，实行"中央与地方共建、以地方管理为主"的办学管理体制。这部分学校虽然是地方高校，但仍具有深厚的行业背景，并且在长期办学中形成了独特的行业特色和学科特色，被学界称为行业划转院校。这些地方高校学科专业与产业有着密切联系，虽然划转到地方，但是仍为行业发展提供大量的人才队伍和技术支持。

产业升级和行业转型发展是充分运用最新科学技术、加速科技进步的新型工业化，是提高经济效益和市场竞争的产业升级，是走可持续发展道路的产业升级，是充分发挥人力资源等比较优势的产业升级。与传统产业发展阶段相比，产业升级以后更加注重依靠科技进步和提高劳动者素质来提高工业化技术水平、工艺及产品质量，增强企业的核心竞争力。反映在劳动力资源上，产业升级对人才的需求不但在层次上逐渐提高，而且更突出对基础理论知识的综合运用与创新等综合素质，而纯学术型和研究型人才与新型工业化发展对人才的需求存在一定的距离，因此，需要地方高校，特别是行业划转院校，培养出适应产业升级和新型工业化发展需要的应用型人才，这也为地方高校提供了难得的发展机遇。

长期以来，地方高校片面追求大而全，偏重学术型人才培养等发展误区，造成结构性矛盾突出，应用型人才供给不足等问题，高质量应用型人才紧缺成为制约我国产业转型升级的瓶颈。在此背景下，迫切需要一大批地方高校能够从服务创新驱动发展，适应和引领经济发展新常态的大局出发，将教学科研和社会服务的重点放在满足区域经济发展需求和产业升级创新上。《中共中央　国务院关于深化体制机制改革，加快实施创新驱动发展战略的若干意见》《国家新型城镇化规划（2014—2020年）》《中国制造2025》等政策都明确要求推动部分地方高校向应用转型发展。因此，地方高校的服务应该面向国民经济命脉和新兴产业，在服务国家战略中找到目标方向和实现自我价值提升。

（三）地方高校在新发展阶段的使命

面对新发展阶段的新形势、新任务，履行地方高校人才培养中的时代使命需求比任何时候都急切。地方高校是我国高等教育的重要组成部分，是推动教育强国建设的重要力量，承担着为行业发展和地方建设提供高素质人才的重任，也为行业和区域经济社会发展提供科技与技术支撑，为地方建设发展持续提供强劲动能。地方高校要深刻分析机遇与挑战，把握时代需求和国家需要，始终牢记为党育人、为国育才的初心使命，将科教兴国战略、人才强国战略以及创新驱动发展战略内化于教学科研等实际工作中，引导和培养广大青年学子坚定理想信念，练就过硬本领，勇于创新创造，锤炼高尚品德，努力在中华民族伟大复兴的实践中施展才华、实现理想。

1. 坚持立德树人的根本任务。立德树人是办好中国特色社会主义高校的立身之本。孔子曰："德若水之源，才若水之波；德若木之根，才若木之枝。"《周易》言：

"天行健，君子以自强不息；地势坤，君子以厚德载物。"《左传》载："太上有立德，其次有立功，其次有立言，虽久不废，此之谓三不朽。"自古以来，历代先贤都将修心立德放在首位，建构了中华传统美德体系。习近平总书记指出："大学是立德树人、培养人才的地方，是青年人学习知识、增长才干、放飞梦想的地方。""国无德不兴，人无德不立。"教育的根本任务是立德树人。立德树人，就是要德育为先，使学生树立起社会主义核心价值观，坚定"四个自信"，在实现中国梦的伟大事业中绽放青春异彩。

地方高校在学生规模和社会基础方面，对国家、社会和家庭都影响巨大。地方高校数量多，总体规模大，是我国广大青年成长成才的主阵地，是新时代高校思想政治工作创新发展的中心环节。地方高校要始终把立德树人这一根本任务贯穿在教育教学的全过程，形成人人育人、时时育人、事事育人、处处育人的育人环境，尊重教育发展和学生成长规律，因事而化、因时而进、因事而新，把品德培养放在学生成长成才的首位。地方高校教育承载着传播知识、传播思想、传播真理、塑造灵魂、塑造生命、塑造新人的时代重任，要做好教书育人工作，自觉成为大学生成长的指导者和引路人。作为学校，要把立德树人内化到大学建设和管理各领域、各方面、各环节，把立德树人的成效作为检验学校一切工作的根本标准，真正做到以文化人、以德育人，不断提高学生思想水平、政治觉悟、道德品质、文化素养，使之做到明大德、守公德、严私德。

2. 服务地方经济发展和产业转型升级的主力军。地方高校要贯彻落实新发展理念，提高政治认识，深刻认识创新在我国新发展阶段全局中的核心地位，对党中央有关创新发展、人才强国战略、发展现代产业体系等一系列重大部署要落实到教学、科研中来。服务社会，特别是服务地方经济社会发展是地方高校的使命，地方高校肩负着为地区经济发展提供科技与智力支持的重大责任，是科技创新的主力军。当前，地方高校要积极投身经济建设的主战场，着力解决经济社会发展中急需攻克的科学技术难题，要瞄准关键核心技术，强化基础研究和集中攻关，既转化应用一批重大成果，又培养一批高素质应用型人才。要坚持产教融合，与企业积极开展合作对接，搭建产学研合作平台，打通科技成果向现实生产力转化的最后一公里，实现科技创新与成果转化的无缝对接。地方高校要以教育评价为契机，深化科技、教育体制机制改革，发挥政策引导、资源配置作用，不断健全体制机制，营造更浓厚的创新创业氛围。地方高校要发挥科技应用和人才支撑的作用，为提高地方创新能力和科技综合实力、完善地区创新体系贡献力量。

3. 推进办学水平整体提高。建设高等教育强国，如果地方高校强不起来，教育强国就谈不上。地方高校要坚持服务经济社会发展需求，不断提升办学水平，办人民满意的大学。要凝练办学特色，克服同质化办学倾向，实现特色发展。地方高校要结合地方经济社会发展，寻求区域特色。对接地区经济社会发展战略和支柱产业，合理设置学科专业，建立不适应发展需要的专业和课程的退出机制，地方高校不仅要依靠和反哺地方，更要为当地经济社会发展提供智力支持；要明确办学定位，始终坚持教学的中心地位，以学科建设为龙头，以科学研究为支撑，适度进行规模扩展，着重围绕内涵式发展优化专业结构和人才培养目标，重点培养创新能力强的应用型复合人才；地方高校要完善体制机制，始终聚焦"双一流"建设，聚焦高等教育内涵式发展新形势、新要求，不断完善以教学组织、制度、评价与培养体系为核心的教学管理体制，提升教师教学水平，加强学风建设。要围绕服务区域发展的办学目标，注重教学与科研相结合，注重人才培养与服务社会相结合，以地方高校办学水平的全面提升推进教育强国建设。

三、产教融合

（一）产教融合的内涵

产教融合作为一个新出现的相关构想目前尚无统一的定义。产教融合最早应用于职业教育，是高等职业院校根据其人才培养特点提出的概念，现在已经扩展到各个层次的教育之中。无锡技师学院在与其自身的发展探索中较早地提出产教融合概念，他们在办学过程中结合高职人才培养的特殊性和时效性，对已有的教学方案和人才培养进行了专门的改革。该学校通过不断的改革与探索提出了一个比较完整的产教融合论断："千方百计寻求与生产实习紧密结合的产品，以提高学生的产教融合的水平意识、产品意识、时间观念及动手能力。"产品就是学生实习，虽然从范围和层次上来说，这个相关构想所涉及的面比较狭窄，但这毕竟是中国职业教育较早提出"产教融合"这一全新的相关构想，产教融合非常符合时代发展要求和人才培养要求，已经逐渐成为各个层次人才培养中的重要环节。

《中国职业技术教育杂志》《中国劳动保障报》和教育报刊先后在不同版面中使用了"产教融合"这一说法，当时这一说法比较具有前瞻性，但也未能明确其定义。从此开始，产教融合逐渐引起了教育界的关注，大家也纷纷探究到底该如何给产教融合进行一个完整的诠释。教育部等曾在2011年的《关于加快发展面向农村的职业教育的意见》中提出一个要求，就是要促进产教深度合作，这个时候产教融合才开始逐渐被国家教育部门所重视。在随后的教育改革和发展中，产教融合逐渐成为大家所关注的重点。产教融合的相关构想是一个从无到有、从模糊到具体的过程，这符合事物发展的一般规律，更加符合教育发展的规律。我国的一些学者对产教融合进行了专门的整理和研究，但是由于缺乏一手材料，所以研究取得的成果非常有限，仅仅是从时间的顺序对产教融合的发展进行了简单的梳理。

在我国教育体系中，产教融合的两个主体是学校与产业行业，通过产学研一体化的深度合作，可以提高人才培养的产教融合的水平，从而实现双赢。传统的人才培养也非常重视校企之间的合作与协同培养，但是校企合作的层次有限，无法实现深度的人才培养和发展。产教融合与校企合作的最大区别主要还是在于双方合作培养的程度，产教融合的形式多种多样，最核心的就是双方要形成稳定、高效、深层次的合作关系，通过提升人才培养的产教融合的水平促进企业发展和办学实力的提升。

产教融合助推校企双方建立新的实体创新人才培养模式，也有的产教融合侧重研发和学术升级。从调研的结果来看，不论哪种形式，产教融合最终都会提升学生的个人素养和就业能力，企业也因此获得了更多宝贵的人才，缩短了人才与企业之间的磨合期。最终所能产生的连锁效应会不断助推区域经济向前发展，从而实现共赢。产教融合让越来越多的用人单位和高校看到了机会和希望，所以产教融合的发展也逐渐进入了快车道。

产教融合最初应用于职业院校，职业院校也在探索产教融合方面取得了较好的成绩。但是，产教融合是教育、政府、产业和行业的多向互动，本科高校更应该进行产教融合的探索与实践。近年来，国家鼓励支持地方高校开展产教融合的探索实践，经济发达地区在产教融合方面取得了很好的经验。对地方高校经验进行总结推广，对提高地方高校教育质量具有深远意义。

（二）产教融合的意义

产教融合是基于人才培养而形成的多方互动过程。对于学生、学校、产业和社会来说是一个多方共赢的机制，尤其是对于学生来说，既能够提升专业能力又能够为以后立足社会提供保障。传统的职业院校虽然给学生提供了实习的条件和场所，但是各种条件的限制导致实习缺乏针对性和激励性。产教融合中有大量的实习、实践机会，而且这种实践是经过专门设计、有针对性的，是与在校期间所学理论知识融会贯通的实践。传统的职业院校学生实践的一个很大弊端就是缺乏针对性，这导致了学生所学与所用之间无法实现无缝对接，而产教融合能够弥补传统实践存在的缺点。

产教融合的学生实践就是把课堂所学到的知识应用到实践之中，在课程设计上就存在着对应性，这是一个非常好的现象。产教融合会涉及每一门课程，从专业培养目标入手，学校与企业在充分合作的基础上共同制定培养目标以及课程标准。所涉及的骨干课程均是理论与实践高度相结合，这就可以让学生带着问题学知识，并且在实践中解决问题。形成了一个遇到问题、解决问题的良性循环。通过产教融合培养出来的学生，在动手能力和解决问题的能力方面具有更强的优势，他们可以更加灵活地对问题进行分析并且选择合理的方式进行解决。这种人才培养模式的改变还在很大程度上改善了学生的三观，从而培养出更多能够为建设社会主义服务的优秀人才。不仅如此，产教融合还会激发出学生创造、创新的愿望和热情，激励他们在实践中不断探索、不断创新，而这种创新意识、创新能力、创新人才的培养正是职业教育的办学方向。

产教融合不仅可以让企业参与其中，而在有条件的学校，其也可以自己创办企业，以学生为主体进行发展；学生在整个过程中可以取得一定的报酬，这客观上也为学生工读结合、勤工俭学创造了条件，还能够解决贫困学生的学费和生活费用问题，为精准扶贫提供支持和保障。产教融合在更大层面上能够为助推地方经济发展提供专门的服务，因为我国的职业院校多为地方性的，其最主要的作用就是服务于地方经济发展。我国当前的职业教育是以就业为导向的教育，在新发展阶段制度之下主要以培养技能型人才为主要目标，技能型人才的特点非常明显，培养的是生产、建设、管理和服务第一线需要的高技能人才。这类人才具有鲜明的职业性、技能性、实用性等岗位特点——简单地说就是工作在第一线，懂技术、会操作、能管理的技术员。

产教融合的培养思路也正是在上述背景之下产生的，为了满足需求而改进相应的教育策略，这是我国教育不断改革、发展和完善的重要体现，也应当受到更加广泛的关注。产教融合的重要参与对象是企业，在融合的过程中要格外注重对企业需求的满足。只有充分调动企业的积极性和资源才能实现产教融合效果的最大化，据调研显示，当前进行产教融合的企业多数为生产制造型企业，这对学校提出了新的要求，学校也应针对企业所需的产品与技术进行开发，以实现学校培养人才、科学研究和社会服务的三大功能。为使校企协同育人无缝衔接，科学研究同向同行，就必须吸引企业的技术人员、学者专家参与到学校教学、科研工作中来。

产教融合的基础是"产"，即必须以真实的产品生产为前提，在这样的基础和氛围中进行专业实践教学，学生才能学到真本领，教师才能教出真水平。这样的"产"不能是单纯的工厂生产，必须与教学紧密结合，其目的是"教"，在产教融合比较成熟的情况下，再逐步向"产、学、研"发展。学校真正形成了"产、学、研"的能力，学校适应了市场的需要，形成的发展能力就落到了实处，做强做优也就有了基础。

目前已经有的产教融合主要是根据学校和企业的情况双方进行深度融合，正如前面所提到的全社会还没有形成一套完整的、可以通用的经验。对已经完成的调研总结出当前教育界比较常用的一些做法。产教融合的发展实际上是经历了一段时间的摸索，学校和企业在探索中寻求最佳的解决途径。在产教融合中学校和企业始终坚持"双赢"原则，实施责任共担，这就形成了一种具有约束力的制度保证。一些比较主流的做法就是引入社会上管理和技术较为先进的企业，企业愿意加盟校企合作，通过利用该校的设备，进行产品生产，在生产过程中引入教学内容，校企共同制定产教融合的实施性教学生产计划，让教师学到技术，让学生加入生产，让生产产生效益，学校和企业共同发展，共生共荣。

改革开放40多年来，我国的经济社会发展取得了非常大的进步，经济的进步和发展对我国的高等教育产生了具有深远意义的影响，这种影响包括：为我国高等教育，特别是地方本科高校提供了很好的校企合作环境、为高校毕业生提供了工作和实习场所，也为高校培养了大量的双师型教师。当然，经济的进步对高等教育的影响远不止如此，实际上中国经济对产教融合水平的提升就是依靠人才素质的不断提升实现的。在经济发展的大背景之下，地方高校要想实现发展目标就要提升校企合作、产教融合的水平，增加校企合作的深度、广度。经济的发展和社会的进步对教育提出了更高的要求，这种要求主要体现在对产教融合水平的要求不断提高。地方高校要能根据社会经济发展的需要灵活调整人才培养方案，提供可供经济社会发展需要的社会服务，并能开展科学技术研究，为相关行业提供前沿的技术指导，为社会经济的发展提供技术支持。总之，应用型高校要不断调整自身的发展适应经济发展的需要，并且争取成为经济发展的助推力量。正是基于此，在新发展阶段背景下，地方高校"产教融合"是一种产、学、研"三位一体"的融合模式，不仅具备教育和企业的多种功能，还具备随时应变产业结构调整和参与市场竞争的能力，是在学校、企业、行业以及社会相关部门的不同程度参与下形成的一种新的社会组织结构，肩负着助推地方高校教育改革和社会经济发展的重任。从这个角度来说，产教融合的发展在很大程度上会影响经济发展，进而也会影响"两个一百年"奋斗目标的实现。

（三）产教融合的特点

产教融合在国内和国外经过了多年的发展取得了一些经验，在梳理国内外产教融合发展经验的基础上可以总结出其所具有的一些特点。我国在产教融合方面也取得了一些成绩，早期的产教融合以校企合作的形式存在，以学校、学院、专业、企业的单一合作为主。这些合作模式都是职业院校和地方本科高校结合当地经济发展而创造出来的，具备了初步的产教融合特性。这些模式是产教融合的最初形态，主要侧重于产、学结合，其深度、广度没有达到现在"产教融合"的要求，也没有体现地方本科教育的高度和校企合作的深度，整体生态不能达到"产教融合"的效果，其成功经验也难以推广和复制。

随着新发展阶段的到来，地方本科高校为适应产业结构的不断升级变化和高等教育发展要求，现阶段"产教融合"必须是政府、行业、产业、企业和高校等多方主体活动特点的融合和体现，并具有新的特质和功能。

1. 立体式融合

新发展阶段追求的是多元化发展，产教融合服务于新发展阶段，所以其发展的路径也必然要受到新发展阶段发展逻辑的影响。因此，产教融合在发展中更加注重多元化发展、立体式的融合。立体式融合区别于平面融合，从融合的层次来说校企合作属于层次比较低的融合，也就是平面融合。产教融合是高层次的融合，可以说是立体式的融合，它打破了原有校企单一合作或双向合作的局限，在政产学研四方面进行全面、深入的合作，融合后的组织结合了生产、教学和科研的特点，不仅自身是生产的主体，具有企业创造经济效益的功能，而且能提供产业发展需要的专业技术人才，为产业的可持续发展提供源源不断的智力支持。通过对比产教融合培养出来的人才与传统模式培养出来的人才，就可以发现二者存在着比较大的差异，产教融合模式下培养出来的人才具备更强的可持续发展能力。从另一个角度来说，企业的需求也能为学校的教育教学改革提供方向和目标，保证了地方本科高校能满足行业需要。多方融合形成一个良性循环体系，开展教学、科研、生产等服务，在促进内部发展的同时，更大地发挥社会效应和作用。

2. 产业化发展的融合

新发展阶段产教融合是指在社会主义市场经济条件下，以产业和企业需求为导向，以效益为目标，以专业化服务和层级化管理形成的产教一体化、系列化、品牌化运作模式和组织架构。其基本特征是市场化、行业优势、规模化经营、专业化分工、关联产业、龙头化。对于不符合市场需求的项目，要遵循市场退出机制，及时终止，避免产教融合过程中机制的片面性。因此，新发展阶段产业化的产教融合是一种面向市场需求的融合。在产学研三个方面做大做强，分工合作，强强联合，可以创造良好的市场发展前景，具有其他组织无法复制的竞争优势，形成自己的品牌。在市场上具有核心竞争力，能够形成一定规模，带动其他合作项目严格按照市场规则开展活动。

3．以市场需求为出发点

教育是以培养人才为主要目标的。学术导向型的教育在人才培养过程中，不是十分注重与企业之间的对接，产教融合在培养目标方面领先于传统教育在于产教融合的出发点是企业的需求，企业参与人才培养全过程，能够将自身的需求以最大化的形式表现出来，并且实际参与到人才培养中去。传统教育产教融合实践过程中，走过场，企业一头热的现象并不少见，地方高校产教融合实践中多少都会遇到这种现象。通过分析发现导致这种现象出现的原因很多，主要是双方在合作的早期并未找到让彼此共赢的路径，而很多市场企业迫于政策压力或者学校单方面意愿，在没有严谨科学调研的前提下开展合作。这种产教融合违背了市场经济发展的基本规律，不符合社会需求的导向，不可能产生有效的效果。真正实现产教融合的组织，可以在市场、企业、学校及相关部门需求的前提下，识别市场供求关系，确定彼此的实际需求谋求发展。利益趋同，开展合作。为满足自身需求，可以对市场供需做出一定贡献，根据供需平衡变化调整需求发展策略，既解决了合作的随意性和强制性问题，也提高了双方合作的积极性和主动性。

4．多方协同参与

产教融合就是一个重新确立组织主体地位的过程，也是在社会主义市场经济条件下产教融合活动获得法制保障的关键因素。以往很多的校企合作活动难以实现产教融合的关键原因，主要还是在于没有明确各个主体之间的权利和义务关系，关系的不明确，导致了合作的问题，从而影响了校企合作的发展。产教融合的主体悄然之间发生的变化，已经从学校转移到了政府、企业、行业。这种变化与当前的社会发展有关，也与教育的进步有关。正是基于此，在一个有效的产教融合组织中，政府与企业、行业协会、学校等分工合作，共同管理。在开展任何活动之前，必须明确自己的权利和义务，并对其后果承担最终的法律责任。这种模式可以增强企事业单位对这项工作的责任感，充分发挥其主人翁地位，也可以使学校和合作单位在本次活动中的管理工作更加合法有效。

1.2 产教融合与地方高校

一、地方高校转型发展

2010年,《国家中长期教育改革和发展规划纲要(2010—2020年)》出台,其中对于高等教育,提出了分类发展的改革思路和策略要求,而随着高等教育大众化、普及化,对高等教育实施分类管理就显得更加重要。我国高校长期以来受行政化管理,这种根深蒂固的影响很难找到切实有效的分类发展路径。

建设中国特色社会主义现代化教育体系一直是我国教育的战略方向。但是,由于我国教育底子薄,适龄学生一直居高不下,人们对高等教育的渴求和经济社会发展对高等教育的期待都促使高等教育不断追求高大上和大而全,升级、扩招成为高等教育主旋律,真正的现代化教育体系始终未能有效建设。现代化的教育体系是社会主义现代化的基础,没有现代教育体系,就不能建成社会主义现代化。2014年6月,全国职业教育工作会议在京召开,会议提出,"加快发展现代职业教育,是优化教育结构的重要举措,是基本实现教育现代化的内在要求"。现代化职业教育体系建设摆上了议事日程,为现代教育体系建设开了个好头。此后,高等教育也开始不断完善现代教育体系建设,特别是地方高校转型发展,就是借着现代职业教育体系建设任务提出来的。

产教融合是现在职业教育体系的重要内容,随着地方高校转型发展,地方高校要不要产教融合,要不要培养技能型人才,成为地方高校教育改革的突破口。我国已经进入到新发展阶段,对高等教育服务国家经济社会发展,特别是发挥地方高校在地方经济社会发展中的作用的要求更加迫切。双循环战略、经济发展的新常态、创新驱动战略、人才强国战略、新兴产业战略等一系列发展战略,归根到底都需要人才作支撑、创新技术作保障。地方高校如果不融入地方经济发展中,不通过产教融合加快转型,提高服务社会能力,提高科技创新水平,就无法在新发展阶段发挥作用,甚至占据一席之地。

地方本科高校转型发展是政府、教育界、企业家关心关注的热门话题。对于是不是转,该不该转都有了总体共识,但是,关于是不是都要转,怎么转,转到什么程度还存在疑虑困惑,甚至存在激烈的争执。这与我国地方高校长期以来办学体制的影响有很大关系。

长期以来,我国高等教育一直坚持学术导向,在教育领域一直将应用看作是职业教育的专属，是高等教育最低层次的要求，应用型始终低人一等。在教育评价导向中，片面追求科研、论文，导致教师重科研、轻应用，特别是在地方本科高校，科研水平和应用型人才培养双双缺失，"双师型"教师不断流失，教师队伍应用实践能力不断下降，社会认可度、关注度低。在教学上也产生连锁反应，学术型教育占据主导地位，学生实践能力培养弱化，得不到社会、企业的认可，地方高校社会声誉不断下降，极大地浪费了教育资源。在地方高校转型发展的今天，一些办学者，甚至家长、学生，都反对学校转型，认为这是降低了办学层次。可见，地方本科高校转型发展，需要高校和社会都转变对应用型教育的偏见。

同时，片面追求就业率也制约了地方高校转型发展。就业是民生工程，保证就业率无可厚非，也是高校需要重点解决的问题。近年来，一些地方高校就业形势不容乐观，便寻求通过转型发展提高就业指标，带有明显的功利色彩。就业数据是对地方高校办学水平的检验，是对人才培养与社会需求、人才质量与企业需求匹配度的检验。就业率与经济发展和劳动力市场关系紧密，通过转型发展培养技能人才，甚至按照职业教育办本科教育，不符合转型发展的初衷，而且长期来看，也不能真正缓解就业压力，还会进一步造成教育资源浪费。因此，就业率不是检验地方高校转型成功的标志，本科教育职业化会导致地方高校失去社会吸引力，反而影响办学水平。

此外，高等教育管理体制僵化，也制约了地方高校转型发展。特别是受计划经济影响，招生指标仍然由行政主管部门制定，一些地方高校按照上级指标再由管理部门制定招生指标，计划体制依然在高校内部存在，不适应市场经济发展需求。地方高校转型是为了让高校改变培养模式，形成多样化人才培养格局，以适应社会多样化人才需求，另一方面地方高校认为转型发展就是降低办学层次，会导致高层次人才流失，降低社会声誉，甚至会影响行政权力。可见，地方本科高校转型发展所面临的深层次矛盾，实际上在倒逼我们必须改变高等教育双重体制机制，让市场竞争机制在高等教育资源配置和高校发展竞争中起决定性作用。只有这样，才能真正激发地方本科高校转型发展的积极性、主动性和创造性。

二、产教融合与转型发展

产教融合的主要特征是促使生产与教育有机结合，理论知识与实践知识有机结合，实现教育链、人才链、产业链、创新链的有机衔接，在人才培养中不断提升学生的创新能力和实践能力。基于产教融合的校企合作能够为学生提供更接近生产实践的动手平台和实践条件，能够通过学校教育与生产一线实际相结合提高学生适应实际需求的素质能力。产教融合优于以往的校企合作在于可以整合政府、企业、学校和社会等组织，优化资源配置和整合，实现优势互补。同时，产教融合对教师也提出更高要求，倒逼教师走出校园，走进生产一线，不断更新知识储备以适应产业升级需求，对促进教师适应工程实践需求也具有积极的推动作用。产教融合是高等教育自我革新、自我调整的有效方式，是新发展阶段高等教育发展路向和发展思路。地方高校是产教融合的新生力量与主力军，要通过调整和变革课程设置、教学内容、评价方式等环节，进一步推进教育改革与社会发展相衔接。产教融合的根本任务是通过创新教育形式，整合教育教学资源，提高产教融合水平，达到提高学生工作技能和实践能力，满足社会需求的目的。同时，生产与教育的融合可以提高企业的技术创新水平和生产效率水平，促进企业快速、高质量的发展。

由此可见，产教融合是实现学校与企业共同发展和全面提升的重要手段和有效途径，是地方高校经济价值和社会价值的集中展现。鼓励高校产学研相结合，根据企业需求培养人才，将理论学习与实践知识、科学研究相结合，为企业发展提供强有力的人才支持和技术支持，促进产业转型升级，提升中国企业综合实力，促进社会主义现代化建设高质量发展。

（一）产教融合有助于地方高校破解发展困境

地方高校主要经济来源依靠地方财政支持，而服务地方经济社会发展也应该是地方高校的主要义务。地方高校在我国高校发展格局中数量多、规模大，是高等教育大众化阶段重要的人才供给者。然而地方高校发展呈现出多重困境，这也是制约我国成为高等教育强国的最大瓶颈。主要困境包括：

学校同质化倾向严重，计划体制束缚严重。在缺乏扎实基础和发展条件的情况下，许多地方本科高校过度将自己定位为教学研究型大学、研究教学型大学甚至研究型大学，培养拔尖学术创新人才，导致因能力不足陷入发展困境。一些地方普通本科高校虽然定位为应用型大学，但对应用型人才培养目标、办学模式仍处于"自发探索"时期，并未找到有效突破口，在实际办学中仍未跳出传统的本科教育思路。

同时，一些地方高校办学特色不鲜明，学科专业与办学条件不适应，与当地产业结构脱节。地方本科院校长期追求高校排名，忽视服务地方和区域经济社会发展，缺乏办学自主权和能动性，导致学科专业结构和产业结构匹配度不高，培养的学生适应社会能力较差，找不到合适的工作，浪费了大量的教育资源。

在教学、科研和教师队伍建设方面存在"三重三轻"的问题。在人才培养方面，培养模式滞后，重理论轻实践。在现行评价指标的引导下，地方本科高校已将学术型人才作为人才培养目标。人才培养实用性不强，培养的学生不能适应社会需求，大量毕业生找不到工作。课程和教材缺乏个性，没有凝聚地方特色、行业特色和学校特色。在科研方面，"重科学，轻应用"导致服务地方经济发展能力低。长期与研究型大学看齐，主要从事科学发展和基础研究，不重视技术创新和应用研究。与研究型大学相比，地方普通本科高校科研实力相对薄弱，科学发展和基础研究成果本身就依赖于研究型大学，不能依靠技术创新和应用研究服务地方经济社会。而在师资队伍建设方面，"重学历、轻能力"，教师专业实践能力普遍偏低。受以往评估指向和传统思维，一贯追求高学历和名牌大学，地方高校师资队伍建设普遍重视学历背景和理论水平，而忽视教师的专业实践能力。大多数教师没有实践经验，而学校也没有通过教育培训和从企业引进高级工程技术人员来提高教师的实践教学能力。

地方高校在发展过程中，还有一个最大的难题就是经费短缺。地方财政规模有限，对地方高校支持总量少，无差别，基本按照一刀切的模式进行投入，不区分学校类型，让原本底子薄的地方高校缺乏经费支撑，吸纳优秀资源能力有限，导致发展后劲不足。解决资金不足，学校本可以通过吸引社会资金做支撑。但长期以来，地方政府和企业都不重视校企合作，不能从校企合作中寻求效益，地方高校校企合作形式单一，产学研合作不够深入。加上一些行业划转院校从行业脱离，失去了政府支持，导致服务社会能力不断弱化，校企合作也得不到相应保障。

对一些新建本科院校及独立学院来讲，发展面临的问题更加突出。这些新建院校原本就缺少办学积淀，在专业、师资、软硬件条件上都缺少积累，一些民办院校追逐经济效益，不注重分析办学定位，忽视师资建设和专业建设，在科研、教学等方面都有难以解决的问题。

综上所述，地方普通本科院校的发展面临着诸多难以克服的困难，推动其发展向应用型大学转型，可以通过产教融合转向应用型人才培养，提高服务地方经济社会发展能力。打破原有办学导向，在人才培养、科研和学科专业设置方面，解决教育经费不足、产学研合作困难等问题，通过错位发展、特色发展实现超越发展。

（二）产教融合是转型发展的目标和路径

从长远来看，高等教育发展的总体政策取向是明确的，但转型大学的具体政策和体制设计还需要进一步完善。地方高校的发展，要把握高等教育发展的总体方向，不能受一些短期政策的影响。关于地方高校的发展，只有把握大方向并且坚定不移地贯彻落实才能走出困境，实现突破发展。同时，只有服务于国家的技术创新和工业发展战略，才能抓住发展机遇。进入21世纪，各国提出了多项新的产业发展战略，产业转型升级和发展新兴战略产业都为教育提供了发展机会。"十四五"已经开启，我国将产业升级作为重中之重的发展任务，地方高校要想弯道超车、迎头赶上，必须抓住发展新产业、新技术、新模式的机会。

改革是解决问题的唯一途径。实践证明，正在进行大规模变革的学校，往往能有效提升人才培养质量、学科建设水平和科学研究能力。有些学校担心转型发展是否会影响生源质量，而通过调查很多成功转型发展的大学，发现没有一所是这样的。恰恰相反，由于学科领域和专业结构合理，知识更新迅速，毕业生具有较高的专业素养和较强的创业能力，更受社会欢迎，也更受学生欢迎。科学研究也是如此，传统的科研往往只注重纵向研究，眼光向上争取、竞争有限的财政资源，而转型高校，如果着眼于解决经济社会发展中的实际问题，就会发现需要研究的问题很多，创新的空间更大。对于地方高校来说，要想解决本地的经济和社会发展问题，就必须拿出真正高质量的科学研究结果来服务地方，从地方经济社会发展中获得发展动能。

当前，地方高校办学同质化倾向严重，人才培养供给侧不能适应社会发展和产业升级的需求。因此，要推动地方高校向应用型高校转变。地方高校转型发展必须找准着力点和突破口，紧紧围绕行业需求和区域经济社会发展需要对人才供给侧进行改革，实现高等教育与产业协调发展。大力推进产教融合战略，是地方高校向应用型转变的重要抓手，要以产业需求为导向，建立面向生产一线的应用型、复合型、创新型人才培养机制，有效缓解毕业生就业难和质量低的问题。

走内涵发展之路是后大众化时代我国高等教育的必然选择，优化教育结构是提升教育质量的首要任务。地方高校以培养应用型和高层次技能型人才为主，即弥补了研究型高校低不就和高等职业院校高不成的发展困境，成为推动产业转型升级的中坚力量。因此，地方高校应抓住产教融合的战略机遇期，肩负起推动区域经济发展和产业转型升级的神圣使命，进一步对接产业需求，以产业需求为驱动力进行全方面改革。政府、高校、企业和社会各方都要清楚认识到产教融合是各方改革的目标和任务，作为应用型本科高校必须加快自身的调整，形成高校与产业共享共赢的局面。

20世纪70年代，以经济学家哈耶克为代表的新自由主义经济学反对政府干预教育，主张教育市场化，反对高等教育的社会福利属性。他的理论被许多国家所认可，开启了高等教育私有化和市场化的改革潮流。同时，由于政治逻辑的影响，各国大学的快速发展直接导致政府财政拨款的减少，高校不得不向市场筹集经费，谋求发展之道。

我国大学以扩招为主要特征的市场化虽然起步晚，但也没有避免国外大学市场化

所带来的负面效应。由于我国财政资金有限，高等教育资金分配长期以来都是向重点
高校倾斜，不同层次的高校、不同地域之间的差距越来越大，地方高校资金收入仅够
维持日常基本公用开支以及工资性支出，经费失衡导致地方高校发展受阻。同时，十
年扩招导致我国高等教育结构性矛盾突出，特别是地方高校办学同质化倾向严重，以
科层结构为主的行政体系和以片面的学术导向为主的考核体系，都严重阻碍了创新人
才的培养。

因此，地方高校要围绕行业需求和区域经济社会发展需要从供给侧改革人才培养
体系和模式，找准转型发展的着力点和突破口，以转型发展为抓手，以产业需求为导
向，建立面向生产一线的应用型、复合型、创新型人才培养机制，有效缓解毕业生就
业难和质量低的问题，通过产教融合实现可持续健康发展，在服务产业发展的同时赢
得生机和未来。

地方高校也应抓住产教融合的战略机遇期，肩负起推动区域经济发展和产业转型
升级的神圣使命，进一步对接产业需求，以产业需求为驱动力，正确分析应用型高校
和应用型人才的内涵，进行人才培养创新与改革，建立新的人才培养评价体制和学校
绩效考核评判机制。

（三）产教融合是地方高校助力双循环的途径

2008年全球金融危机发生以后，外需断崖式下跌给中国经济带来了冲击，一是危
机之后国际市场增长放缓甚至萎缩。二是与一些国家的贸易摩擦逐步加剧。三是劳动
力增长出现拐点。2012年，15 ~ 59岁劳动年龄人口第一次出现绝对下降[1]，意味着我
国劳动力从无限供给真正转向了有限减少，沿海一些地区出现了"用工荒"，劳动力
成本逐步提高。四是煤电油气运等要素成本也随着大进大出而逐步抬高。五是党的
十八大以来新发展理念逐步深入人心，人们比以前更加重视环境保护，更加重视防污
治污，原来发展经济先污染、再治理的模式难以为继，过去发达国家向中国转移的高
能耗、高污染项目不再受欢迎。

种种因素叠加之下，原来靠外循环拉动的经济模式面临挑战。面对这些问题和挑
战，党中央、国务院及时提出了供给侧结构性改革的新方略。从供给侧下手，通过
"三去一降一补"（去产能、去库存、去杠杆、降成本、补短板），力图解决经济运行
中的结构性问题。在一系列结构性改革措施的作用下，从市场主体的培育到要素的优
化配置，从营商环境的改善到创新动能的激发，中国经济的内生增长动力持续释放，

---

❶ 陆旸，蔡昉. 人口结构变化对潜在增长率的影响：中国和日本的比较[J]. 世界经济，2014，37（1）：3-29.

以供给结构动态适应人民日益增长的美好生活需要为特征的内循环体系逐步成型。

当今世界正面临百年未有之大变局，而新冠肺炎疫情使这一变局加速推进，中国在这一时代变局中挑战与机遇并存。面对新的发展形势和环境，中央提出加快构建以国内大循环为主体、国内国际双循环相互促进的新发展格局，是基于当前和今后一个时期国内外环境变化作出的重大战略抉择。以国内循环为主体，国内与国际双循环相互促进，是大国崛起的必由之路。纵观大国崛起历程和经验，可以发现，单纯依赖外部循环，难以支撑大国的持续发展。作为世界第二大经济体和崛起中的世界大国，应当借鉴其他成熟的大型经济体发展模式经验，发挥我国国内市场优势，形成可持续的双循环相互促进的发展格局。

从"双循环"的架构看，基于双循环，以国内大循环为主体，就必须构建起以自主创新为主体的创新体系。这是一个庞大的、全面的、系统的体系，涵盖经济社会的方方面面。因其庞杂，必须确定科技创新的方向和重点，必须解决制约国家发展和安全的重大难题，这些战略性安排需要从国家层面作出宏观部署，这就是为什么中央将"强化国家战略科技力量"放在了首要位置。

从经济发展的规律看，在经济结构调整的关键时期，起决定性作用的必然是科技创新。因为科学技术是第一生产力，科技创新是"源动力"。奥地利著名经济学家熊彼特的创新理论认为[1]，所谓创新就是要"建立一种新的生产函数"，就是要把一种从来没有的关于生产要素和生产条件的"新组合"引进生产体系中去，以实现对生产要素或生产条件的"新组合"。"经济发展"就是社会不断实现这种"新组合"，企业家的职能就是实现"创新"，引进"新组合"。要实现高质量发展，就必须突破原有的组合，在双循环的变局中开新局。

国家重大战略调整是驱动高等教育改革发展的关键动力，也是明确高等教育目标任务和发展路径的重要依据。教育链接着教育人才培养与产业市场供需，是支撑中国经济高质量发展的关键一环。近代实业家张謇指出，"实业、教育，富强之本也。以实业辅助教育，以教育改良实业；实业之所至，即教育之所至"[2]，阐明了教育与实业之间的关系，以教育赋能产业，为产业输送专业型人才，应当成为高等教育中市场主体该有的自觉。

---

❶ 王聪，何爱平. 创新驱动发展战略的理论解释：马克思与熊彼特比较的视角[J]. 当代经济研究，2016，（7）：57-65+97.

❷ 章开沅. 张謇与中国近代化[J]. 华中师范大学学报（哲学社会科学版），1987，（4）：1-9.

当前，受疫情影响及就业人才市场供求不平衡的影响，一面是"就业难"，一面则是"用工荒"。将教育与实际就业相链接的"产教融合"成为高等教育探索的新路径。深化产教融合，从产业需求侧、从企业找到教育供给侧的创新，在两者之间学会架桥，做到工学结合，形成双向循环的生态系统。地方高校要强化引领和服务国家发展、社会进步的使命担当，要集中人财物力于知识创新，要改革人才培养模式，要致力于德才兼备学生培养的责任承担。同时，扎根中国大地办大学并不是排斥与国外高等教育的合作交流，加强经济发展的国内大循环亦不是放弃对外开放。在西方联手打压我们的外部环境下，我们更要以泱泱大国之气度加强与国际的合作交流，以此增进国际社会对我们的了解并扩大我们在国际社会的话语权。

习近平总书记多次强调，要"逐步形成以国内大循环为主体、国内国际双循环相互促进的新发展格局"。在新冠肺炎疫情深刻冲击世界经济的背景下，此举既是顺势而为的战略举措，更是强国之路的必然选择。在百年未有之大变局中助力实现中华民族伟大复兴，是教育的使命和责任。中国作为一个发展中的大国，作为一个与西方资本主义国家走不同发展道路的社会主义国家，以维护产业安全为基础推动经济稳定发展逐步成为重要的政策取向，为此需要完善自身产业体系，将扩大内需和融入世界相结合❶。高等教育要主动参与因国际关系变化而带来的全球分工产业链调整和为夯实强国基业而推动的国内生产供应链完善，发挥自己的创新和人才优势，面向国内国际两个大局助力实现双循环。

在构建"双循环"发展格局中，教育与人才两大要素成为关键。而教育培养的人才分为两类，即学科研究型和技能应用型。目前，我国技能应用型人才与学科研究型人才比例为3∶7，而在一些欧美国家则完全相反。这就导致了人才供给与产业需求之间不匹配，技能应用型人才出现巨大缺口，甚至一定程度上制约了产业的升级。在当下我国应用型人才结构倒挂的现状下，培养应用型人才、促进产教融合成为激活"双循环"中人才这一要素的关键。地方高校改革发展要不断深化校企合作、产教融合，构建满足和适应经济与社会发展需要的新学科方向、专业结构、课程体系，培养精通技术、了解市场前沿和适应企业发展的"懂理论、强实践"的高素质专门人才。

❶ 黄奇帆. "双循环"新发展格局是强国之路的必然选择[J]. 清华金融评论，2020，（10）：55-58.

1.3 地方高校产教融合研究现状与趋势

为锁定目前国内在高校产教融合相关方面的研究热点，探究相关研究内容的演进过程，分析现存的研究缺口，把握后续的研究方向与研究趋势，利用Citespace科学计量软件，通过大数据可视化分析，对国内该领域的相关文献进行深入学习，为进一步研究思路指明方向，为研究内容提供科学的参考依据。

Citespace软件是一款应用于科学文献中识别并显示科学发展新趋势和新动态的软件。它可以解决以下几个问题：（1）在某个研究领域中，哪些文献是具有开创性和标志性的？（2）在某个研究领域的发展历程中，哪些文献起着关键作用？（3）哪些主题在整个研究领域中占据着主流地位？（4）不同的研究领域之间是如何相互关联的？（5）基于一定知识基础的研究前沿是如何发生演变的？

本部分内容以"产教融合，校企合作""产教融合，协同育人""产教融合，人才培养""产教融合，研究生培养""产教融合，高校发展""产教融合，高校内涵式发展"6个方面为主题，均利用Citespace软件对检索到的相关文献进行分析，主要分为年度载文量分析、关键词共现分析、研究热点与时间分析以及聚类时间线分析4个方面。

被分析的文献分为全部期刊文献和核心及以上期刊文献，对全部期刊文献进行可视化分析来确定研究热点问题以及对国内学者的整体研究方向进行一个把握与判断，然后精准分析核心期刊文献，找到研究的重点与存在的研究缺口。

一、产教融合，校企合作

（一）年度载文量分析

1. 全部期刊文献

本节将对产教融合下校企合作的相关研究文献进行可视化分析，以"产教融合"和"校企合作"为主题词，在CNKI知网数据库中利用高级检索方式查找相关文献，筛选并剔除图书、报纸、会议等内容后，将剩余选中的文献导出，然后利用Citespace软件处理文献，输出年度载文量图、关键词共现图、关键词频数及中心度分析表、研究热点时间图和聚类时间线图，最后根据得到的图谱进行文献计量分析。首先，得到全部期刊文献的年度载文数量图，如图1.1所示。相关文献发表时间在2014—2021年7月，文献数量共计550篇，在2016—2020年的载文量呈稳定上升趋势，2020年达到载

文献数

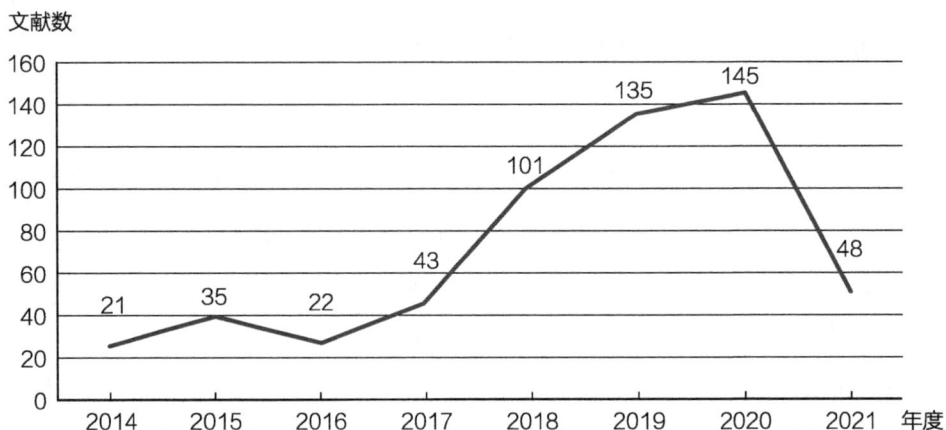

图1.1   年度载文量

文量峰值，一年内有145篇相关文献发表，而截止到2021年7月，本年度已发表相关文献48篇。学者们对产教融合下校企合作进行的研究十分丰富，于2014年的时候展开具体研究，且在2018—2020年这三年的发文量都超过了100篇，目前该方面的研究仍是国内学者们关注的重点。

2. 核心期刊文献

核心期刊文献至今共计发表41篇，年度发文量趋势与全部期刊文献的相近，均是先上升后下降，但是核心期刊文献的发文量峰值在2018年，随后急速下降，截至2021年7月，2021年度只有两篇相关文献发表，具体发文情况如图1.2所示。

文献数

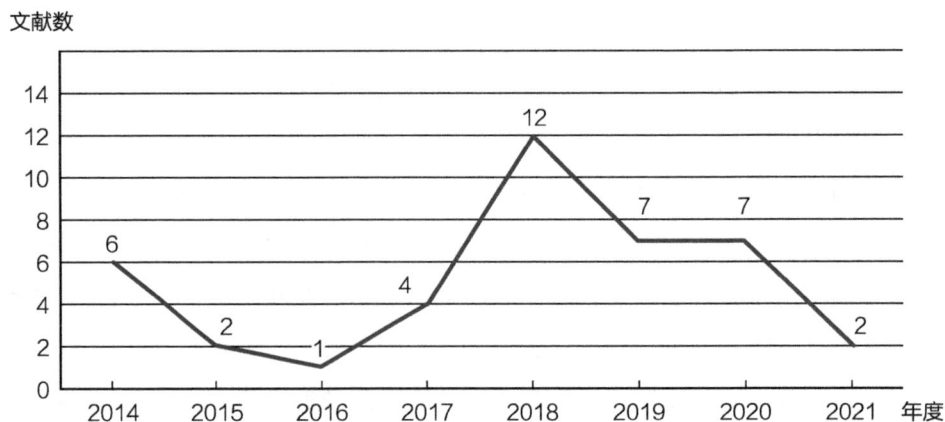

图1.2   核心期刊文献年度载文量

（二）关键词共现分析

关键词能鲜明而直观地表述文献论述或表达的主题，提供了文章核心内容信息，因此关键词共现分析可用于发现研究主题，以及分析某一知识领域的研究前沿演进❶。利用Citespace对文献进行关键词共现分析，在输出的科学知识图谱中，关键词节点越大说明关键词出现的频率越高，越是学者们关注的热点。关键词节点的连线越多说明该关键词的中心度越高，表明该关键词是学者们研究的中心问题；节点与节点之间的连线越粗，表示两个关键词之间的共现关系越强❷。

1. 全部期刊文献

利用Citespace软件输出关键词共现图谱，如图1.3所示。选取出现频次排名前20的关键词，结果如表1.1所示。"产教融合"是出现频数最多的关键词，出现频次是474，关键词的中心度是0.51，排在第2位。"校企合作"的关键词出现频次是471，仅次于"产教融合"，但是中心度排在第1，有0.57。接下来关键词频数排在前面的有"高职院校""职业教育""人才培养模式""人才培养""高职教育""职业院校""办学模式""协同育人"和"高职"，这些是目前学者们研究的重点。在产教融合下校企合作的相关研究中，学者们对高职院校和职业院校的研究较多，也有大部分学者对职业教育和人才培养展开了丰富的研究。

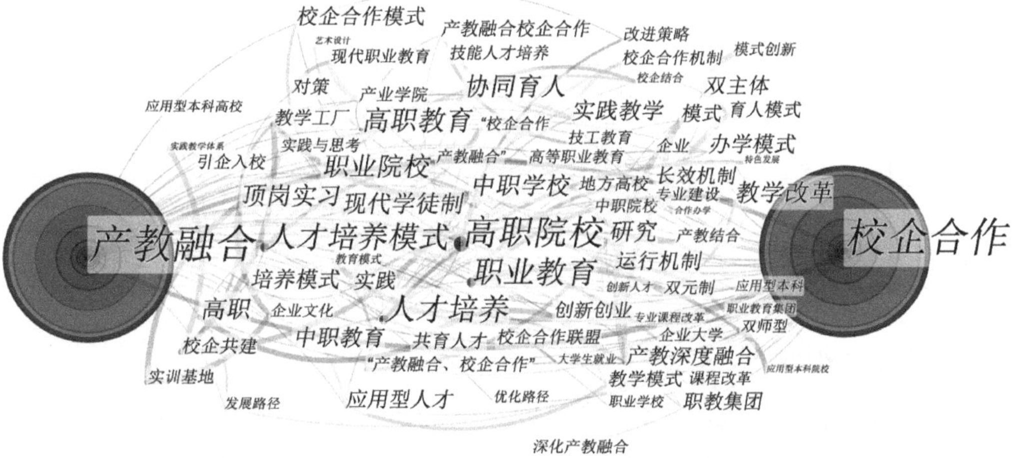

图1.3 全部期刊文献关键词共现图谱

---

❶ Callon M, Courtial J P, Laville F. Co-word analysis as a tool for describing the network of interactions between basic and technological research: the case of polymer chemistry[J]. Sciento-metrics, 1991, 22(1): 155-205.

❷ 罗丹，杨永忠，林鸿熙. 大陆妈祖研究文献回顾与展望——基于CiteSpace文献计量分析[J]. 中国海洋大学学报（社会科学版），2016，（4）：20-26.

关键词频次及中心度分析表　　　　　　　　　　　表1.1

排序	关键词频次	中心度	年份	关键词名称
1	474	0.51	2014	产教融合
2	471	0.57	2014	校企合作
3	48	0.15	2014	高职院校
4	41	0.09	2014	职业教育
5	39	0.1	2014	人才培养模式
6	38	0.08	2015	人才培养
7	23	0.05	2014	高职教育
8	15	0.04	2018	职业院校
9	12	0.02	2016	办学模式
10	12	0.04	2017	协同育人
11	12	0.04	2015	高职
12	11	0.04	2014	教学改革
13	8	0.02	2016	应用型人才
14	8	0.03	2014	培养模式
15	8	0.02	2017	研究
16	7	0.05	2015	技师学院
17	7	0.01	2018	中职教育
18	7	0.02	2014	实践教学
19	7	0.03	2016	顶岗实习
20	7	0.02	2015	现代学徒制

2. 核心期刊文献

核心期刊文献的关键词共现图和分析表见图1.4和表1.2。排在前两位的关键词依旧是"产教融合"和"校企合作",与上述结果不同的是,"产教融合"的中心度在全部期刊文献中低于"校企合作",排在第二位,而在核心期刊文献中超过了"校企合作"。在核心期刊中,"职业教育"是排在第三位的关键词,且它的中心度远高于前两位,达到了0.36,居于第一。而上述分析中关键词频次和中心度都较高的"高职院校"并不是核心期刊文献关注的重点。

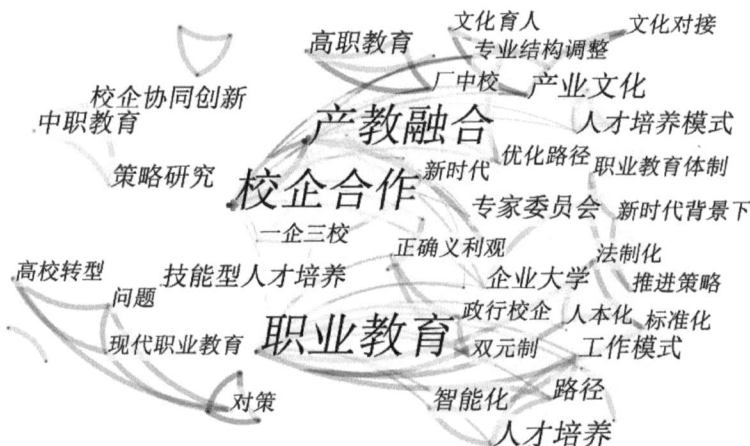

图1.4　核心期刊文献关键词共现图谱

核心期刊关键词频次及中心度分析表　　　　　　　　表1.2

排序	关键词频次	中心度	年份	关键词名称
1	37	0.29	2014	产教融合
2	35	0.28	2014	校企合作
3	13	0.36	2015	职业教育
4	2	0.02	2018	人才培养
5	2	0	2017	机制
6	2	0	2018	新时代
7	2	0	2014	高职教育

（三）研究热点与时间分析

1. 全部期刊文献

将关键词共现图结合时间线图进行综合分析，可以直观地体现产教融合与校企合作的演进过程。利用Citespace输出结果如图1.5所示。

2014年："产教融合""校企合作""人才培养模式""职业教育""高职教育"和"高职院校"等首次成为研究热点。

2015年："人才培养""技师学院""现代学徒制"和"校企合作模式"等是主要的研究热点。

2016年："顶岗实习""办学模式""地方高校"和"应用型人才"等是主要的研究热点。

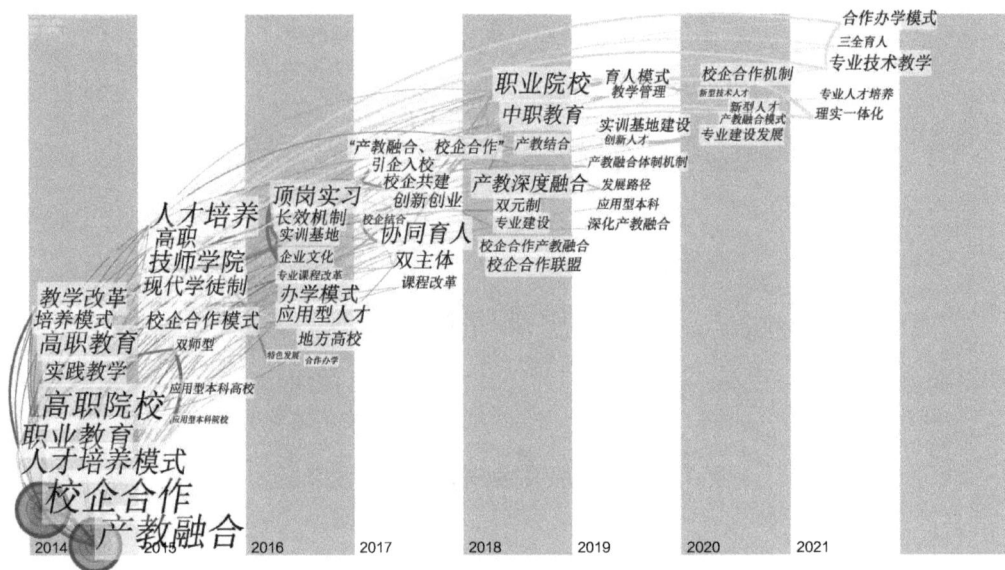

图1.5　全部期刊文献研究热点时间图

2017年："引企入校""校企共建""双主体"和"创新创业"是研究热点。在"产教融合"背景下，"协同育人"在2015年就开始被学者们广泛研究，而在"校企合作"背景下，"协同育人"的相关研究不多且在2017年才被首次提及。

2018年：在2014年学者们对"产教融合"进行研究后，2018年学者们开始对"产教深度融合"展开研究，同时对"职业院校""中职教育"和"校企合作联盟"等研究也是学者们关注的热点。

2019年："育人模式""深化产教融合""实训基地建设""教学管理"等也是研究热点。

2020年："校企合作机制""专业建设发展""新型人才"和"新型技术人才"等是学者们的研究重心。

2021年："三全育人""合作办学模式""专业技术教学""专业人才培养"和"理实一体化"是研究热点。

2. 核心期刊文献

在全部期刊文献的研究中，"职业教育"等关键词均在2014年就被学者们所关注。而在核心期刊文献中，学者们在2015年开始对"职业教育"进行研究。研究热点演进趋势与上述相差不大，但是在内容上侧重于对智能化人才培养及校企协同创新等方面的研究。核心文献的研究热点时间图见图1.6。

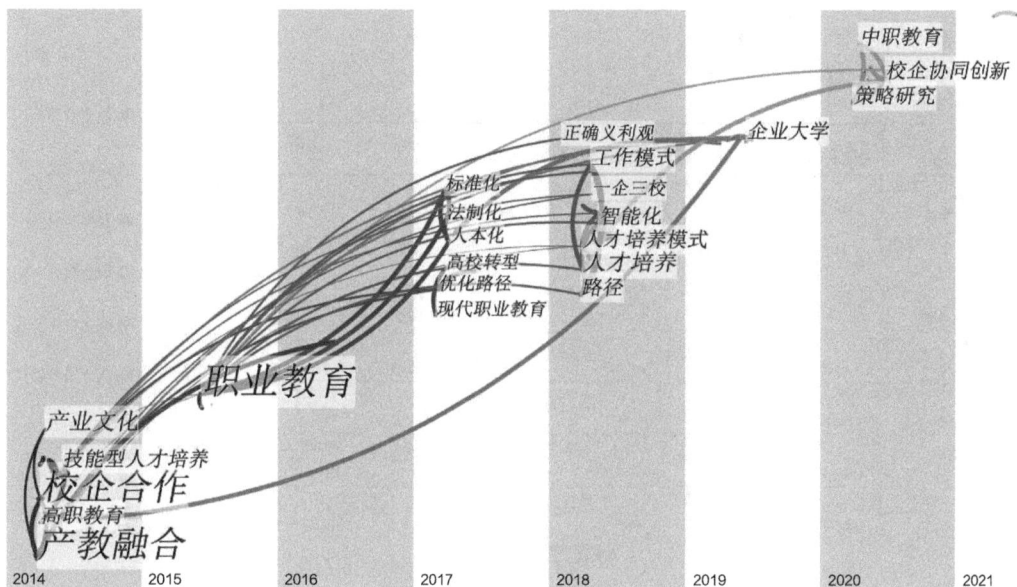

图1.6　核心期刊文献研究热点时间图

（四）聚类时间线分析

将关键词共现图结合时间线图进行综合分析，可以直观地体现产教融合与协同育人的演进过程。利用Citespace的TimezoneView功能对相关研究成果进行分析，可以获得研究主题随时间的演变趋势[1]。

1. 全部期刊文献

产教融合下校企合作相关文献输出的聚类时间线图谱如图1.7所示，其中序号越小的聚类表示聚类的关键词越多。相关文献一共输出了9个聚类，分别是"校企合作""高职院校""技师学院""职业教育""校企合作模式""人才培养模式""人才培养""双主体"和"实践"。

从2014年至今，"校企合作""高职院校""职业教育""校企合作模式"和"人才培养模式"一直都是学者们的研究重点，"技师学院""人才培养""双主体"和"实践"从2015年开始至今也都是研究者们的研究重点。可见，校企合作的相关研究目前是我们需要关注和研究的重点问题。

2. 核心期刊文献

核心期刊文献数量较少，只形成两个聚类，核心期刊文献的聚类时间线图见

---

[1] 曾蓓，吕建秋. 基于CiteSpace的国内TRIZ研究热点及前沿分析[J]. 科技管理研究，2019，39（18）：260-265.

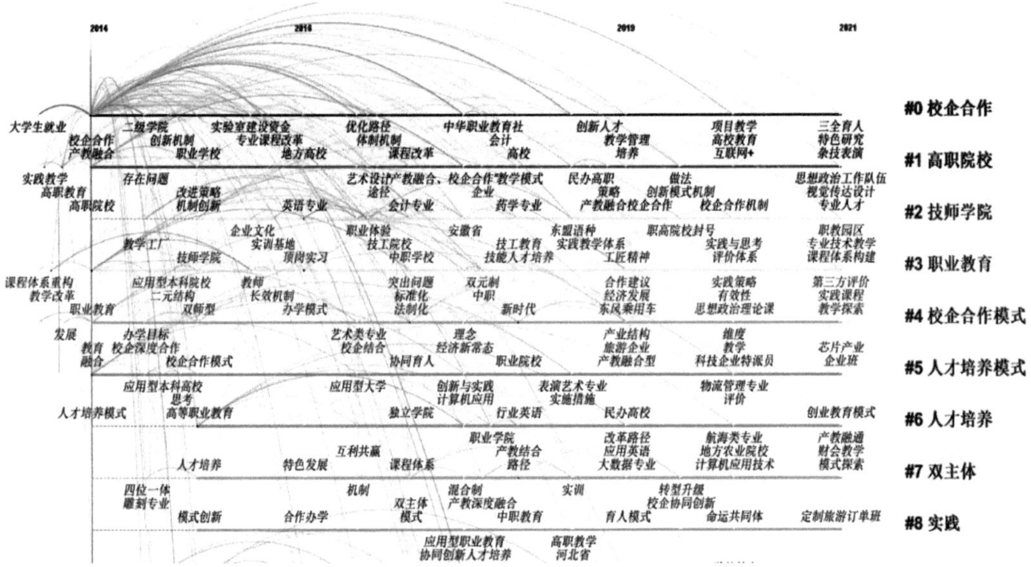

图1.7　全部期刊文献聚类时间线图

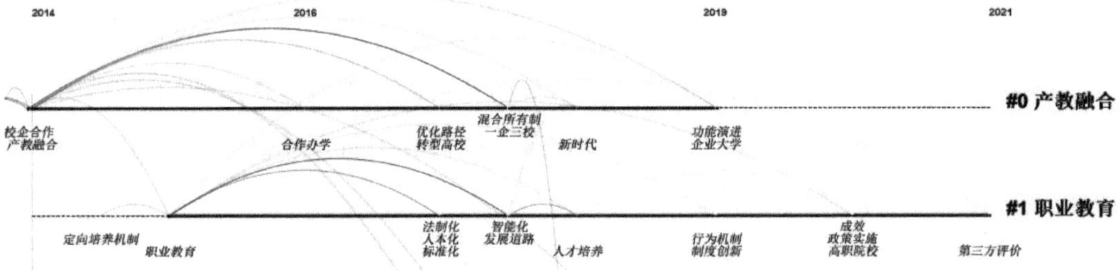

图1.8　核心期刊文献聚类时间线图

图1.8。形成"产教融合"这个聚类的关键词最多，但是从2019年开始逐渐减少，而对于"职业教育"的研究从2015年至今都是热点。

二、产教融合，协同育人

　　本节将国内学者对产教融合下协同育人的相关研究文献进行可视化分析，以"产教融合"和"协同育人"为主题词，在CNKI知网数据库中以上述同样的方式导出文献，然后利用Citespace软件处理文献，输出年度载文量图、关键词共现图、关键词频次及中心度分析表、研究热点时间图和聚类时间线图。最后根据得到的图谱进行文献计量分析。

（一）年度载文量分析

1. 全部期刊文献

首先对年度载文量进行统计分析，如图1.9所示。虽然国内学者对产教融合下协同育人研究文献的发表时间与产教融合下校企合作研究文献的发表时间一致，均在2014年展开研究，但是发文量却远少于后者，本部分文献数量共计184篇。在2014—2016年发文数量较少，2017—2020年的发文数量呈稳定上升趋势，2020年达到载文量峰值，一年内有60篇相关文献发表，而截止到2021年7月，该年度已发表相关文献26篇。说明该方面的研究在国内兴起不久，近几年正处于研究热门时期。

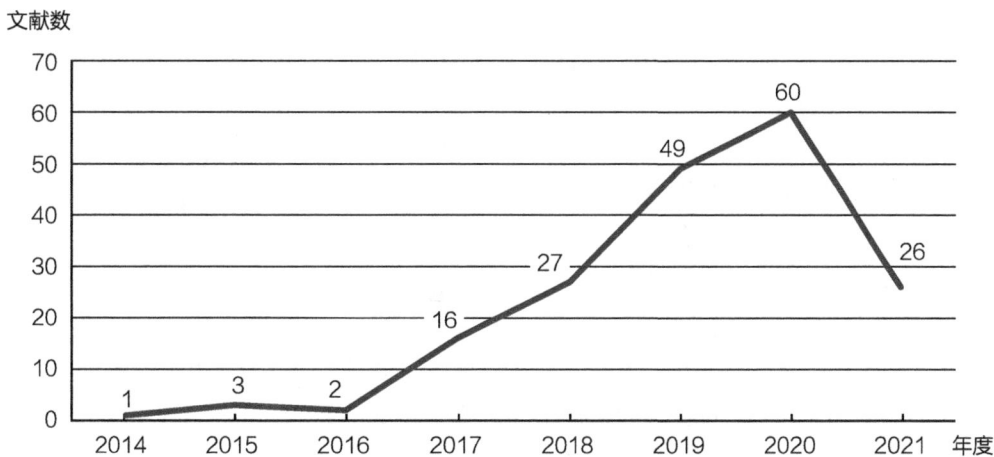

图1.9 全部期刊文献年度载文量

2. 核心期刊文献

根据上述检索到的文献，选取核心及其以上期刊，核心期刊文献的年度载文量如图1.10所示。文献数量共计20篇，在2014—2021年发文数量呈波动趋势，2016年发文数量为0，2018年发表相关核心文献7篇，处于峰值，而截至2021年7月，该年度还没有核心期刊文献发表。核心期刊文献发表较少，需要展开深入的研究。

（二）关键词共现分析

1. 全部期刊文献

根据图1.11的输出结果，选取出现频次排名前31的关键词，结果如表1.3所示。"产教融合"是出现频数最多的关键词，出现频次是161，关键词的中心度是0.47，排在第2位。"协同育人"的关键词频次是116，仅次于"产教融合"，但是中心度排在

文献数

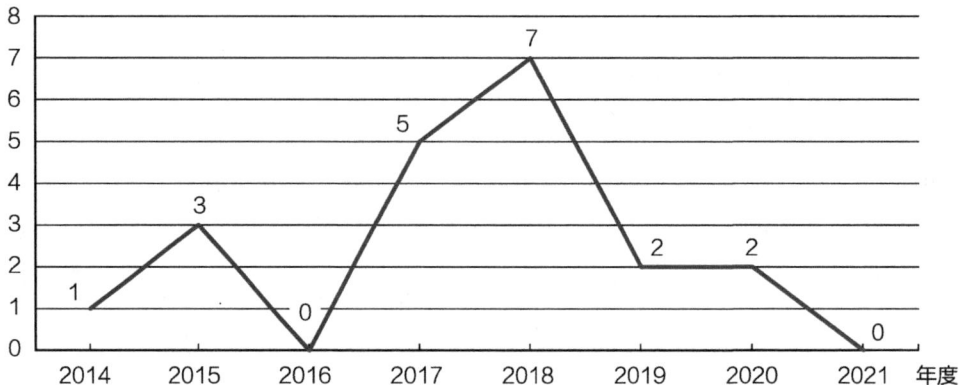

图1.10　核心期刊文献年度载文量

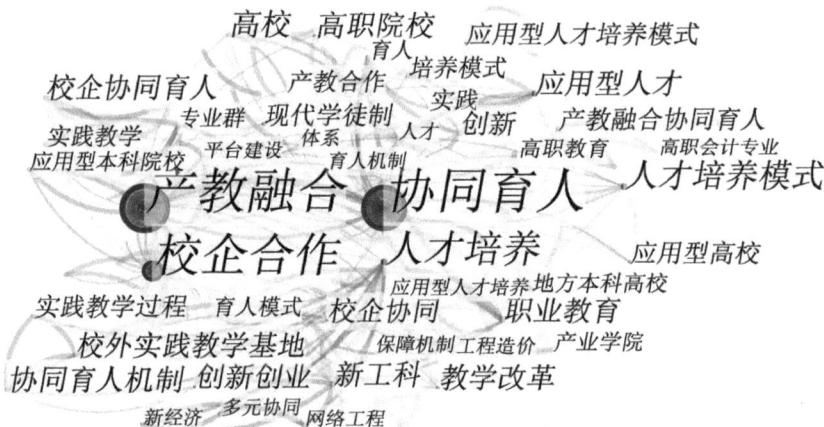

图1.11　全部期刊文献关键词共现图谱

第1位，达到0.56。接下来关键词频次排在前面的有"校企合作""人才培养""人才培养模式""应用型人才""创新创业""应用型高校"和"教学改革"，这些是目前学者们研究的重点。

关键词频次及中心度分析表　　　　　　　　　　　　　　　表1.3

排序	关键词频次	中心度	年份	关键词名称
1	161	0.47	2014	产教融合
2	116	0.56	2015	协同育人
3	32	0.32	2014	校企合作
4	14	0.19	2017	人才培养

续表

排序	关键词频次	中心度	年份	关键词名称
5	10	0.04	2018	人才培养模式
6	8	0.03	2017	应用型人才
7	8	0.02	2019	创新创业
8	7	0.02	2017	应用型高校
9	7	0.02	2017	教学改革
10	6	0.01	2014	高职院校
11	5	0.05	2018	校企协同育人
12	5	0.06	2017	新工科
13	5	0.01	2019	现代学徒制
14	4	0.04	2017	职业教育
15	4	0.01	2014	协同育人机制
16	4	0.02	2018	实践教学
17	4	0.01	2017	培养模式
18	4	0.01	2020	校企协同
19	3	0.05	2020	应用型人才培养模式
20	3	0.02	2019	应用型人才培养
21	3	0.05	2019	创新
22	3	0.01	2019	育人模式
23	3	0.04	2018	高校
24	3	0.03	2014	专业群
25	3	0.03	2019	产教融合协同育人
26	3	0	2019	实践
27	3	0.01	2020	高职会计专业
28	3	0.02	2018	会计专业
29	3	0.01	2020	高职教育
30	3	0	2017	民办高校
31	3	0.01	2018	应用型本科院校

2. 核心期刊文献

根据核心期刊文献输出的关键词共现图（图1.12）和分析表（表1.4）可知，排在前三位的关键词和上述全部期刊文献的分析结果相同，是"产教融合""协同育人"和"校企合作"。接下来关键词出现频次较高的还有"职业教育""人才培养"和"协同育人机制"。而根据核心期刊文献的关键词中心度，"协同育人"的中心度最高，是0.16；其次是"产教融合"，中心度为0.06。

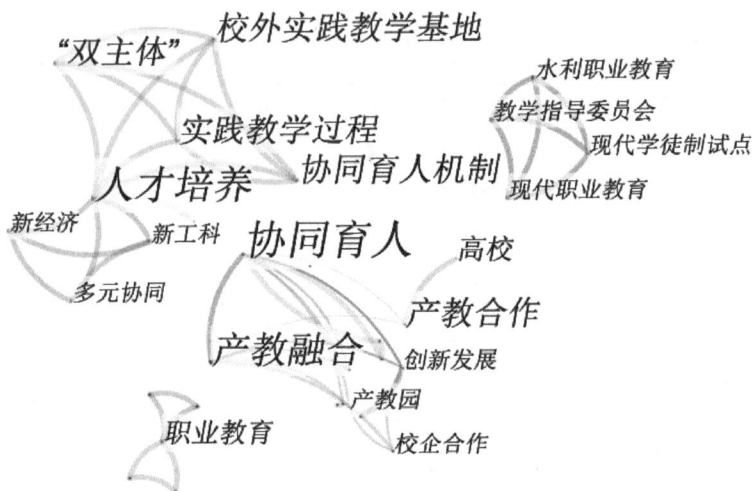

图1.12　核心期刊文献关键词共现图

核心期刊关键词频次及中心度分析表　　　　　　　　表1.4

排序	关键词频次	中心度	年份	关键词名称
1	19	0.06	2014	产教融合
2	14	0.16	2015	协同育人
3	7	0	2014	校企合作
4	3	0.01	2017	职业教育
5	3	0.04	2017	人才培养
6	2	0	2014	协同育人机制

（三）研究热点与时间分析

1. 全部期刊文献

首先对全部期刊文献进行研究热点时间分析，结果如图1.13所示：

2014年："产教融合""校企合作""协同育人机制"和"高职院校"首次成为研究热点。

2015年："协同育人"是主要的研究热点。

2016年：发文量较少，2016年图谱中未显示出主要的热点关键词。

2017年："人才培养""职业教育""新工科""教学改革""应用型人才"和"应用型高校"是研究热点。

2018年：在2017年学者们对应用型高校研究之后，2018年首次把重点放在了"应

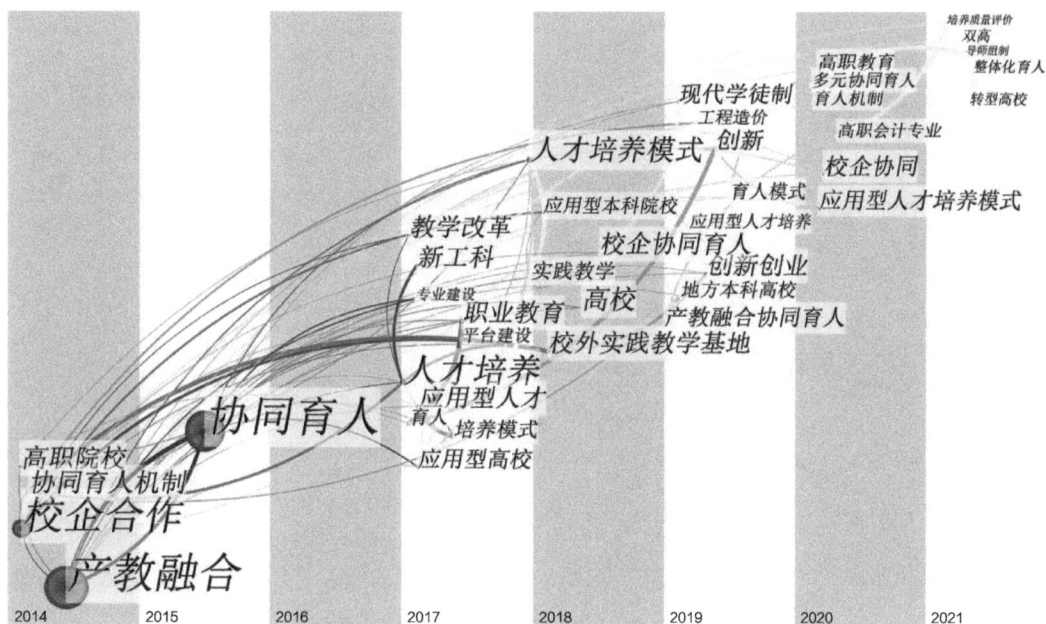

图1.13　全部期刊文献研究热点时间图

用型本科高校"，以及倾向于对"校企协同育人""人才培养模式"和"校外实践教学
基地"等进行研究。

2019年：继"应用型高校""应用型本科高校"后，2019年的研究重点是"地方本
科高校"。同时，"创新创业""育人模式""创新"和"现代学徒制"也是研究热点。

2020年："高职教育""育人机制""校企协同"和"应用型人才培养模式"等是
学者们的研究重心。

2021年：学者们趋向于对老师进行研究，"双高""导师组制""整体化育人"是
研究热点。

2. 核心期刊文献

对核心期刊文献的研究热点进行分析，如图1.14所示。发现在2014—2017年的研
究热点与上述对全部期刊文献进行的分析基本一致。而在2018年，发表核心期刊的学
者们重视"产教园"和"人才培养模式改革"等方面的研究，2019—2021年期间，核
心期刊发表较少。

（四）聚类时间线分析

利用Citespace的TimelineView功能对文献进行分析，将聚类视图结合时间线图输
出了聚类时间线图，其中序号越小的聚类表示形成聚类的关键词越多。

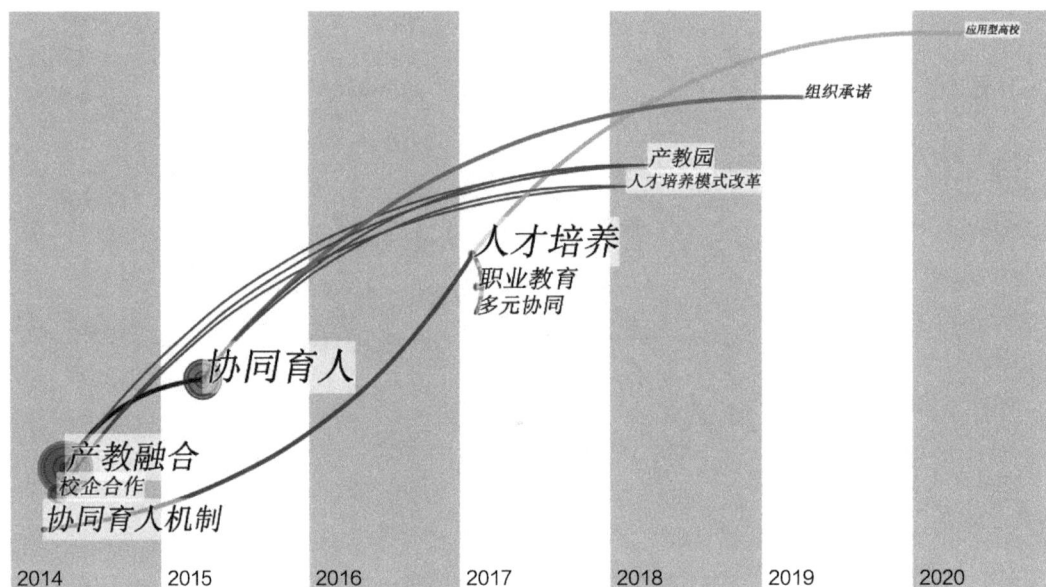

图1.14　核心期刊文献研究热点时间图

1. 全部期刊文献

相关文献一共输出了7个聚类，聚类时间线图见图1.15，分别是"协同育人""校企合作""新工科""实践""校企协同""高校"和"培养路径"。从2014年至今，"协同育人"和"新工科"一直都是学者们的研究重点，"新工科"是在2017年被国家明

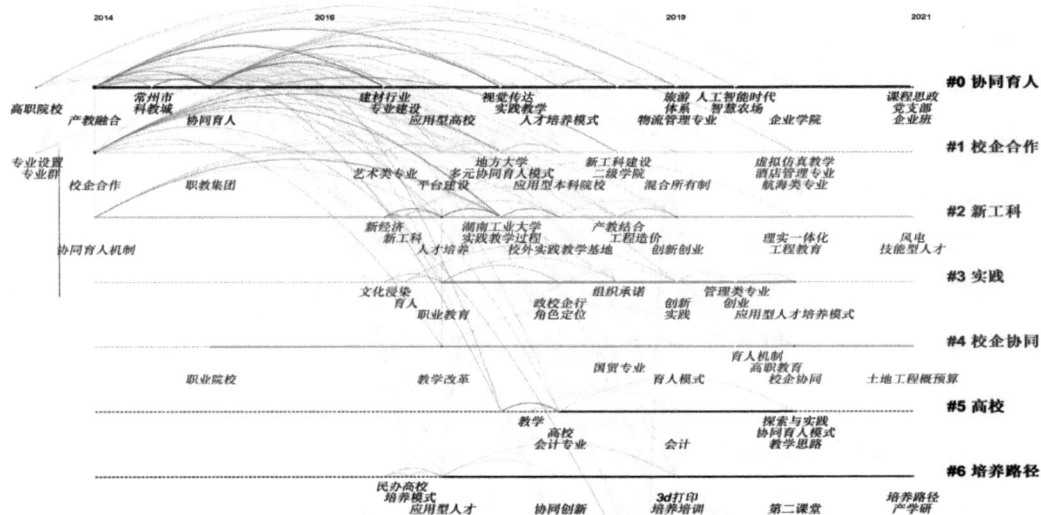

图1.15　全部期刊文献聚类时间线图

确提出来的，但是在2017年之前也有学者对其相关问题进行了研究，而2017年之后对新工科的研究数量急剧增长。学者们从2014年首次开始对"校企合作"进行研究，一直持续到2020年，2021年在该方面形成聚类的关键词较少，相关研究也较少。"校企协同"从2015年至今都是研究者们的研究热点，"培养路径"从2017年至今一直都是研究者们的研究热点。

2．核心期刊文献

由于文献数量较少，核心期刊文献只形成了"产教融合"一个聚类，如图1.16所示，说明目前在产教融合下的协同育人研究方面存在一定的研究缺口，进一步深挖该方面具有一定的研究意义。

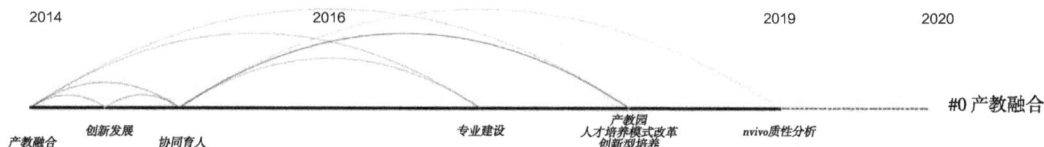

图1.16　核心期刊文献聚类时间线图

三、产教融合，人才培养

（一）年度载文量分析

1．全部期刊文献

本节对产教融合下人才培养的相关文献进行科学计量分析。以"产教融合"和"人才培养"为主题词，检索并分析，得到年度载文量如图1.17所示。产教融合下人才培养的相关研究与"协同育人"和"校企合作"的研究开始时间大致相同，相关文献发表时间在2014年至2021年7月，文献数量共计1154篇，远超产教融合下协同育人和产教融合下校企合作的发文量。在2014—2020年的载文量呈稳定上升趋势，2020年达到载文量峰值，一年内有359篇相关文献发表，远高于其他年份。而截至2021年7月，本年度已发表相关文献181篇。

2．核心期刊文献

产教融合下人才培养的核心期刊文献从2014年至今共发表了57篇，发文量呈波动趋势，每年发表文献数量大致相近，在2019年发表文献数量最多，具体情况如图1.18所示。

文献数

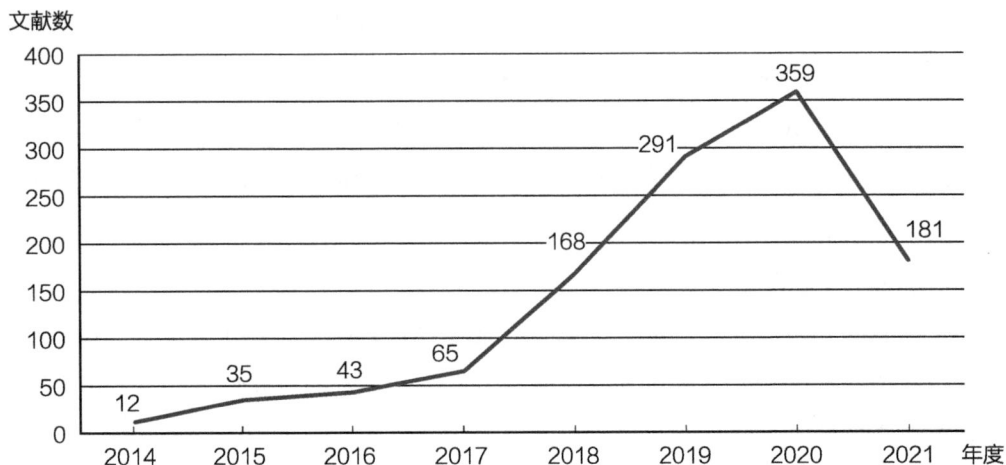

图1.17　全部期刊文献年度载文量

文献数

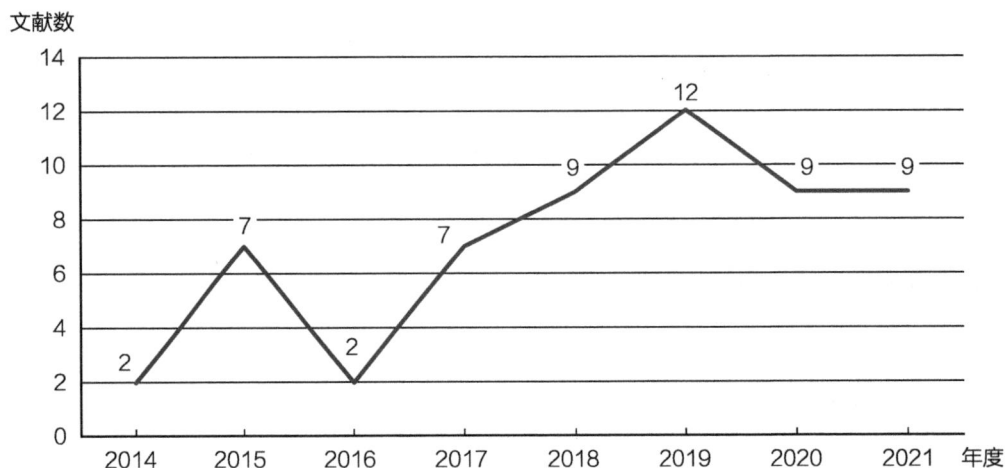

图1.18　核心期刊文献年度载文量

（二）关键词共现分析

1. 全部期刊文献

产教融合下人才培养的关键词共现图如图1.19所示，选取出现频次排名前20的关键词，如表1.5所示。"产教融合"出现频次最多且中心度最高，频次为1034，中心度是0.49。接下来关键词频次排在前面的有"人才培养""人才培养模式""校企合作""高职院校"等，这些是目前学者们研究的重点。

2. 核心期刊文献

核心期刊文献的关键词共现图和分析表见图1.20和表1.6。排在前两位的关键词是"产教融合"和"人才培养模式"，核心期刊文献的关键词和全部期刊文献的关键词相

图1.19 全部期刊文献关键词共现图谱

关键词频次及中心度分析表 表1.5

排序	关键词频次	中心度	年份	关键词名称
1	1034	0.49	2014	产教融合
2	354	0.49	2014	人才培养
3	280	0.45	2014	人才培养模式
4	171	0.26	2014	校企合作
5	99	0.15	2015	高职院校
6	76	0.09	2014	培养模式
7	51	0.07	2016	应用型人才
8	43	0.04	2014	高职
9	35	0.05	2015	职业教育
10	31	0.03	2015	创新创业
11	29	0.03	2016	现代学徒制
12	25	0.02	2018	协同育人
13	23	0.02	2015	应用型
14	23	0.04	2015	应用型人才培养
15	19	0.02	2014	高职教育
16	19	0.01	2016	电子商务
17	18	0.02	2017	跨境电商
18	18	0.01	2016	应用型本科
19	17	0.02	2017	职业院校
20	17	0.03	2017	实践教学

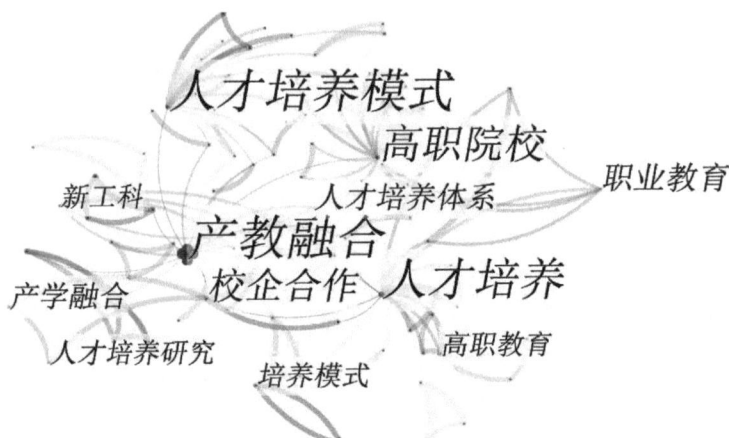

图1.20 核心期刊文献关键词共现图

核心期刊文献关键词频次及中心度分析表　　　　　　　　表1.6

排序	关键词频次	中心度	年份	关键词名称
1	54	0.81	2014	产教融合
2	15	0.29	2015	人才培养模式
3	13	0.42	2015	人才培养
4	7	0.22	2017	高职院校
5	5	0.08	2014	校企合作
6	3	0.02	2018	职业教育
7	2	0.06	2014	培养模式
8	2	0.02	2020	应用型高校
9	2	0.02	2019	新工科
10	2	0.05	2018	高职教育
11	2	0.04	2019	人才培养体系

差不多，说明学者们对产教融合下人才培养研究的关注重点相近。

（三）研究热点与时间分析

1. 全部期刊文献

产教融合下人才培养相关文献的研究热点时间图输出结果如图1.21所示。

2014年："产教融合""人才培养""校企合作"和"人才培养模式"等是主要的研究热点。

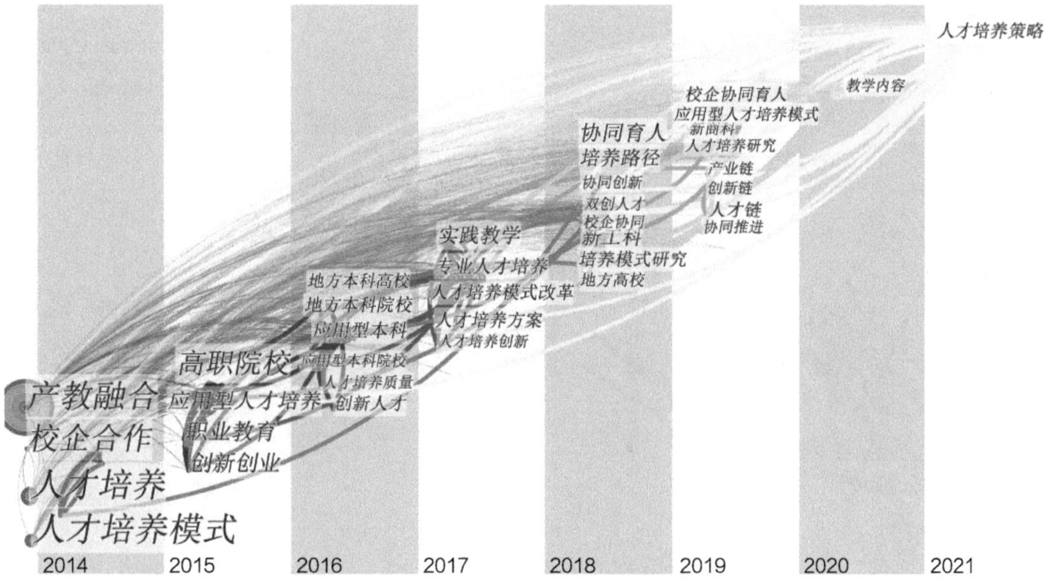

图1.21　全部期刊文献研究热点时间图

2015年："高职院校""应用型人才培养""职业教育"和"创新创业"等是主要的研究热点。

2016年："地方本科高校""应用型本科""创新人才"和"人才培养质量"等是主要的研究重点。

2017年："实践教学""专业人才培养""人才培养模式改革""人才培养方案"和"人才培养创新"是研究热点。

2018年："协同育人""协同创新""培养路径""双创人才"和"新工科"等是研究热点。

2019年："应用型人才培养模式""人才培养研究""人才链""协同推进"和"新商科"等是研究热点。

2020年："教学内容"是学者们的研究重心。

2021年："人才培养策略"是研究热点。

2. 核心期刊文献

核心期刊文献的研究热点时间图如图1.22所示。与图1.21对比可以发现，它们的研究重点相似，不过对于研究重点演进的时间存在一点区别。

2014年："产教融合""校企合作"和"培养模式"是研究重点。

2015年："人才培养"和"人才培养模式"的关注比普通期刊晚了一年，在2015年开始被关注。

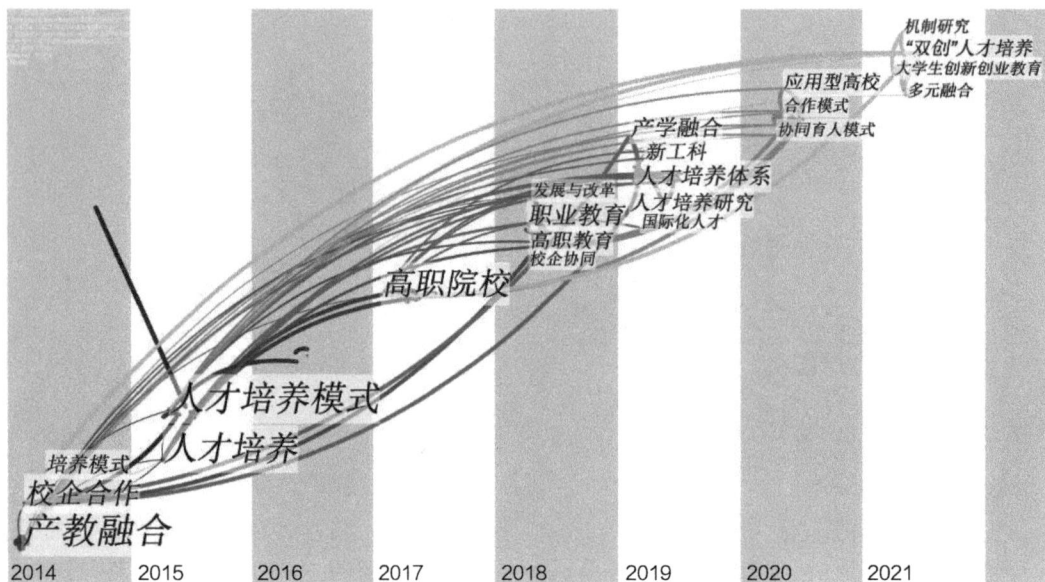

图1.22　核心期刊文献研究热点时间图

2016年：核心文献发表数量极少。

2017年："高职院校"首次成为研究重心。

2018年："职业教育""高职教育"等成为研究重点。

2019年："人才培养研究""人才培养体系""新工科"等是学者们关注的重点内容。

2020年："应用型高校""合作模式"和"协同育人模式"等是研究重点。

2021年："'双创'人才培养""大学生创新创业教育"和"多元融合"等是研究重点。

（四）聚类时间线分析

1. 全部期刊文献

输出产教融合下人才培养的聚类时间线图，结果如图1.23所示，其中序号越小的聚类表示聚类的关键词越多。相关文献一共输出了13个聚类，分别是"人才培养""人才培养模式""培养模式""产教融合""校企合作""高职院校""高职""应用型人才培养""职业教育""实训平台""智能制造""自动化专业"和"人才培养模式改革"。

在产教融合下的人才培养研究中，学者们对职业院校十分重视，同时致力于研究培养模式，这两个方面分别形成了3个相关聚类。而"智能制造"和"自动化专业"为人才培养研究关注的重要专业。从2014年至今，"人才培养""人才培养模式""培养模式""产教融合""校企合作""高职""实训平台"和"自动化专业"等研究一直

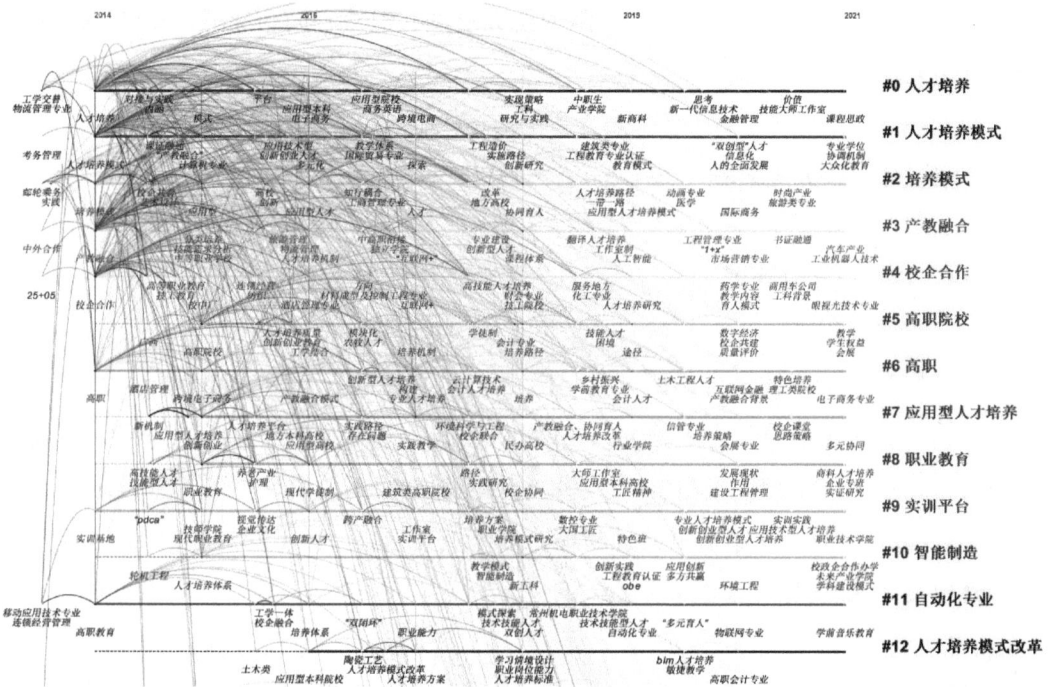

图1.23 全部期刊文献聚类时间线图

都是学者们的研究重点;"人才培养模式改革"在2016年才形成聚类,开始被广泛研究;其余4项聚类则是从2015年至今被视为研究重点。

2. 核心期刊文献

图1.24是产教融合下人才培养核心期刊文献的聚类时间线图。核心期刊文献共生成4个聚类,分别是:"教学体系""职业教育""共同驱动"和"培养路径"。与上述分析相比,普通期刊文献注重培养模式,核心期刊文献注重培养路径;而对于职业教

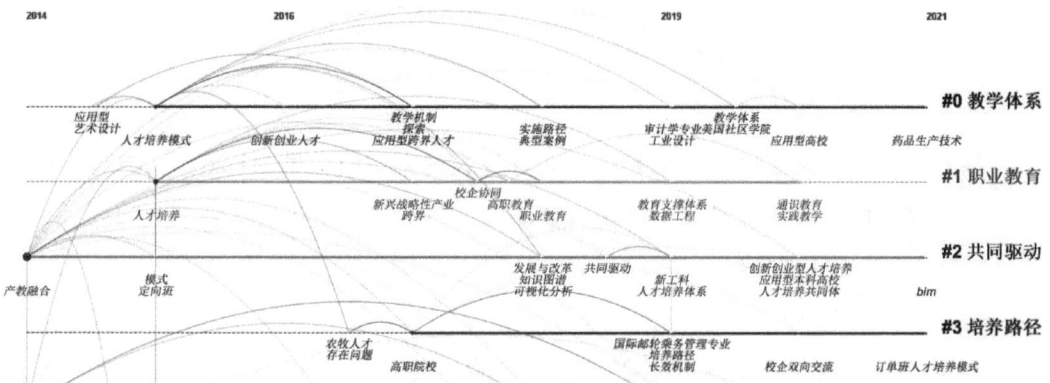

图1.24 核心期刊文献聚类时间线图

育的研究，该方面一直是普通期刊文献的研究重点，但核心期刊文献一直到2021年并
未形成相关聚类。

四、产教融合，研究生培养

（一）年度载文量分析

1．全部期刊文献

本节将对基于产教融合的研究生培养的相关文献进行科学计量分析。以"产教
融合"和"研究生培养"为主题词，在CNKI数据库进行检索并分析，得到年度载文
量如图1.25所示。2018年，国内学者才开始对产教融合下的研究生培养进行研究，从
2018年至2021年7月，文献数量共计57篇，处于上升趋势，截至2021年7月，当年度已
有19篇相关文献发表。

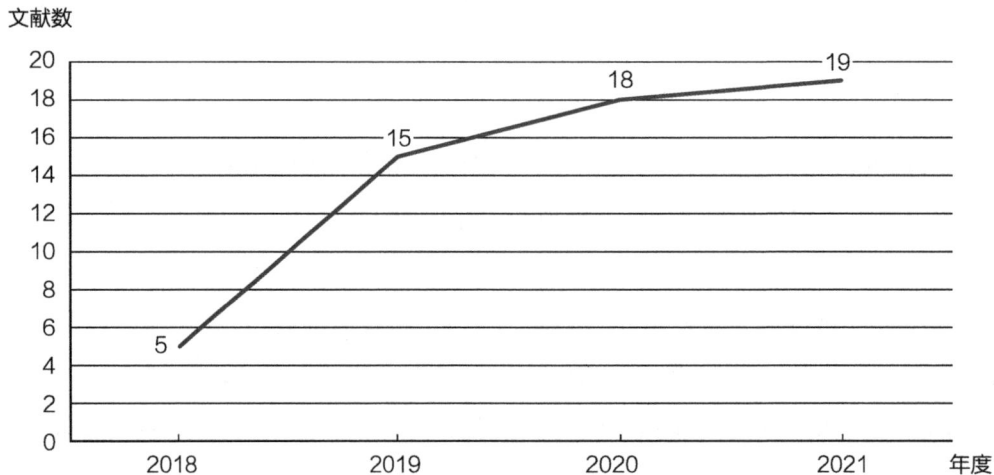

图1.25 全部期刊文献年度载文量

2．核心期刊文献

核心期刊文献发文量呈波动趋势，共计发表论文18篇，见图1.26。国内对于产教
融合下研究生培养的相关研究还存在一定缺口，高质量文献数量不多。

（二）关键词共现分析

1．全部期刊文献

利用Citespace对产教融合下研究生培养的相关文献进行关键词共现分析，如图
1.27所示。选取出现频次排名前15的关键词，结果如表1.7所示。"产教融合"是出

文献数

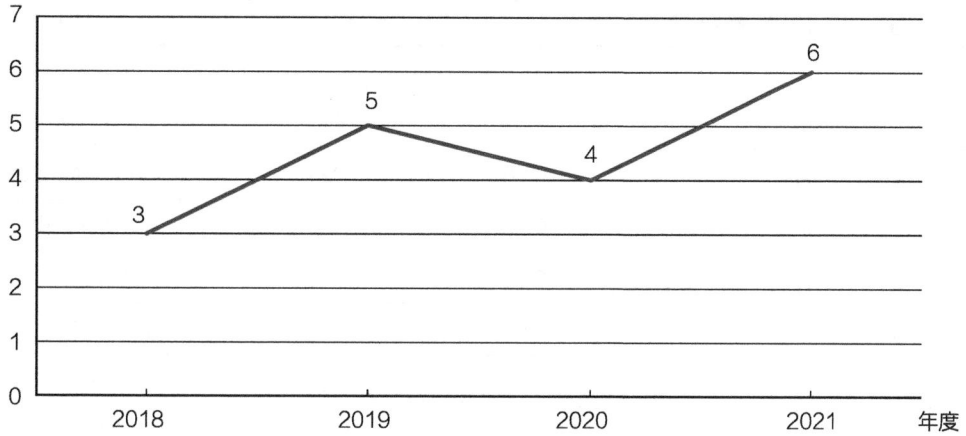

图1.26 核心期刊文献年度载文量

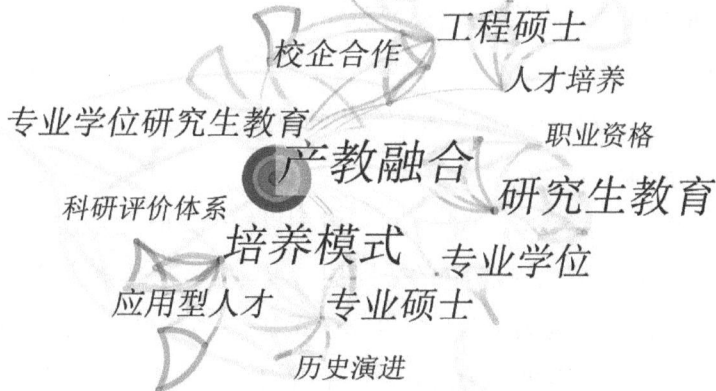

图1.27 全部期刊文献关键词共现图谱

关键词频次及中心度分析表 表1.7

排序	关键词频次	中心度	年份	关键词名称
1	49	0.81	2018	产教融合
2	8	0.24	2018	培养模式
3	8	0.24	2019	研究生教育
4	6	0.09	2019	专业硕士
5	5	0.17	2020	专业学位
6	5	0.11	2019	工程硕士
7	3	0.05	2019	专业学位研究生

排序	关键词频次	中心度	年份	关键词名称
8	3	0.16	2019	人才培养
9	3	0.07	2019	校企合作
10	2	0.06	2021	专业学位研究生教育
11	2	0.05	2021	人才培养模式
12	2	0.05	2019	实践基地
13	2	0.04	2021	应用型人才
14	2	0	2020	研究生
15	2	0	2019	研究生培养

现频次最多且中心度最高的关键词，出现频次是49，关键词的中心度是0.81。"培养模式"和"研究生教育"的关键词频次都是8，中心度也均为0.24。接下来关键词频次排在前面的有"专业硕士""专业学位""工程硕士""专业学位研究生""人才培养""校企合作"等，这些是目前学者们研究的重点。

2. 核心期刊文献

核心期刊文献发文量较少，所显示的关键词也较少，但是与上述全部期刊文献分析的关键词基本一致，频次排名前6的分别是"产教融合""研究生教育""专业学位研究生""专业学位""工程硕士"和"培养模式"，具体情况见图1.28和表1.8。因此，在对产教融合下研究生培养的相关研究中，学者们主要侧重于研究专业学位的研究生以及对工程硕士的讨论较多。

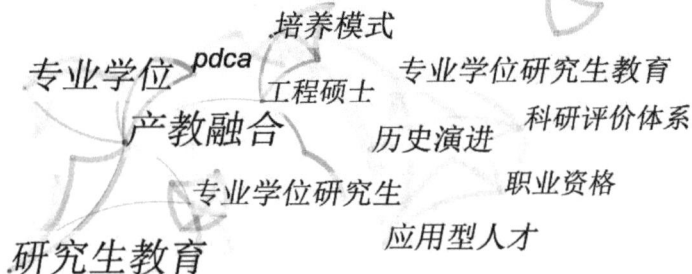

图1.28 核心期刊文献关键词共现图谱

关键词频次及中心度分析表   表1.8

排序	关键词频次	中心度	年份	关键词名称
1	16	0.56	2018	产教融合
2	4	0.3	2019	研究生教育
3	3	0.13	2019	专业学位研究生
4	3	0.11	2020	专业学位
5	2	0.21	2019	工程硕士
6	2	0.2	2021	培养模式

（三）研究热点与时间分析

1. 全部期刊文献

产教融合下研究生培养相关文献的研究热点时间图，输出结果如图1.29所示。

2018年："产教融合"和"培养模式"等是研究热点，"企业研究生工作站"也成为学者们首次探讨的话题。

2019年："研究生教育""工程硕士"和"专业硕士"等是研究热点。

2020年："专业学位"是最主要的研究重点。

2021年："专业学位研究生教育""应用型人才""人才培养模式""科研评价体

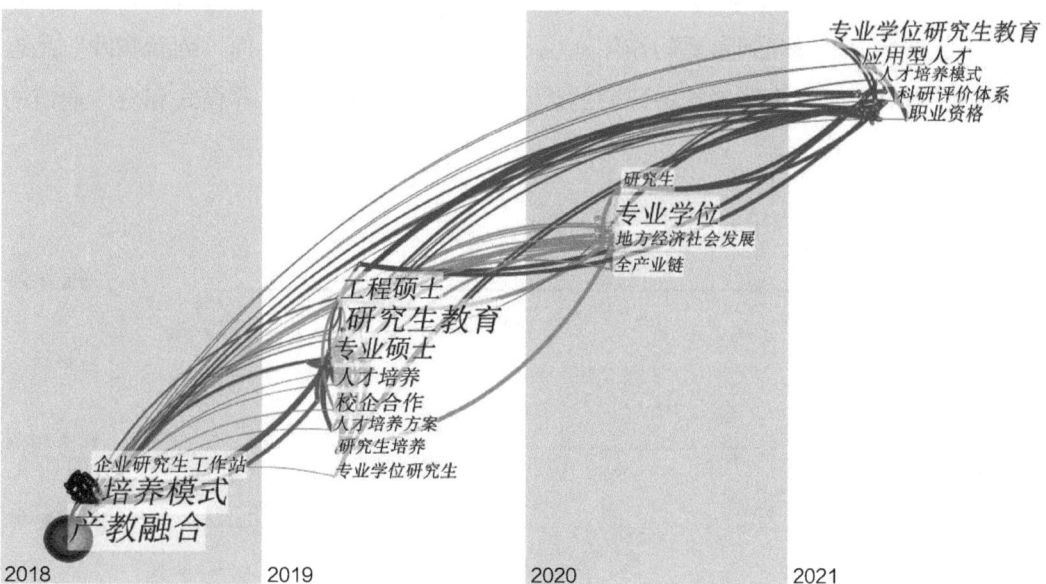

图1.29 全部期刊文献研究热点时间图

系""职业职格"是研究热点。

2．核心期刊文献

核心期刊文献的研究热点时间图见图1.30。核心期刊文献的研究热点演进趋势与图1.29中的分析十分相似，每一年的研究热点也相差不多。

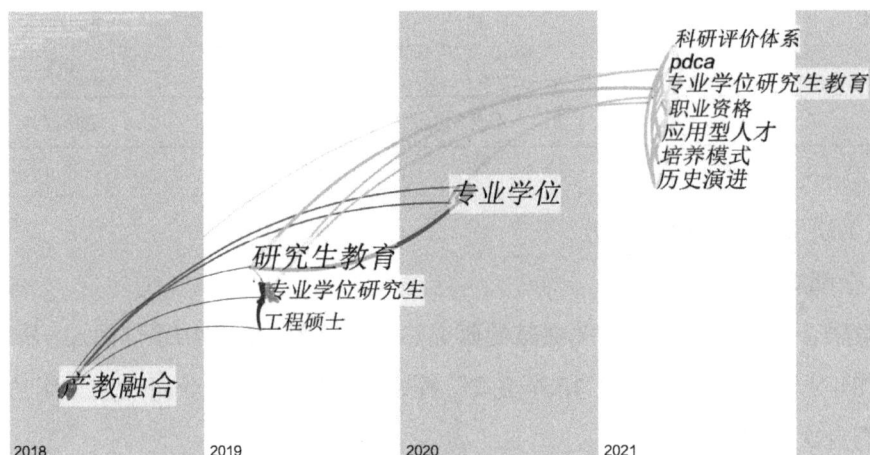

图1.30　核心期刊文献研究热点时间图

（四）聚类时间线分析

文献一共输出了4个聚类，如图1.31所示。分别是"校企合作""培养模式""全产业链"和"创新实践"。可见无论是在专科生、本科生还是研究生的培养上，校企合作一直对学生培养起到重要的作用，也是学者们的研究重点，而"创新实践"是近两年学者们对于研究生培养相关研究的热点内容。对于研究生培养模式和全产业链的

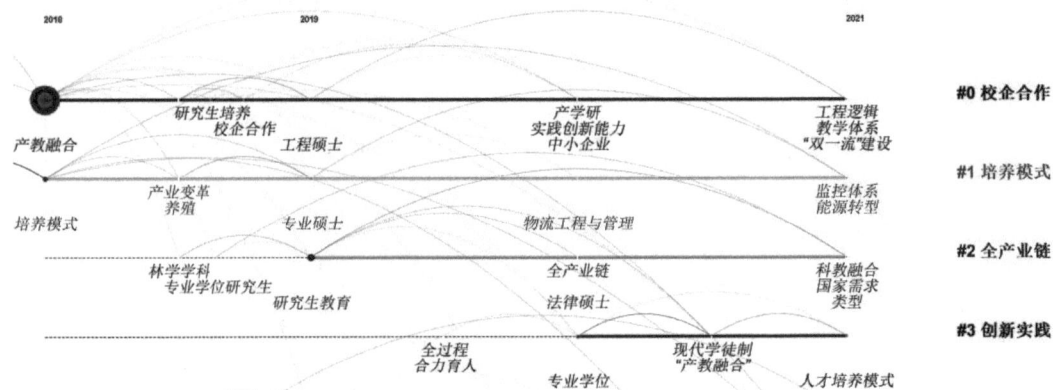

图1.31　聚类时间线图

研究也是热门内容。

由于核心期刊文献数量太少，所以核心期刊文献未形成聚类时间线图，说明对产教融合下研究生培养的相关研究仍需进行丰富。

五、产教融合，高校发展

（一）年度载文量分析

1. 全部期刊文献

本节对在产教融合、校企合作和协同育人作用下，推动高校发展的相关研究的文献计量分析。以"产教融合""校企合作""协同育人"和"高校发展"为主题词，在CNKI知网数据库中利用高级检索方式查找相关文献，利用Citespace软件进行年度载文量统计分析，如图1.32所示。相关文献发表时间在2000年至2021年7月，文献数量共计400篇。在2000—2009年呈波动趋势，这10年的文献发表量较少，其中还有5年没有相关文献发表。而在2010—2016年，文献发表量呈稳定上升趋势，2017年略有下降，2017—2019年又开始迅速上升，而后又逐渐减少，2019年的载文量最多，高达77篇。截至2021年7月，该年度已发表相关文献32篇，近6年是该类研究的高峰时间段。

2. 核心期刊文献

核心期刊文献的年度载文量如图1.33所示，共计发表81篇核心论文。在2005年以前没有相关核心期刊文献发表，2006—2021年之间的发文量呈波动趋势，在2016年和

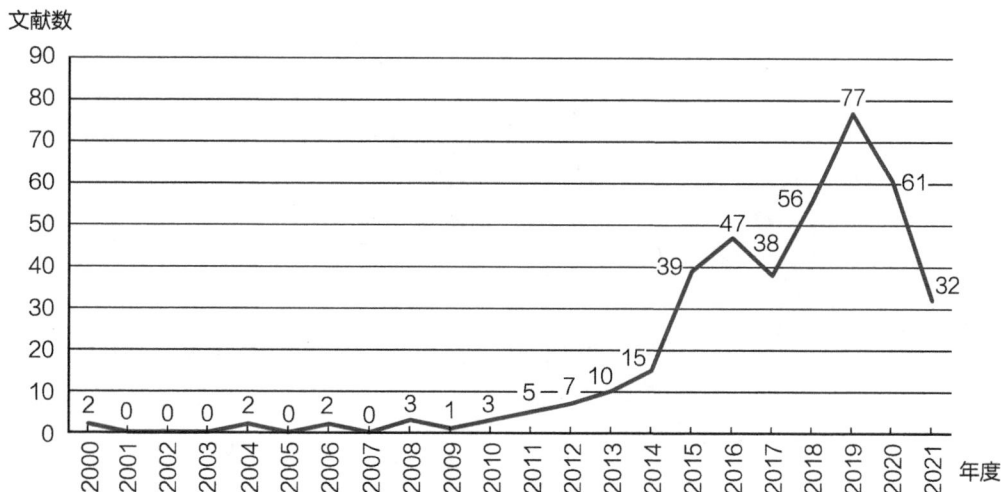

图1.32 全部期刊文献年度载文量

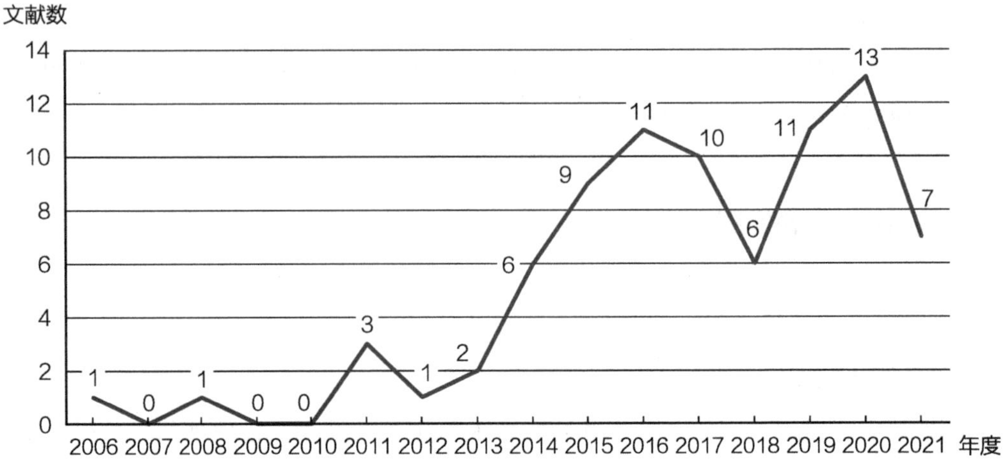

文献数

图1.33　核心期刊文献年度载文量

2020年出现两次发文高峰。截至2021年7月，该年度已发表相关文献7篇。

（二）关键词共现分析

1．全部期刊文献

利用Citespace对高校发展的相关文献进行关键词共现分析，如图1.34所示。选取出现频次排名前22的关键词，结果如表1.9所示。"校企合作"是出现频次最多且中心度最高的关键词，出现频次是154，关键词的中心度是0.66。其次是"产教融合"，关键词频次是121，中心度为0.55。接下来关键词频次排在前面的有"转型发展""地

图1.34　全部期刊文献关键词共现图谱

方高校""协同育人""高校""人才培养""民办高校""应用型高校""地方本科高校""应用型本科高校""培养模式"等，这些是目前学者们研究的重点。

在研究高校发展方面，学者们十分注重校企合作的研究，从20年前就已经展开相关研究了，而产教融合和协同育人分别是在2014年和2015年才开始被广泛研究的，其中高校转型和人才培养也是学者们在研究高校发展时所关注的重点。且学者们对民办高校和应用型高校的研究要多于本科高校。

关键词频次及中心度分析表　　　　　　　表1.9

排序	关键词频次	中心度	年份	关键词名称
1	154	0.66	2000	校企合作
2	121	0.55	2014	产教融合
3	50	0.16	2014	转型发展
4	37	0.17	2008	地方高校
5	35	0.21	2015	协同育人
6	31	0.17	2013	高校
7	25	0.08	2004	人才培养
8	24	0.09	2011	民办高校
9	20	0.06	2015	应用型高校
10	16	0.05	2012	地方本科高校
11	14	0.05	2017	应用型本科高校
12	10	0.04	2008	培养模式
13	9	0.02	2011	应用型人才
14	9	0.02	2014	应用型
15	9	0.04	2012	发展模式
16	9	0.04	2015	协同发展
17	9	0.02	2013	协同创新
18	8	0.02	2019	发展路径
19	7	0.03	2015	高等教育
20	7	0.03	2012	对策
21	7	0.02	2016	区域经济
22	7	0.02	2012	人才培养模式

2. 核心期刊文献

核心期刊文献的关键词共现图和分析表如图1.35和表1.10所示。其中，"产教融合""校企合作""转型发展""地方高校""协同创新"和"高校"等是出现频次和中心度较高的关键词，作为核心期刊文献关注的重点。这个排序与上述全部期刊文献的分析相似，学者们在研究产教融合、校企合作和协同育人下的高校发展时，更加注重对地方高校的研究，兼顾高校的协同创新与转型发展。

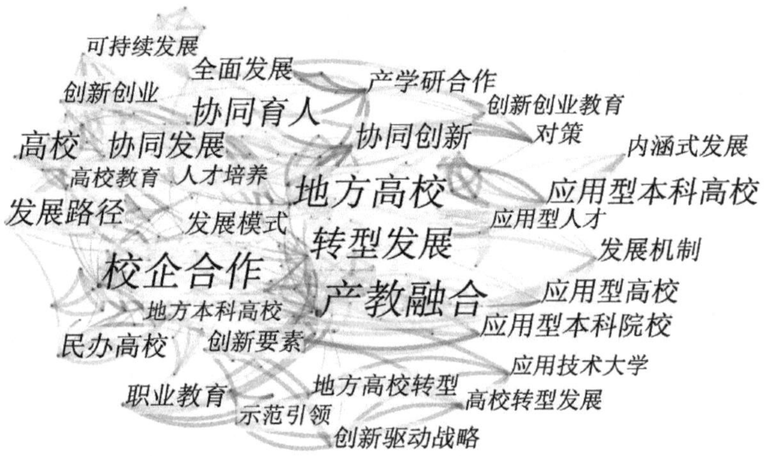

图1.35 核心期刊文献关键词共现图谱

核心期刊文献关键词频次及中心度分析表 　　　　　表1.10

排序	关键词频次	中心度	年份	关键词名称
1	28	0.66	2015	产教融合
2	23	0.57	2006	校企合作
3	13	0.18	2014	转型发展
4	13	0.38	2012	地方高校
5	6	0.07	2013	协同创新
6	6	0.18	2016	高校
7	5	0.1	2015	应用型高校
8	5	0.25	2016	协同育人
9	5	0.14	2017	应用型本科高校
10	5	0.16	2019	发展路径
11	5	0.09	2011	民办高校

排序	关键词频次	中心度	年份	关键词名称
12	4	0.08	2011	产学研合作
13	4	0.09	2015	协同发展
14	3	0.09	2015	职业教育
15	3	0.07	2014	地方本科高校
16	3	0.05	2019	可持续发展
17	3	0.05	2017	创新创业教育
18	3	0.04	2012	对策
19	3	0.02	2015	高等教育
20	3	0.03	2019	人才培养
21	3	0.02	2015	高校教育
22	3	0.04	2016	发展模式
23	3	0.05	2015	应用型本科院校

（三）研究热点与时间分析

1. 全部期刊文献

对产教融合、校企合作和协同育人推动高校发展相关文献的研究热点时间图进行分析，输出结果如图1.36所示。

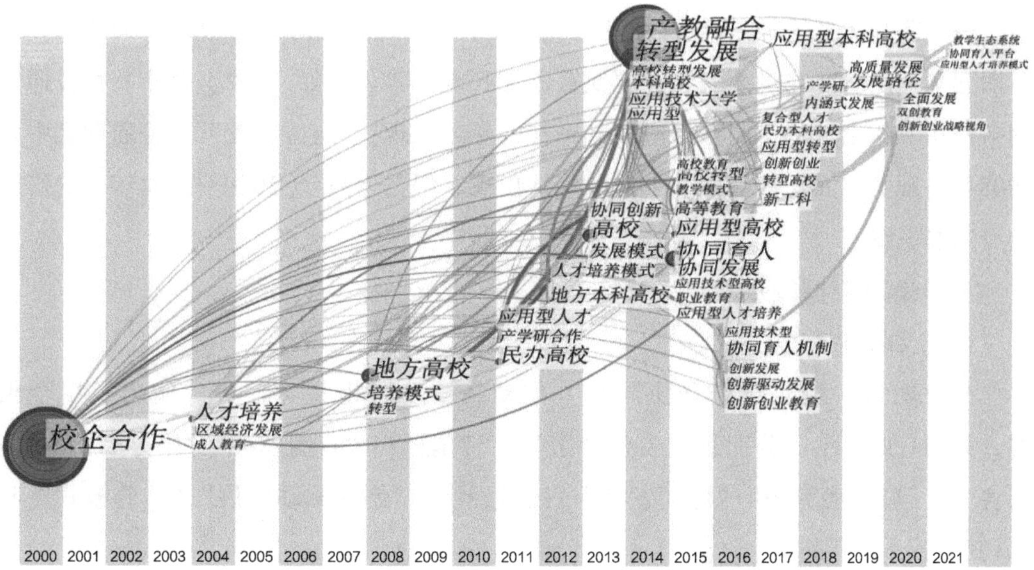

图1.36　全部期刊文献研究热点时间图

2000年：2000年开始，我国学者首次探究"校企合作"促进高校发展方面的研究。

2001—2003年、2005年和2007年没有相关文献发表。

2004年："人才培养""区域经济发展"和"成人教育"是推动高校发展的主要研究热点。

2008年："地方高校""培养模式"和"转型"是研究重点。

2011年："应用型人才""民办高校"和"产学研合作"是研究重点。

2012年："地方本科高校"和"人才培养模式"是主要的研究重点。

2013年："高校""发展模式"和"协同创新"是主要的研究重点。

2014年："产教融合"和"转型发展"等是研究重点。

2015年："协同育人""协同发展"和"应用型高校"是研究重点。

2016年："人才培养""创新发展"等是主要的研究热点。

2017年："新工科""转型高校"和"复合型人才"是研究热点。

2018年："产学研"和"内涵式发展"等是研究热点。

2019年："发展路径"和"高质量发展"是研究热点。

2020年："全面发展"和"双创教育"是学者们的研究重心。

2021年："教学生态系统""协同育人平台"和"应用型人才培养模式"是研究热点。

2. 核心期刊文献

核心期刊文献的研究热点时间图是从2006年开始的，具体情况如图1.37所示。核心期刊文献的研究热点演进趋势要比普通期刊晚几年。例如，"校企合作"在普通期刊中是2000年出现的，而在核心期刊中2006年才出现；"地方高校"在普通期刊中是2008年出现的，而在核心期刊中2012年才出现。但是近3年（2019—2021年）的研究热点基本一致。

（四）聚类时间线分析

1. 全部期刊文献

产教融合、校企合作和协同育人推动高校发展相关文献一共输出了11个聚类，如图1.38所示。分别是"校企合作""产教融合""转型发展""民办高校""协同育人""应用型高校""协同发展""区域经济""创新驱动发展""培养模式"和"研究"。

从2000年至今，"校企合作"一直都是学者们的研究重点，而"产教融合"的研

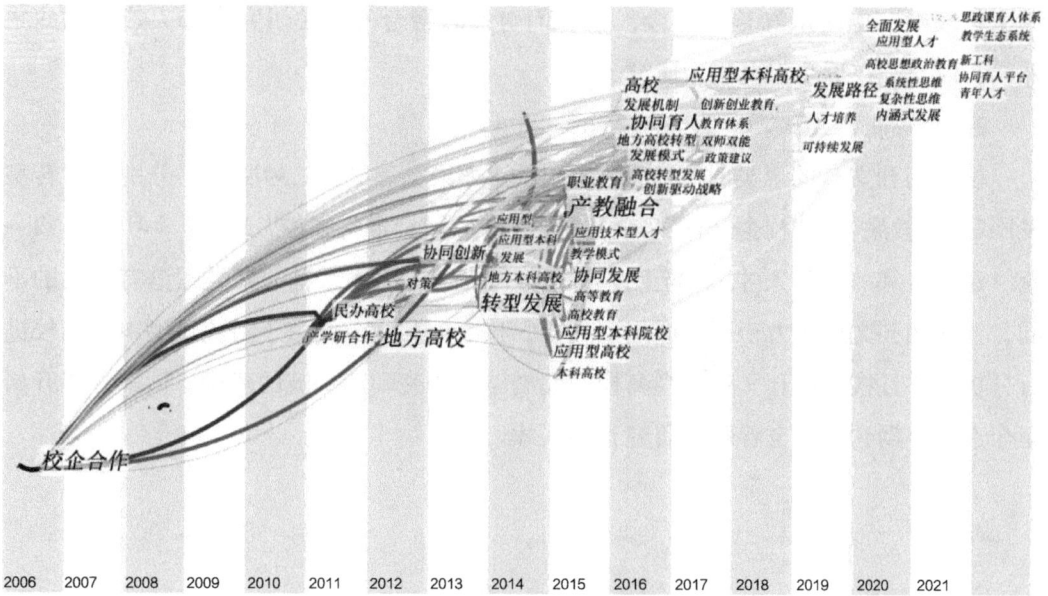

图1.37　核心期刊文献研究热点时间图

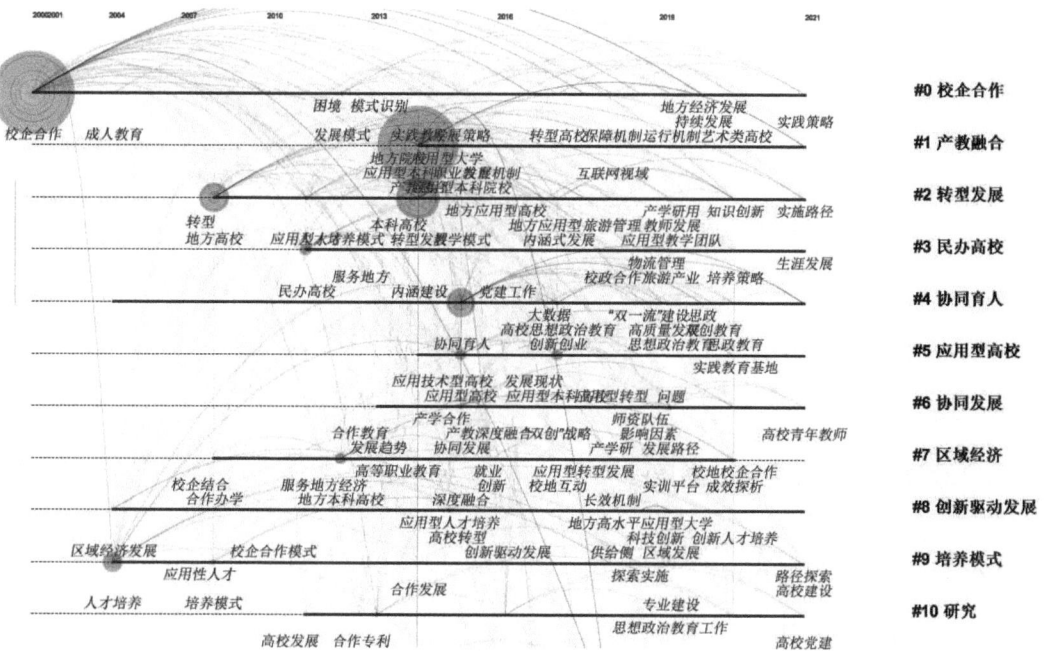

图1.38　全部期刊文献聚类时间线图

究虽然较晚，但是从2014年至今，学者们对产教融合的相关研究十分火热。除此之外，其他聚类在近几年也均为研究热点。

2. 核心期刊文献

核心期刊文献的聚类时间线图共输出了8个聚类，如图1.39所示。分别是"转型发展""产教融合""校企合作""发展路径""应用型本科高校""终身学习""'双一流'建设"和"青年人才"。与上述全部期刊文献相比，二者的聚类图谱有较大的不同，普通期刊文献致力于研究应用型高校，核心期刊文献侧重于对应用型本科高校进行分析，并且核心期刊文献重视高校的发展路径研究和双一流的建设。而2019年开始至今，核心期刊文献也着眼于研究青年人才。

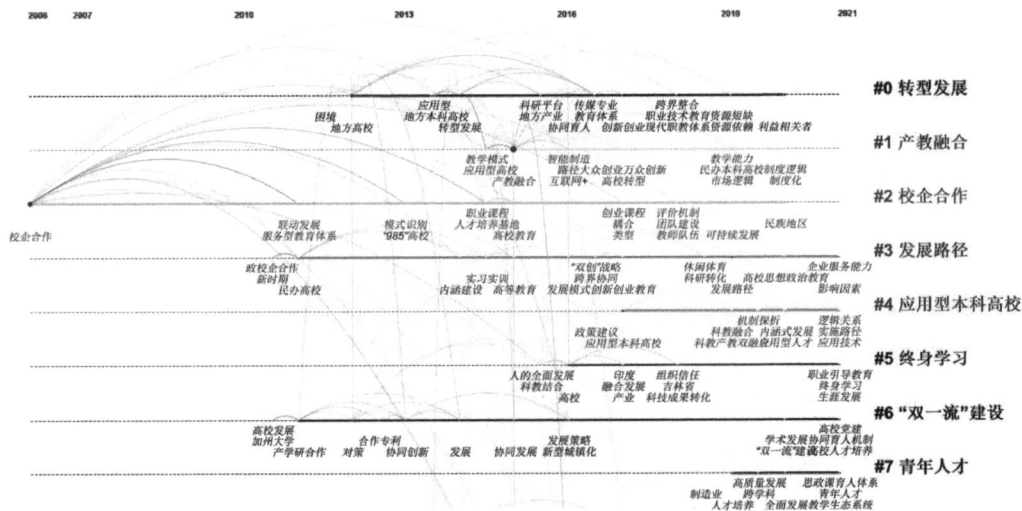

图1.39　核心期刊文献聚类时间线图

六、产教融合，高校内涵式发展

（一）年度载文量分析

1. 全部期刊文献

以"高校"和"内涵式发展"为主题词，在CNKI知网数据库中利用高级检索方式查找相关文献，利用Citespace进行年度载文量统计分析，如图1.40所示。相关文献发表时间在2001年至2021年7月，文献数量共计398篇。在2001—2021年的文献发表量一直呈波动趋势，其中2002年和2003年没有相关文献发表。在2014年相关研究的发文

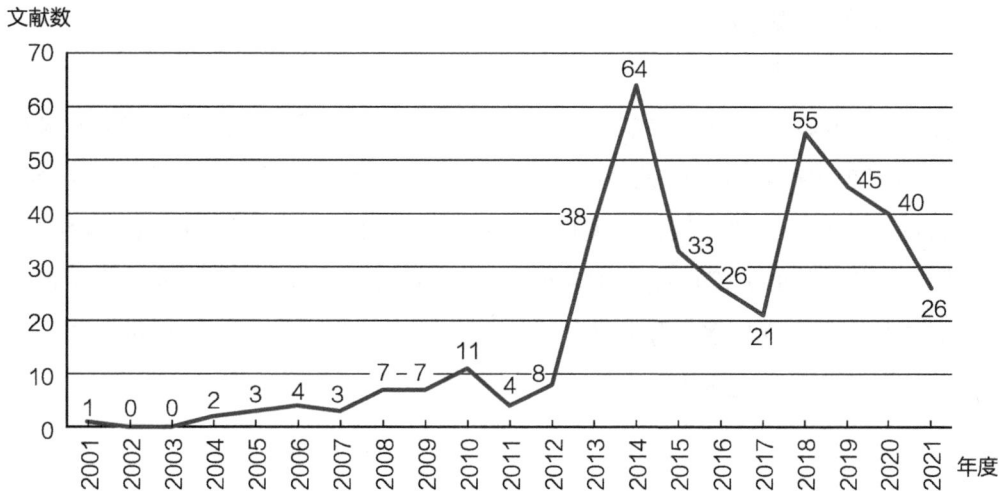

图1.40 全部期刊文献年度载文量

量达到峰值，全年发表64篇文献，后逐渐减少，而在2018年相关发文量又迅速升高，达55篇，之后发文数量又开始下降。截至2021年7月，该年度发表相关文献26篇。

2. 核心期刊文献

高校内涵式发展的核心期刊文献发表年份在2007—2020年，其中2010年和截至2021年7月无相关核心论文发表。各年份的发文量差距较大，呈陡峭的波动趋势，其中2013年、2014年和2020年的文献发表量最高，均为6篇，具体情况见图1.41。

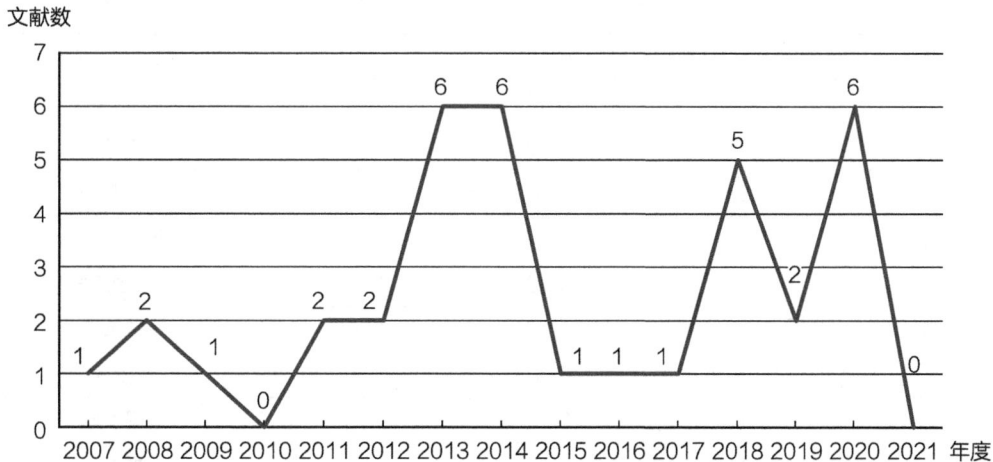

图1.41 核心期刊文献年度载文量

（二）关键词共现分析

1. 全部期刊文献

利用Citespace对高校内涵式发展的相关文献进行关键词聚类分析，如图1.42所示。选取出现频次排名前26的关键词，结果如表1.11所示。"内涵式发展"是出现频次最多且中心度最高的关键词，出现频次是276，关键词的中心度是0.69。"高校"和"高校内涵式发展"的关键词频次排名也十分靠前。同时，相关研究对"民办高校"和"地方高校"的重视较多。除此之外，"人才培养""学科建设""高质量发展""思想政治教育"等也是研究重点。

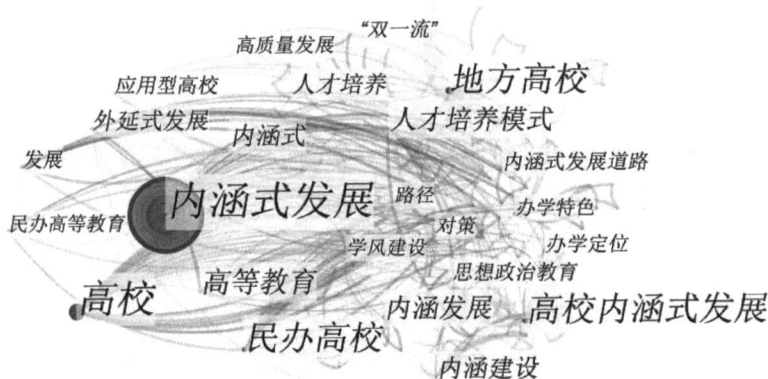

图1.42　全部期刊文献关键词共现图谱

关键词频次及中心度分析表　　　　　　　　表1.11

排序	关键词频次	中心度	年份	关键词名称
1	276	0.69	2004	内涵式发展
2	75	0.39	2001	高校
3	38	0.24	2008	民办高校
4	38	0.24	2008	地方高校
5	25	0.26	2008	高校内涵式发展
6	25	0.12	2008	高等教育
7	16	0.08	2009	内涵式
8	16	0.08	2007	内涵发展
9	10	0.01	2001	发展
10	9	0.02	2013	高等学校
11	9	0.05	2011	路径

续表

排序	关键词频次	中心度	年份	关键词名称
12	8	0.07	2007	人才培养模式
13	8	0.03	2014	人才培养
14	7	0.04	2004	学科建设
15	7	0.03	2013	思想政治教育
16	6	0.02	2009	对策
17	6	0.01	2014	思想政治理论课
18	5	0.01	2019	高质量发展
19	5	0.01	2009	学生工作
20	5	0.01	2015	预算管理
21	5	0.03	2018	新时代
22	5	0.01	2013	校园文化
23	5	0.02	2008	外延式发展
24	5	0.01	2014	应用型本科高校
25	5	0.03	2011	内涵建设
26	5	0.02	2010	民办本科高校

2. 核心期刊文献

核心期刊文献的关键词共现图见图1.43，关键词频次及中心度分析表见表1.12。其中"内涵式发展""高校内涵式发展""地方高校"和"民办高校"等是研究重点，研究重点基本上与上述全部期刊文献的研究重点吻合。但是，核心期刊文献对"高水平研究型大学"的研究更加重视。

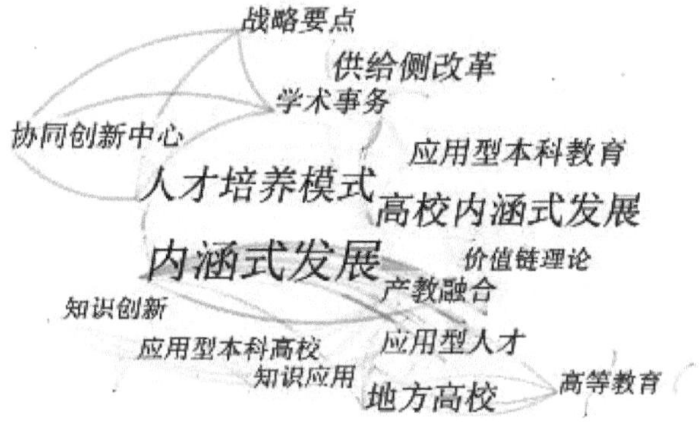

图1.43 核心期刊文献关键词共现图谱

核心期刊文献关键词频次及中心度分析表　　　　表1.12

排序	关键词频次	中心度	年份	关键词名称
1	19	0.15	2007	内涵式发展
2	12	0.06	2008	高校内涵式发展
3	6	0.02	2014	地方高校
4	3	0	2009	民办高校
5	2	0.04	2014	人才培养模式
6	2	0.02	2014	高等教育
7	2	0.01	2018	供给侧改革
8	2	0	2013	学科建设
9	2	0	2011	内涵建设
10	2	0	2011	路径
11	2	0	2013	高水平研究型大学
12	2	0	2007	高校

（三）研究热点与时间分析

1. 全部期刊文献

对研究热点时间图进行分析，输出结果如图1.44所示。

2004年：自2004年开始，"内涵式发展"成为研究者们的研究重心。

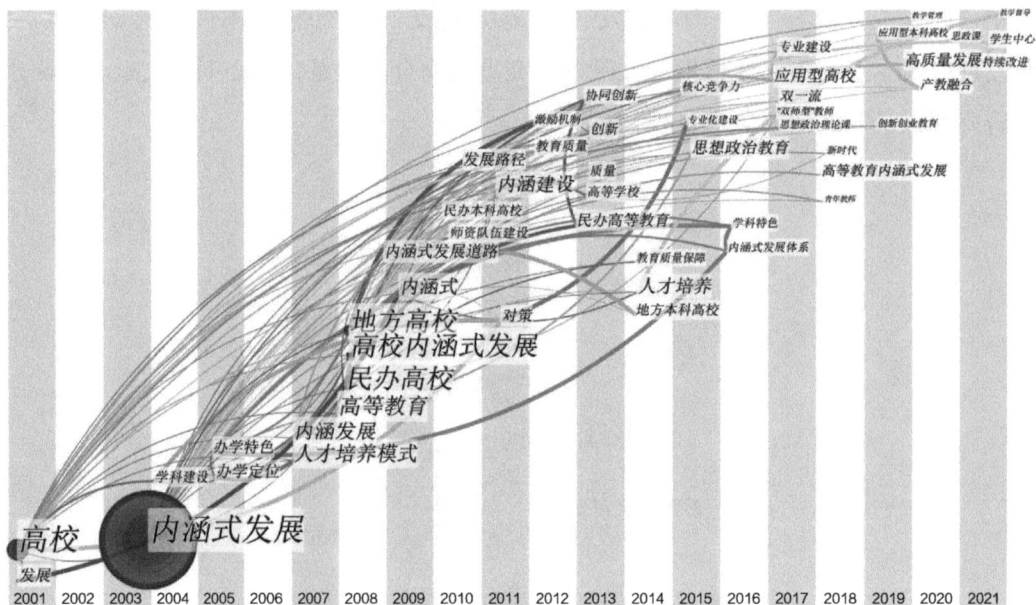

图1.44　全部期刊文献研究热点时间图

2006年：“办学特色”和“办学定位”是研究重点。

2007年：“人才培养模式”和“内涵发展”是研究重点。

2008年：“地方高校”“高等教育”“民办高校”和“高校内涵式发展”是研究重点。

2009年：“内涵式”和“内涵式发展道路”是研究重点。

2010年：“民办本科高校”和“师资队伍建设”是研究重点。

2011年：“内涵建设”和“发展路径”是研究重点。

2012年：“激励机制”和“教育质量”是主要的研究重点。

2013年：“高等学校”“民办高等教育”和“协同创新”是主要的研究重点。

2014年：“人才培养”“地方本科高校”和“教育质量保障”是研究重点。

2015年：“核心竞争力”“专业化建设”和“思想政治教育”是研究重点。

2016年：“学科特色”和“内涵式发展体系”是主要的研究热点。

2017年：“专业建设”“应用型高校”和“双一流”等是研究热点。

2018年：“新时代”“青年教师”和“高校教育内涵式发展”是研究热点。

2019年：“高质量发展”“应用型本科高校”和“创新创业教育”是研究热点。

2020年：“产教融合”“思政课”和“教学管理”等是学者们的研究重心。

2021年：“教学督导”“持续改进”和“学生中心”是研究热点。

2. 核心期刊文献

核心期刊文献的研究热点时间图见图1.45。

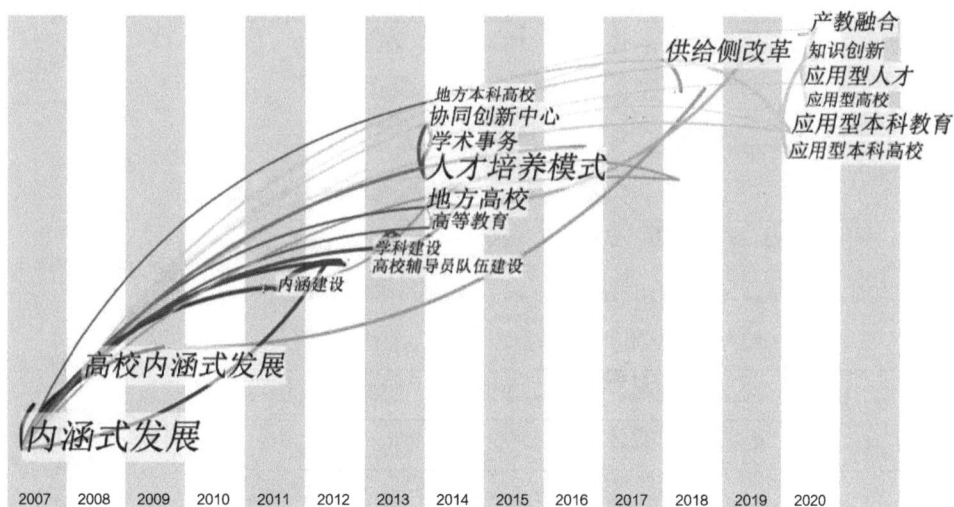

图1.45 核心期刊文献研究热点时间图

2007年："内涵式发展"的研究首次出现在核心论文中。

2008年：主要对"高校内涵式发展"展开研究。

2011年："内涵建设"是主要的研究重点。

2013年："学科建设"和"高校辅导员队伍建设"是研究重点。

2014年："人才培养模式""协同创新中心""高等教育""地方高校"和"地方本科高校"等是学者们关注的重心。

2018年：学者们主要研究利用"供给侧改革"来推动高校内涵发展。

2020年："产教融合""知识创新""应用型人才""应用型高校""应用型本科高校"和"应用型本科教育"是学者们关注的重点问题。

（四）聚类时间线分析

1．全部期刊文献

相关文献的聚类时间线图如图1.46所示，一共输出了11个聚类，分别是"高校思想政治理论课""地方高校""高校内涵式发展""高校""民办高校""高等教育""民办本科高校""新时代""辅导员""内涵建设"和"素质提升对策"。

这11个聚类在近几年均是我国学者在研究时所关注的重点，其中对"地方高校""民办高校"和"民办本科高校"的内涵式发展研究较丰富，同时认为"高校思

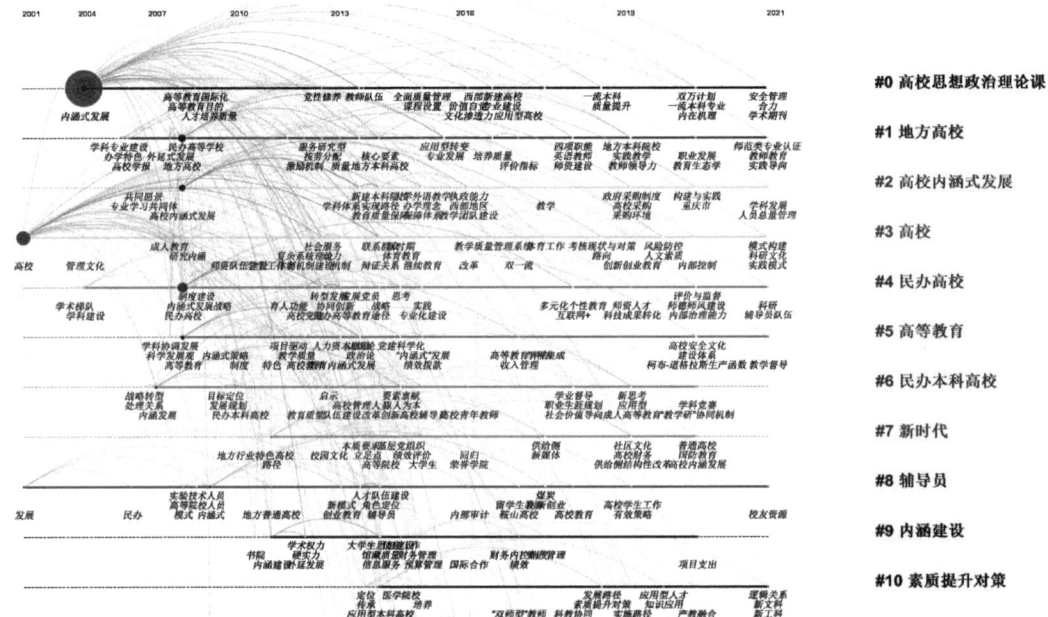

图1.46　全部期刊文献聚类时间线图

想政治理论课""辅导员"和"素质提升对策"的研究对高校内涵式发展作用较大。

2. 核心期刊文献

由于相关的核心期刊文献数量较少，输出的聚类时间线图只包含一个聚类，如图1.47所示，聚类名称为"地方高校"，形成大范围聚类的时间为2007—2019年，说明对于高校内涵式发展的相关研究，核心期刊文献注重对地方高校进行研究。

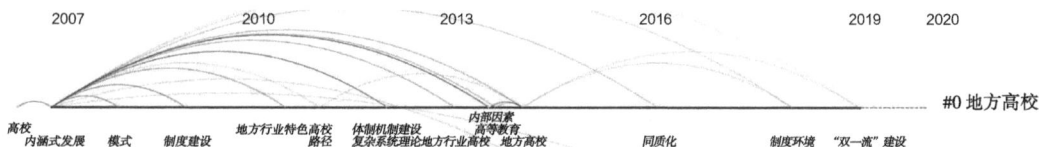

图1.47 核心期刊文献聚类时间线图

七、总结

利用Citespace软件对以"产教融合，校企合作""产教融合，协同育人""产教融合，人才培养""产教融合，研究生培养""产教融合，高校发展"和"产教融合，高校内涵式发展"为主题在CNKI知网数据库检索到的相关文献进行科学计量分析，综合以上分析发现：产教融合下高校发展方面的相关研究以及产教融合下高校内涵式发展方面的相关研究已经有20多年的历史了，国内学者从2000年对这些内容展开探讨；而国内对产教融合与校企合作、产教融合与协同育人、产教融合与人才培养的研究均开始于2014年，并在近几年被广泛关注；在产教融合下研究生培养的研究是在2018年开始的，正处于研究初期。目前上述研究领域的核心及以上期刊论文的数量较少，仍存在一定的研究缺口。根据上述分析得到的结果，可以发现相关研究的演进趋势。

在研究对象上，一般都是先对应用型高校和地方高校进行研究，目前对高职院校的研究较多，后来逐渐转为对应用型本科高校和地方本科高校进行研究，对本科高校的研究起步较晚；在研究内容上，国内学者对高职院校和本科人才培养研究的重点从之前的人才培养和人才培养模式过渡到专业人才培养和技术人才培养，目前又逐渐具体到对应用型人才、新型人才、创新人才以及复合型人才的培养。在其他研究内容上也从学院建设、专业建设、课程改革等变成现在的专业群建设、新工科与新商科研究、双师多能教师培养上；在产教融合下高校发展的研究上也逐渐从高校外延式发展到内涵式发展再到高质量发展转变。目前研究的侧重点还有教育一体化、理实一体化和双创教育等。同时，研究的趋势也符合自然的发展规律，首先在前期提出研究的相关理论以及发展机制、育人机制及合作机制等，然后对推进建议和推进策略展开充分的研究，接下来就是对上述理论付诸实践，进行系统建设和平台搭建并进行评价，以及提出改进建议并对其进行持续改进。

第2章
◆ ◆ ◆
地方高校产教融合研究的理论基础

2.1 产教融合的相关理论

一、杜威实用主义教育理论

约翰·杜威（1859年10月20日—1952年6月1日），美国著名哲学家、教育家、心理学家，实用主义的集大成者，是现代教育学的创始人之一。约翰·杜威在学术生涯中，曾先后于美国密歇根大学、芝加哥大学、哥伦比亚大学长期任教，并在哥伦比亚大学退休。他也被视为20世纪最伟大的教育改革者之一。在芝加哥大学任教期间，他还创立了芝加哥大学附属实验学校作为他教育理论的实验基地。

杜威的思想曾对20世纪前期的中国教育界、思想界产生过重大影响，也曾到访中国，见证了"五四运动"并与孙中山会面，培养了包括胡适、冯友兰、陶行知、郭秉文、张伯苓、蒋梦麟等一批国学大师和学者。杜威是20世纪上半叶美国最著名的学者之一，2006年12月，美国知名杂志《大西洋月刊》将杜威评为"影响美国的100位人物"第40名。

（一）杜威的实用主义哲学

杜威是美国实用主义哲学的集大成者，杜威的实用主义教育思想正是在实用主义哲学的基础之上产生和发展起来的。杜威认为传统的哲学思想把经验当作知识来解释，这是哲学认识论中的"二元论"。杜威在对"二元论"进行了批判的基础上提出了一种新的、全面的经验理论，进而构建起了极其丰富的实用主义理论体系。杜威认为经验、环境和自然这三个主体之间的关系应该是统一且不可分离的。杜威认为思想或者意识是指导人们去从事某一种行为的工具，而判断一种思想或者意识能否成为真理就要看这些思想或者意识能否指导人类在生活中取得成功。与此同时，杜威还认为人类的经验一直都是客观存在的，它需要人类去不断地挖掘和探索，没有这些经验就不会造就某种社会环境，社会环境是产生在人的经验之后的。杜威的这种对于人的经验和周围环境之间关系的认识从根本上否认了客观环境不依赖于主观意识的存在而存在的真理，这是杜威所发展的新的实用主义哲学思想中出现的弊端和不足。但是不可否认的是，杜威所提出的新的实用主义哲学思想是与美国当时的国情相结合的，完全符合当时美国社会发展需求的一种哲学思想。它对于美国整个社会各个领域的影响和推动作用是相当巨大的。

（二）杜威实用主义教育思想

杜威实用主义教育思想注重教育的实然性，认为教育的存在是为了更好地适应社会，学校开展教学活动、培养学生也是为了让学生能够更好地适应社会，所以为了达到这一教学目标，学校就应该与社会进行有效的衔接。一方面，学校本身应该成为一种社会的雏形，在这里，学生可以学到今后走进真正的社会中所需要的技能和知识，掌握与人相处的经验和本领；另一方面，学校不仅仅是学习的场所，也是进行社会民主活动的场所。与此同时，杜威的实用主义教育思想认为教育要从生活出发，反对将教育与生活剥离的教学行为活动，他认为接受教育的最好的方式就是在生活中不断地学习，而非直接告诉学生某种观点或理论，主张让学生通过生活中积累的经验以及不断的实践去探索更多的知识，教育活动必须与生活实践进行紧密结合。另外，杜威的实用主义教育思想强调教育活动应该在促进学生心智的成熟、知识的积累、道德水平的提高、思想的突破、生活技能的掌握等多个方面产生积极的促进作用❶。

杜威的实用主义教育思想将培养一批能够适应社会发展需要、掌握生存技能的学生作为教育的首要目标，杜威认为学校教育要以经验为中心，要以活动为中心，更要让学校摆脱单纯的教学场所这一形式，让学校成为一种雏形社会，让学生在这个雏形社会里不仅可以学到今后走进真正的社会中所需要的技能和知识，还能够掌握与人相处的经验和本领，这些都充分体现了杜威的实用主义教育思想的实用效能性特征。杜威的实用主义教育思想充分体现了学生主体性的特征。这一特征非常容易理解，杜威强调学校的教学活动要以学生为中心而非以教师为中心，要在尊重学生个性发展的同时促进学生综合水平的提高，充分体现了学生主体性的特征。

（三）"从做中学"理论

杜威的实用主义教育思想充分体现了经验教育的特征。杜威的实用主义教育思想强调教育即生活、学校的教学活动要坚持在"做中学"，杜威认为教育活动必须与生活实践进行紧密结合，反对将教育与生活剥离的教学行为活动，这充分体现了杜威的实用主义教育思想具有经验教育的特征。

"从做中学"理论认为，人们"做"的兴趣和冲动都是以人为主体的。人们对知识经验的来源基本上基于主体与客体经验的总结。正是基于此，他强调学校在教育的过程中应该设置成类似于雏形社会的地方，即开设好各类工厂、实验室、农场、厨房等，让学生们能够在学校这个"小型社会"环境之中学习好自己所感兴趣的专业和课

---

❶ 郭法奇. 杜威与现代教育：几个基本问题的探讨[J]. 教育研究，2014，35（1）：117-123.

程。为此，他还提出了在教学的过程中要安排和编创好实践生产场景的教学方式，即在场景教学之中，激发学生们的创造性思维，根据资料策略从场景活动入手，解决好学生们在场景活动中所遇见的问题。这就是杜威所提出来的"从做中学"的教学理论。从杜威对整个教学的主张来看：他主张学生们需要在学校里获得生活和工作中的全部知识，他的这种教学理论对当时社会教育来说具有很好的创新性，缺点是在其开展的过程中有一定的局限性。但在对地方工科院校产教融合培养实践型人力资源的研究中，产教的深度融合需要真正把产业与教学对接，强调了"做"与"学"相结合的重要性，地方高校，特别是工科高校在实践型人力资源的培养上要把理论与实际对接，加强实践、加强学生动手能力，杜威的"从做中学"理论贯彻了从做中学、从经验中学，要求以活动性、经验性的主动作业来取代传统书本式教材的统治地位。他的"从做中学"理论贯彻到我国的教育方面，将对我国教育中的管理理念、师生关系、教学方法、教学的评估方式等都具有非常深远的指导意义。

二、陶行知教学做合一理论

陶行知（1891年10月18日—1946年7月25日），安徽省歙县人，中国人民教育家、思想家，伟大的民主主义战士，爱国者，中国人民救国会和中国民主同盟的主要领导人之一。

1908年考入杭州广济医学堂。1915年入读美国哥伦比亚大学，师从约翰·杜威，攻读教育学博士。1917年秋回国，先后任南京高等师范学校、国立东南大学教授、教务主任等职。1926年发表了《中华教育改进社改造全国乡村教育宣言》，提出乡村学校要做改造乡村生活的中心。1929年圣约翰大学授予他荣誉科学博士学位，表彰他为中国教育改造事业作出的贡献。1931年主编《儿童科学丛书》，在上海先后创办"山海工学团""报童工学团""晨更工学团""流浪儿工学团"等。1933年，他与厉麟似、杨亮功等来自政学两界的知名人士在上海发起成立中国教育学会。1935年，在中国共产党"八一宣言"的感召下积极投身抗日救亡运动。1945年当选中国民主同盟中央常委兼教育委员会主任委员。

陶行知师承杜威，因此二者教育思想有着密切联系。杜威的"教育生活"思想主要包括"教育即生活""学校即社会""从做中学"；陶行知的"生活教育"思想主要包括"生活即教育""社会即学校""教学做合一"三个方面。二者都强调教育与生活的密切联系、发挥教育在社会改造中的作用、主张创办学校践行其教育理念、注重教育的持续性。陶行知不仅传承杜威的教育思想，并且深受中国传统哲学思想的影响，特别是对王阳明的"知行合一"理念进行了深层次的学习，并且仔细研究了杜威先生的"从实践中学习"的学习理念，探索适合中国国情的教育途径。同时，陶行知结合当时中国具体的教育实情，在实践中不断完善，他根植晓庄试验乡村师范学校，形成陶行知三大教育理论，即"生活即教育""社会即学校""教学做合一"。

（一）生活即教育

"生活即教育"是陶行知生活教育理论的主体，强调生活本身就是教育。陶行知认为"教育的根本意义是生活之变化。生活无时不变，即生活无时不含有教育的意义"。有生活便有教育，教育不能脱离生活。教育脱离了生活，便失去了教育的魂，教育就是死的。生活的性质和内容决定了教育的性质和内容，"过什么生活，便是受什么教育；过好的生活，便是受好的教育；过坏的生活，便是受坏的教育；过有目的的生活，便是受有目的的教育；过糊里糊涂的生活，便是受糊里糊涂的教育；过有组织的生活，便是受有组织的教育；过一盘散沙的生活，便是受一盘散沙的教育；过乱七八糟的生活，便是受乱七八糟的教育。换个说法，过的是少爷小姐的生活，虽天天读劳动的书籍，不算是受着劳动教育；过的是迷信生活，虽天天听科学的演讲，不算是受着科学教育；过的是随地吐痰的生活，虽天天写卫生笔记，不算是受着卫生的教育；过的是开倒车的生活，虽天天谈革命的行动，不算是受着革命的教育。"[1]这一教育理论具有极强的时代性，对传统教育的批判和反对旧式教育具有非常重要的意义和作用。

陶行知认为教育对生活具有积极促进作用，可以改变生活，教育也可以为生活服务，是可以促进生活向前向上发展的动力。他认为完全可以为了生活而创办教育。陶行知说"我们有吃饭的生活，便有吃饭的教育；有穿衣的生活，便有穿衣的教育"。教育不应该只是消极地来适应生活，而应该对生活产生反作用，来促进和改造生活，"教育就是生活的改造"。教育是教人化人，化人者也为人所化，教育总是互相感化，"互相感化，便是互相改造"，所以"我们一提及教育便含了改造的意义"。

归纳来讲，陶行知的"生活即教育"强调教育与生活是辩证的关系，二者相互作用不可分割。

（二）社会即学校

"社会即学校"理论是"生活即教育"理论的进一步延伸，是从社会组织角度而

---

❶ 江苏省陶行知研究会，南京晓庄师范学校. 陶行知文集（修订本）[M]. 南京：江苏教育出版社，2001.

言的。"生活即教育"强调生活就是教育，而社会处处是生活，社会处处便有教育。那么可以认为，社会是生活的场所，社会也应当是教育的场所。社会本身便是教育，是学校了。

陶行知的"社会即学校"理论强调生活教育不仅局限于学校，应该是整个社会。教育是学校教育、家庭教育和社会教育的三者结合。他反对把教育与学校捆绑在一起，要反对以"死书本"来施行"死教育"，对旧式学校、旧式教育要进行根本的改造，将学校教育与社会教育融合在一起。陶行知对旧式教育有一个很形象的比喻，"认为把社会里的东西选几样缩小后放到学校里去的做法只是使一只小鸟笼变为一只大鸟笼，但它总归是一只鸟笼，不是鸟世界。生活教育者的做法是把墙拆去，承认社会即学校，这种学校是以青天为顶，大地为底，二十八宿为围墙，人人都是先生，都是学生，都是同学的学校。只有这样，凡是生活的场所，都是我们教育自己的场所，那么，我们所失掉的是鸟笼，而所得的倒是伟大无比的森林了"。❶

"社会即学校"理论强调要把读书教育转变为实践教育。陶行知批评传统的学校被认为仅仅是读书的地方，狭隘地将读书与教育混为一谈，忽视了教、学、做一体化，不可能实现教育的最终目的。要实现教育的目的，必须做到"社会即学校"，对传统的仅以读书为教育的学校教育的彻底改造，"整个的社会活动，就是我们的教育范围，不消谈什么联络，它的血脉是自然相通的"。"老教育坐而听，不能起而行，新教育却是有行动的"。传统的学校教育面向的是有限的、"是为读书而读书"的"小众教育"。"从大众的立场上看，社会是大众唯一的学校，生活是大众唯一的教育。大众必须正式承认它，并且运用它来增加自己的智识，增加自己的力量，增加自己的信仰。"实现了"社会即学校"，把整个社会当作学校，"这么一扩大，学校自然也很广大了，教师也多，功课也繁，至于学生的范围也就更多了。因而教育的效果也就更实在了。"

（三）教学做合一

陶行知在"生活即教育"和"社会即学校"的理论基础下，提出了"教学做合一"的著名论断。这是"生活即教育"和"社会即学校"理论的实施路径与方法，是陶行知教学方法的总结归纳。"教学做合一"是在传统教育中脱离生活、脱离实际的批判的基础上不断总结而来，陶行知一生对该论断阐释最多，也进行了实践的检验。陶行知认为，"教的法子根据学的法子，学的法子根据做的法子。事怎样做便怎样学，怎样学便怎样教。教与学都以做为中心"。他认为，"做是发明，是创造，是实验，是

---

❶ 方明. 陶行知全集·第三卷[M]. 成都：四川教育出版社，2005.

建设，是生产，是破坏，是奋斗，是探寻出路""做的最高境界是创造"，是教师教和学生学的过程的中心。关于行动、思想和创造三者的关系，陶行知有一个形象的比喻"行动是老子，思想是儿子，创造是孙子""行动是中国教育的开始，创造是中国教育的完成"。行动的教育是要让学生从小做起，从小就要学用玩具，学制造玩具、学具、工具等，而不是在传统教育的死记硬背上下功夫从而丧失了行动和创造的本能。

陶行知教育理论对以市场需求为导向的产教融合教育模式具有很强的指导作用。他的三大教育理论体现了知识与市场、教育与社会、理论与实践同频共振的理念。当前，地方高校办学同质化倾向严重，重理论轻实践的教育模式导致学生实践能力薄弱，动手能力较差，与产业发展需求不适应，我们必须借鉴陶行知的教育理论，不断改革学校教育，使学校教育能够适用经济社会发展的要求。

三、福斯特职业教育理论

菲利普·福斯特（Philip J. Foster）（1927—2008），英国教育家，职业教育理论界著名学者。毕业于伦敦大学经济学院，曾担任过美国芝加哥大学教育学和社会学教授、比较教育中心主任；澳大利亚麦夸里大学教育学教授；美国纽约州立大学教育学和社会学教授。他的主要研究和著作侧重于教育和发展问题，特别是关于撒哈拉以南非洲的问题。1965年，福斯特发表了《发展规划中职业教育的谬误》一文而成名，其职业教育的许多思想都在此文中体现，并开启了与巴洛夫为代表的"学校本位"职业教育思想长达二十余年的论战。他的主要著作还包括：《加纳的教育和社会变革》《幸运的少数》《加纳和象牙海岸：现代化前景》《教育和农村发展》以及《职业教育与培训——世界银行政策的重大转变》等。福斯特提出职业教育要与经济发展密切相关，直接指向当今职业教育发展的难点，人们对其研究主要涉及职业教育的经济功能、职业教育与普通教育的关系、职业教育课程观、职业教育与培训关系等方面。

20世纪60年代，西方"发展经济学"盛行，以英国经济学家巴洛夫为代表的主流学派认为，发展中国家可采用让政府主导的，集中的、非市场化的计划经济手段促进经济增长。反映在教育理论方面，则建议学校根据政府发展计划和"人力资源预测"来有计划地进行人才培养，为经济发展提供人力资源储备。这一理论得到了联合国教科文组织和世界银行等一些国际组织的支持，并一度为发展国家经济和教育提供了模式借鉴。长期致力于发展中国家教育理论研究专家的福斯特针对巴洛夫为代表的主流派观点，发表了《发展规划中职业教育的谬误》一文，其主要观点从当年的少数派已经成为当今职业教育界最有影响的主流学派。

（一）职业教育要以市场需求为导向

福斯特认为，受教育者的市场需求是职业教育发展的目标。要以受教育者的就业机会和就业后的发展前景作为评判职业教育发展的最关键因素。因此，职业技术教育的发展必须以劳动力就业市场的实际需求为出发点。福斯特认为，"发展经济学"主导的教育存在培养过程和培养目标与社会需求脱节的问题，他把这一现象总结为"技术浪费"。福斯特对造成"技术浪费"的因素进行了分析，主要有三点：一是国家计划滞后于市场需求，导致国家为促进经济社会发展开展的人才培养不能被市场吸收和消化；二是市场需求与学校培养脱节，用非所学，学校不能很好地与岗位需求匹配；三是受教育者不满足于预期就业目标，造成教育预期落空，导致"技术浪费"。❶这种计划经济主导下的教育模式对促进发展中国家短期发展起到了积极作用，但是，从长远来看，由于发展中国家的资源更加有限，因此这种"浪费"更应该加以足够的重视。

（二）计划经济下的计划教育不能解决职业教育根本问题

以巴洛夫为首的主流派认为，通过学校课程的职业化可引导学生的职业志愿，从而避免学生不切实际的就业愿望，减少失业。福斯特认为，学生的职业志愿更多地由个人对经济交换部门就业机会的看法决定，学校课程本身对这一选择过程并无多大的影响；失业的原因并不简单地是学校课程上的缺陷，很大程度上是劳动力市场对受训者缺乏实际需求。福斯特认为，基于简单预测的"人力规划"不能成为职业教育发展的依据。20世纪60年代是"人力规划"最时兴的时期，大规模人力预测成果作为各级各类教育与人才培养的依据，对职业教育影响尤为突出。福斯特对此持批评态度。首先，他对人力预测的准确性表示怀疑，他认为"经济交换部门的增长率是很难准确估计的"；其次，他对人力规划的后果表示担忧，因为，一旦经济增长率不足以吸收和消化人力规划所培养的人才，不仅会造成人力物力浪费，还会加重社会上的失业状况。应当指出的是，在计划经济下大规模计划是行不通的，但与实际发展密切相关的小规模的培训计划还是应提倡的，福斯特反对的是那种脱离市场的"大规模的"人力规划，他支持那种"与实际发展密切相关的""小规模的"职业教育计划。这也是他

---

❶ 石伟平. 福斯特的职业教育思想及其影响[J]. 外国教育资料，1995，（2）：56-62.

所强调的"职业教育发展必须以劳动力就业市场的实际需求为出发点"。❶

（三）反对学校形态的职业教育

巴洛夫等主张发展中国家用职业学校培养初、中级人才。福斯特从职校体制内部指出"学校形态"职业教育办学方式的局限性和一些自身难以克服的缺陷：职业教育办学成本高，发展中国家不适合办职业教育；职业教育的办学成本主要在仪器设备方面，而发展中国家职业教育满足不了设备需求；发展中国家职业学校学生不甘放弃升学的希望，把职业教育课程作为升学的奠基石，学生期望与职业教育规划者志愿相悖；学校所设课程往往与就业岗位所需经验格格不入，所学技能往往与现实职业要求不符，职业培训与职业工作情景不相关；不易找到合适的师资等。另外，职业学校的学制较长，一般要三年左右，不能对劳动力市场作出迅速而灵活的反应。❷正是由于以上原因，福斯特提出"职业学校谬误"论，认为学校本位的职业教育最终难免失败的命运。因此，就结果而言，职业学校只能是一种"谬误"。因为反对学校形态的职业教育，福斯特认为，发展企业本位的在职培训计划要比发展正规的职业学校"更加经济""更少浪费"。因为企业比职业学校更了解培训"产品"的规格和要求，而且企业有提供在职培训的良好条件。

（四）倡导"产学合作"的办学形式

基于"职业学校谬误"论，福斯特认为，职业教育在人才培养上有规模效益，但鉴于职业学校本身一些难以克服的缺陷，必须对职业教育进行改造。最重要的措施是走产学合作的道路。如改革课程形式，倡导实施工读交替的"三明治"教学模式；实践课尽量在企业进行，缩小正规学校职业教育与实际工作情景之间的距离等。另外，在生源方面，可招收在职人员。总之，职业教育和培训逐渐从学校本位走向产学合作。

（五）提出职业教育与普通教育互补关系

同样受"职业学校谬误"论的影响，福斯特指出，职业教育要以普通教育为基础。随着社会生产力水平的提高，生产过程要求劳动者具有更为深厚的文化基础知识。学生具备扎实的文化基础也有助于提高其以后的继续教育能力和职业转换能力。因此，要在扎实的普通教育基础上开展职业教育。福斯特同时反对巴洛夫提出的普通教育职业化，他认为在普通学校增设职业课程，实现"普通教育职业化"，既达不到普通教育的目的，也达不到职业教育的目的，发展中国家不应采用这种形式的职业教育。

---

❶ 周正. 福斯特与巴洛夫论战对我国职业教育发展的启示[J]. 外国教育研究，2006，（3）：57-62.

❷ 孙帅帅. 国外关于巴洛夫职业教育思想的研究综述[J]. 职业教育研究，2019，（8）：87-92.

虽然福斯特职业教育思想主要产生于20世纪60年代中期，但其中的许多观点今天来看仍然具有强大的生命力。如"职业教育必须以市场需求为导向""计划教育不能解决职业教育根本问题""要在扎实的普教基础上开展职业教育与培训"等，被证明依然符合当前职业教育发展的实际。特别是，福斯特认为"对职业学校进行改造，走产学结合的办学道路"，更是一种先进的办学理念，因为职业教育不同于研究型的高等教育，它不需要太多的超前理论，而是更多地注重于生产实践，技能重于研究，动手操作重于理论思维。所以，注重"产学合作"，加强对职业学校学生动手能力的培养是一个永恒的主题，也是当前世界范围内对职业教育的一个主流认识。福斯特职业教育理论主要是基于当时非洲几个发展中国家职业教育发展的实践得出的，难免有其局限性。其局限性的核心是几乎全盘否定了"学校形态"的职业教育。福斯特对学校本位的职业教育持否定态度，显然是不符合我国的实际情况的，这一点已无须怀疑。学校本位的职业教育作为我国教育的一种基本形式，已被职业教育法的形式所规定，在现实中，职业学校仍然是我国职业教育中的办学主体。学校形态职业教育有其难以取代的优势，除了有人才培养的规模优势外，关键是在培养学生的文化基础、人文素质等方面是其他形式的职教不可比拟的。即使在发达国家，学校形态的职业教育仍是当今职业教育的主流。虽然，学校形态的职业教育有其局限性和一些缺陷，但可通过改革办学形式、课程体系、教学方式等手段加以弥补。再者，在多元化的社会，不同国家和同一个国家的不同地区，人们对职业教育的需求也是多方面的，应该提倡多元化的职业教育办学形式。

四、范海斯的社会服务理论

查尔斯·范海斯（1857—1918），美国著名教育家。1857年生于威斯康星州，1876年进入威斯康星大学学习，1880年获得自然科学学士学位，1882年获得硕士学位，1892年获得哲学博士学位，是威斯康星大学第一位哲学博士学位获得者。1879—1903年，任威斯康星大学冶金学和地质学教授，曾经出版《自然资源保护》《地质学论文集》等著作，担任过美国地质学会主席和全国科学学会主席等职务。1904年，任威斯康星大学校长长达14年，直至1918年去世。在担任校长期间，他提出了"威斯康星思想"（Wisconsin Idea），主张高等学校应该为区域经济与社会发展服务，在世界高等教育史上具有划时代意义，对美国乃至整个世界的高等教育都产生了深远影响。"威斯康星思想"，开创了高校为社会服务的新职能，使大学与社会生产、生活实际更紧密地联系在一起。在他的思想指引下，威斯康星大学从一所普通的州立大学迅速成长为美国最有影响的大学之一，成为公立大学的榜样。

1904年，范海斯出任威斯康星大学校长。期间，正值威斯康星州农业处于由种植业向畜牧业转型的时期，对专门技术和管理人才的需求十分迫切。顺应这种需求，范海斯明确提出"大学必须为社会发展服务"的办学理念，让教师走出课堂，到社会中去，到工人、农民中去，学校的实验室和教室也随时为工人、农民开放。他明确提出，"服务应当成为学校的唯一理想。教学、科研和服务都是大学的主要职能。学校应当成为服务于本州全体人民的机构。"他认为，大学对于州负有特殊的责任，大学必须为州的发展服务，这是州立大学生命力的源泉。教育全州公民是州立大学的基本任务，州立大学应根据本州发展需要，利用自身优势，普及知识，传播技能，为本州经济社会发展做出贡献。在他的主张下，威斯康星大学的教学、科研和服务都围绕威斯康星州的实际需要展开。当时的威斯康星大学对工人、农民来说，就像自己的家园农舍一样，可以自由出入；对于制造商来说，学校的实验室也随时为之开放。

范海斯十分重视大学在经济社会发展中的作用，认为大学应该成为社会服务必不可少的工具，并在推动社会改革中发挥积极作用。在他担任校长期间，威斯康星大学全心全意为州发展生产和经济服务，学校教师和州政府官员相互兼职。他认为，大学的基本任务主要包括三个方面：一是把学生培养成有知识、能工作的公民。二是进行科学研究，发展和创造新文化、新知识。三是传授知识，把知识传授给广大的民众，使他们能够运用这些知识，解决经济、生产、社会、政治及生活等各方面的问题。在这三大任务中，范海斯尤其重视第三种任务，他把其概括为"帮助把知识传授给广大民众""为全州服务"。这一办学理念体现了全新的教育思想，提出了大学为社会服务的职能，实现了大学教学、科研与社会服务三大职能一体化。在范海斯的领导下，威斯康星大学焕发出勃勃生机与活力，其教学、科研与服务都紧密联系本州的经济与文化发展。"威斯康星思想"的提出，极大地促进了学校的发展，威斯康星大学由规模很小的非教派学院迅速发展成为整个威斯康星州乃至美国最有影响的大学之一。

2.2 产教融合的依据与原则

一、产教融合的依据

（一）政策依据

党的十八大以来，我国各领域启动综合改革，在教育综合改革方面，中央提出要通过高等教育改革，发挥企业在教育领导的重要主体作用，以加快培养高素质创新人才和技术技能人才为目标，构建服务实体经济、科技创新、现代金融、人力资源协同发展的教育体系，促进人才培养供给侧和产业需求侧结构要素全方位融合，增强产业核心竞争力，为汇聚发展新动能提供有力支撑。

我国高等教育受体制影响，人才培养的输入与社会产业的需要存在结构性矛盾，教育质量无法适应产业快速发展，所谓"两张皮"的问题长期存在。为解决教育服务经济社会发展能力不足的现状，2017年，国务院办公厅印发了《关于深化产教融合的若干意见》，明确提出要以产教融合为解决路径，解决教育链、人才链与产业链、创新链缺乏贯通的问题，并指出将产教融合作为整个教育体系改革的抓手，作为人力资源供给侧结构性改革的推动力，对新发展阶段提高高等教育质量，提高学生就业创业能力，推动产业转型升级，培育新的发展动能具有战略性意义。

《关于深化产教融合的若干意见》（简称《意见》）特别指出："完善世界一流大学和一流学科建设推进机制，注重发挥对国家和区域创新中心发展的支撑引领作用。健全高等学校与行业骨干企业、中小微创业型企业紧密协同的创新生态系统，增强创新中心集聚人才资源、牵引产业升级能力。适应以城市群为主体的新型城镇化发展，合理布局高等教育资源，增强中小城市产业承载和创新能力，构建梯次有序、功能互补、资源共享、合作紧密的产教融合网络。"

2019年，习近平总书记主持召开中央全面深化改革委员会第九次会议，会议审议通过了《国家产教融合建设试点实施方案》。进一步明确了通过深化产教融合推进高等教育改革、加强人才队伍建设和创新产业发展的战略性举措。这些改革举措坚持以问题为导向，改变了高校单一作战的思维定势，通过发挥政府统筹推动和市场配置资源的决定性作用，着重发挥"城市承载、行业聚合、企业主体"作用，统筹部署、协调推进。具体提出通过5年左右的努力，试点布局50个左右产教融合型城市，在试点城市及其所在省域内打造一批区域特色鲜明的产教融合型行业，在全国建设培育1万家以上的产教融合型企业，建立产教融合型企业制度和组合式激励政策体系。

人们普遍认为产教融合是高校与行业企业通过资源共享、优势互补，满足自身发展需求，促进教育链、人才链、产业链和创新链的有机衔接。目前，由于企业参与人才培养的积极性不高，高校重理论轻实践的教育缺陷还没有从根本上建立教育与企业统筹融合、良性互动的格局。为此，《意见》提出"四位一体"政策措施，进一步明确企业是产教融合的重要主体，高校人才培养改革是推动产教融合的主线。同时，《意见》还明确提出政府在统筹规划中的作用和市场经济在资源配置中的决定性作用。建立了高校、政府、企业、社会组织四位一体的产教融合框架，进一步推动产教融合进入新阶段。

高等教育的改革本质是贯彻落实好党的教育路线、方针和政策。地方高校要紧紧抓住我国实施产教融合战略的机遇期，通过开放办学打破原有的办学藩篱和思维固化，整合办学资源，不断提高综合运用社会各界资源的能力，在宏观层面实现教育与产业的融合，在微观层面实现教学与生产的融合。地方高校要将产教融合作为学校教育教学改革的核心目标、主要途径和重要内容，更好地为新常态下我国经济社会发展和产业结构优化升级提供人才保障。

一个时期以来，地方高校在推进产教融合方面同一流大学和高等职业院校相比普遍存在较大差距，既没有像一流大学着眼国家需求引领学科前沿，也没能像高职院校对接企业需求培育大量技术技能人才，人才需求侧和教育供给侧之间始终没有形成良性互动。产教融合是推动高等教育与经济社会协调发展的有效举措，是地方高校实现转型发展、可持续发展的必经之路。

高等教育的改革本质是贯彻落实好党的教育路线、方针和政策。国家明确提出了高等教育应成为产教融合的主体，应用型和研究型高校都要发挥产教融合主力军的作用，并从国家治理角度将产教融合作为高等教育改革的制度性安排，突出产教融合在新一轮人才开发中的关键作用。因此，地方高校要明确产教融合是今后一个时期推动高等教育内涵发展的方针政策。

（二）大学逻辑依据

无论古今中外，大学的理念从其诞生之日起就开始不断地演化。但是以知识逻辑、政治逻辑和经济逻辑为中心的讨论始终贯穿其中。

1. 知识逻辑

以英国的纽曼为代表的知识逻辑论者认为大学的职责在"传授"学问，而传授学问的目的在于"提高社会的智识风尚，培育公众的心智……为大众的渴求提供确定的目标"。❶他关于大学理念的观点影响了一代又一代的大学校长和高等教育研究者。在高等教育日益市场化和功利化的今天，大学陷入激烈的外部竞争和大规模扩张中，大学最初的办学理念和独立之精神已经被大多数人慢慢遗忘了。首先，纽曼认为，"知识是作为一个整体而存在的，单一的科学不过是整体的一个组成部分。"这说明纽曼的"知识论"是"泛知识论"，人类现存的一切文化成果都是知识，即所谓的"普遍知识"。其次，在纽曼看来，"一门科学作为整体的一部分而存在时的意义，大大超出了作为一门没有其他保障的孤立的科学所产生的意义。"所以，纽曼更看重的是整体的价值而非局部的价值，这也就不难理解为什么纽曼提倡内涵广泛的"自由教育"，而非单一的专业教育。最后，对于"本身即为目的"的这一类知识，纽曼称其为"自由知识"，并且肯定地认为"接受大学教育的目的就是为了获取这种知识"。这种知识是带有哲学特性的，学生不仅能够通过感官领悟到，还能对观察到的东西进行严密的逻辑推理，最后根据观察所得可以形成自己的观点和知识。

在纽曼看来，教学与研究是相分离的。在纽曼的概念里，教学就是把现有的知识传授给学生；而研究则是探寻真理和获取新知识。所以，纽曼认为，"整天忙于把自己现有知识传授给学生的人，不可能有闲暇和精力去获取新的知识。"于是教学便成了大学唯一的职能，对于这唯一的职能纽曼同样提出了很多独特的见解。

纽曼认为，"大学从单纯的概念来说……其职能是理智教育。"纽曼理想中大学的教学职能应该是让学生接受自由教育，即通过传授自由知识培养学生的理智以使其获得才智拓展。其中关于"自由"的含义，纽曼打了这样一个比方，"在希腊，赛马曾是一种自由的锻炼，而一旦用来赌博，便失去了其社会历史地位。"也许他觉得还不够清楚，又引用了古希腊著名哲学家亚里士多德的一段话来概括："在你拥有的东西中，有用的东西带来收益，自由的东西可以享受。所谓收益，我指的是能获得收入；所谓享受，则除了使用之外，不会带来任何结果。"这里面包含了两种价值观，即实用与自由；对应的是两种知识，即实用知识和自由知识；对应了两种教育目的：机械的和哲学的。纽曼认为，"实用的并不见得总是好的，但好的却必定是实用的，虽然自由教育并非专业教育，可是却具有真实和充分的实用性，其目标在于造就理智完美的绅士。"

德国的洪堡也是知识逻辑的捍卫者。他认为，大学的目的在于传授和发展知识，而教师的任务是为了"创造性的学问"。

---

❶ 克拉克·克尔. 大学之用[M]. 5版. 北京：北京大学出版社，2019.

在洪堡的大学理念，大学与学术是分不开的，而学术就意味着探索和研究。这是西方大学发展史中的一个重要转折。产生于中世纪的大学从来都是以保存和传承既有的知识为使命的[1]。而洪堡把学术看作是一个探索知识的过程，而探索就是研究。这就重新定义了大学的角色，大学除了传统的教学职能之外，由此增添了一项新的职能，即科学研究。对洪堡来说，学术和研究是大学的关键所在，没有学术研究，就谈不上大学。我们今天所说的"研究型大学"，其实就可以追溯到洪堡。所谓"教学与科研的统一，其实是用学术研究统领大学的活动，包括教学活动。既然知识是不断发展的过程，大学的教学就不能满足于提供已有的、现成的知识，而应当去探索发现新的知识。不但大学教师，学生也应当参与到这种探索的过程，所以教学和研究是不能分开的，教学就是教师带领学生学习知识和进行研究的活动"。

洪堡从人文主义知识观和哲学角度出发，还认为知识是一个整体，对任何具体知识的思考和探求，都应该在知识整体的框架下进行。所以，大学教育不是专业教育和针对某种职业的教育。同时，大学中知识是纯的知识，是关于人类和世界的思考，不关乎实际的实用和职业的目标。

总之，以知识逻辑为中心的讨论始终以传授、发展、创新知识作为大学的核心价值，并以此与政府、资本进行博弈。知识逻辑是大学的根与魂，是大学的内生逻辑。在当下的知识社会中，社会对知识的需求不断更新，但是知识创新、科学研究、探索未知的基本逻辑并没有因此而改变。如果大学只满足于传统既有的知识，只满足于信息的传递，而不去激起学生探索未知的好奇心和热情，不传授学生如何去独立自主地学习、研究和探索，那我们的大学就还是填鸭工厂。如果我们的大学教师满足于照本宣科地念给学生们一些书本知识，或满足于若干短平快的委托课题，或满足于按数量发表的几篇文章，那么我们的大学就永远脱离社会，止步不前。

2. 政治逻辑

以政治逻辑为中心的讨论也是大学理念演化的一部分。政治逻辑注重大学的工具属性，认为大学传播和创新知识的目的在于为政治服务。马克斯·韦伯的科层制为"法理权威运作最纯粹的类型"，是西方社会理性化精神的重要体现。韦伯的科层制不是日常意义上的文牍主义、墨守成规、效率低下的组织现象，而是指一种理想类型的组织结构的行为模式。韦伯认为，科层制是合理化的产物，推进了合理化的发展。反

❶ 陈洪捷. 洪堡大学理念的影响：从观念到制度——兼论"洪堡神话"[J]. 北京大学教育评论, 2017, 15（3）: 2-9+188.

之，合理化则是科层制实现的保证。二者是不可分割的统一体。

以马克斯·韦伯的科层理论为指导，政府对大学的改革以行政化为基本走向，行政化提高了大学的办学效率，拓展了大学的生存和发展空间，是近代以来中外大学蓬勃发展的主要原因之一。但是行政化也导致大学"官本位"现象严重，大学知识属性式微，反而影响了大学的内生逻辑。❶

大学与行政化一直也是我国高等教育颇为关注的话题之一。我国大学行政化的形成有着不可忽视的历史因素和制度因素。因此我们在探讨当前大学行政化问题的原因时，首先应从历史和制度的角度去探寻。1949年中华人民共和国成立之后所进行的高等教育改革以及在改革基础上建立的高度计划性、统一性、集权性的高等教育制度开启我国高等教育行政化发展历程。政府与大学是行政上的上下级关系，政府对大学的领导覆盖从人事、财务到教学的全部领域，大学彻底地被行政化了。20世纪50年代初建立的高度计划、统一、集权的高等教育管理体制是大学行政化的重要制度基础。这样一种高度计划、统一、集权的高等教育管理制度在此时形成也适应了计划经济体制的需要。此外，从文化角度看，众所周知，中国自古以来就有"学而优则仕"的传统，能否"入仕"成为是否学有成就的主要评判尺度。在当下，基于高度集中、行政化的国家管理模式，政府按照行政序列管理社会组织，按照行政级别管理干部与公职人员，在此之上构筑了一个层级分明的行政管理"金字塔"；不仅如此，在高度集中的行政管理之外，政府还拥有资源配置的绝对权威，因此"官本位"的文化传统得到了进一步的加强，并固化在制度文化之中。在这样的社会文化氛围下，大学行政化的形成就是一种必然了。

3. 经济逻辑

20世纪初，著名的威斯康星思想（Wisconsin Idea）创造性地提出了大学除教学和科研之外的第三大功能——社会服务，强调大学要为区域经济发展服务，强调打破传统大学的封闭状态，将大学推向了社会的中心，关于大学经济逻辑的讨论也正式展开。经济逻辑的价值核心是效益，是政治逻辑的进一步发展和延伸，也是大学市场化的必然结果。经济逻辑强调大学从社会获取资源，就必须回馈社会，为社会需求培养人才。

经济逻辑论认为，人类社会经历了农业经济时代、工业经济时代，现正走向服务经济时代。经济形态是社会生产力与人类需求演进互为因果的产物。第二次世界大战

---

❶ 袁祖望，付佳. 从官僚制到官本位：大学组织异化剖析[J]. 现代大学教育，2010，（6）：48-51.

以后，斯坦福大学科技园——硅谷模式的成功，再一次将大学的边界延伸、拓展。今天，在大学、产业与政府的三重螺旋中，大学的边界已与产业的边界、政府的边界交织在一起，政府、产业与大学已是你中有我，我中有你。❶教育服务社会不仅仅是消费性服务，更重要的还包括生产性服务。生产性服务，不是直接满足最终消费的需求，而是满足商品和服务的生产者对服务的中间使用的需求。通过企业服务，服务业加快工业化。现在，制造业逐步服务业化，企业向服务提供商购买中间服务，从而简化、加速生产过程，实现最大限度的价值增值。农业也是如此，西方发达国家的农业已经服务业化，服务提供商为农场主提供农业生产所需要的几乎所有服务，农场主通过电脑操作、控制即可以进行生产。

从我国高等教育现状看，高等教育大众化标志着我国高等教育发展进入了一个新的阶段。"量的增长必然引起质的变化。"随着大众化的发展，高等教育的功能、分类，高等学校的理念、定位及其教学和科研模式、制度和组织形式、资源配置方式等都应随之发生变化。但从现实情况来看，变化并不明显，高等教育的发展远未达到社会经济发展的要求。地方高校以教学为主，以培养应用型人才为主。另一方面，产教融合可以打开我们的思路，开阔我们的视野。服务意味着开放，服务意味着多元化、多样化，不同学校可以根据自己所处地域、学科结构、办学传统选择不同的服务对象，从而形成不同的人才培养模式、科学研究模式、组织管理模式、资源配置模式和办学特色。地方高校产教融合可以促使我国高校形成多姿多彩，五彩缤纷的可喜局面。

总之，无论以知识逻辑、政治逻辑或经济逻辑为中心的讨论如何演变，都不能否定大学与政府和经济的密切关系。现代大学的"初心和使命"就是通过教育把科学知识传承下去，提高学生的知识能力、应用能力、学习能力和创新创业能力。只有课程教学才是反映一所学校教育水平的核心指标，只有能够反映社会发展需求的课程教学才是提升学生获得感的唯一途径。大学要想完成这些任务就必须将整个教育系统与产业系统融合，让产教融合成为发展战略的有机组成部分，大学才能够铸就持续发展能力，高校和学生才能够自我发展、自我完善，不断适应社会的快速变革。

---

❶ 徐辉，王正青. 大学–产业–政府的三重螺旋：内涵、层次与大学的变革[J]. 西南大学学报（社会科学版），2007，（5）：115-119.

二、产教融合与内涵式发展

　　党的十九大报告明确提出，加快一流大学和一流学科建设，实现高等教育内涵式发展。这是党和国家对我国高等教育提出的明确要求，也是全国人民对中国大学寄予的殷切期望。2018年在同北京大学师生座谈时，习近平总书记强调："当前我国高等教育办学规模和年毕业人数已居世界首位，但规模扩张并不意味着质量和效益增长，走内涵式发展道路是我国高等教育发展的必由之路。"2019年由国务院印发的《中国教育现代化2035》提出了优先发展教育，推进教育理念、体系、制度、内容、方法、治理的现代化，着力提高教育质量等一系列重要思想，旨在推动我国教育事业走内涵式发展道路。作为高等教育领域内的一个政策性话语，"内涵式发展"是党中央根据我国高等教育的发展阶段及所处的时代环境，对高等教育发展方向目标与实践路径所做的顶层设计规划。

　　理论源于实践，实践检验理论，思想认识自觉指导行动自觉，为行动自觉提供前进动力。"内涵式发展"从形式上区别于外在性发展，是从事物的本质属性出发的内在性发展；从内容上看，"内涵式发展"是一种由事物内部各组成要素共同协调推进，内容更丰富、更有活力的发展理念。因此，可将"内涵式发展"概括为是一种以数量增长、规模扩大的外延式发展为基础和前提的转型升级式发展，基本要求是转变单纯依靠数量的增加、规模的扩大来寻求发展的外延式发展模式，旨在通过回归事物本体，以内生性的、协调性的发展，实现事物内部结构的优化、体制机制的改革创新及发展潜力的最大化挖掘，目的是开拓一条更加科学、更加理性，可实现速度、结构、规模、质量、效益相统一的可持续发展道路。深刻认识和把握高等教育内涵发展的时代内涵，是探索基于产教融合、校企合作的内涵式发展之路的前提基础。

（一）内涵式发展是我国高等教育政策调整的必然结果

　　改革开放以来，我国高等教育政策与经济社会发展状况和高等教育发展形势是基本适应的。

　　改革开放初期，国家提出扩大和加快各级各类教育事业发展规模和速度，以适应社会主义革命和建设需要，出台了一系列覆盖各级高等教育的法律法规和政策文件，提出建设一批重点大学，完善了招生政策和学位制度，高等教育政策法规不断完善，高等教育走向重建之路，扭转了"文化大革命"以来高等教育领域混乱局面，高校全面恢复整顿。

　　进入20世纪90年代，我国的社会主义现代化建设事业迈入了一个新的发展阶段，从高等教育发展来看，随着20世纪80年代中期教育体制改革的不断推进，我国高等教育有了一定程度的发展，普通高等学校数量从1978年的598所上升到了1986年的1054所，并在1988年达到了1075所。随着社会主义市场经济体制的确立，高等教育也进入了优化结构、积极发展时期。通过建设一批重点大学和重点学科、优化专业结构、积极发展高等职业教育、成人高等教育和民办教育等举措，我国高等教育层次结构、类型结构更加分明多样，高等教育进入发展快车道。从20世纪90年代开始，根据我国经济社会发展及高等教育发展面临的国内外发展新形势，党中央提出我国高等教育要走内涵发展为主的道路。

1993年初，国务院在批转国家教委关于加快改革和积极发展普通高等教育意见的文件中首次提出了"内涵式发展"概念，"高等教育的发展，要坚持走内涵发展为主的道路，首先使现有学校达到合理的办学规模，同时进一步发挥学校的办学潜力，提高整体效益"。这一政策文件还对高等教育的管理体制、高等学校内部各机构的改革、教学的改革、教师队伍的建设等方面提出了一系列具体举措，明确指出高等教育的目标是体系建设，"通过改革达到：规模有较大发展，结构更加合理，质量上一个台阶，效益有明显提高，到20世纪末，初步建立起有中国特色的社会主义高等教育体系"。同年，中共中央、国务院发布《中国教育改革和发展纲要》，强调"20世纪90年代，高等教育要适应加快改革开放和现代化建设的需要，积极探索发展的新路子，使规模有较大发展，结构更加合理，质量和效益明显提高。高等教育的发展，要坚持走内涵发展为主的道路，努力提高办学效益"。该文件进一步指出要根据不同地区、不同类型的学校确定不同的发展目标。这两项政策文件的出台决定了20世纪90年代我国高等教育发展的整体方向，即在推动高等学校规模、数量等外延方面发展的同时，将重心逐渐转向推动学校内部各要素的发展。此后，国务院1994年发布《关于〈中国教育改革和发展纲要〉的实施意见》，国家教委1996年印发《全国教育事业"九五"计划和2010年发展规划》，均明确提出高等教育要走内涵发展为主的道路，在推动高等学校规模适当的同时，注重高校内部结构的调整，以提高质量和效益。尤其是在《全国教育事业"九五"计划和2010年发展规划》中提出，以"共建""联合办学"的形式发展高等教育，推动高等学校改变单一的隶属关系，推动部分高校实行合并发展。此项政策有利于增强高等学校发展的活力，稳定数量并扩大现有高校的规模。教育部在1998年制定的《面向21世纪教育振兴行动计划》中指出高等教育要"继续实行'共建、调整、合作、合并'的方针"。这一政策的进一步推行实施，推动了高等学校布局的调整与优化。1999年，国家通过高校扩张方案，高等教育迎来繁荣发展的十年。地方高校迎来发展黄金期，校区扩建，"学院"升级"大学"，十年间高校数量从1942所增加到2689所，到2012年，全国高等教育总规模达到3325万人，毛入学率达到30%，与1998年的643万人相比增长近5倍。

经过恢复、调整和扩张三个阶段，我国高等教育在校生规模居世界第一，高校数量升至世界第二。但是，规模的扩张也导致地方高校同质化现象严重，无法满足经济社会发展需求和人民对多样化、差异化的高等教育的需要。为此，党的十八大提出"实现高等教育内涵式发展"，出台了教育规划纲要、实施中西部高等教育振兴计划、考试招生改革制度、民办教育促进法等一系列改革举措，引导部分地方普通本科院校向应用型转变和统筹推进"双一流"建设，高等教育更加注重以学生为中心，以提高教育质量、促进教育公平为主的内涵建设，标志着我国高等教育发展由粗放式发展进入到以内涵建设为重点全方位变革阶段。

（二）内涵式发展是后扩招时代我国高等教育的因应之策

中共中央、国务院在1999年颁发的《关于深化教育改革，全面推进素质教育》中明确指出，要"调整现有教育体系结构，扩大高中阶段教育和高等教育的规模，拓宽人才成长的道路，减缓升学压力。通过多种形式积极发展高等教育，到2010年，我国同龄人口的高等教育入学率要从现在的9%提高到15%左右"。此后高等教育领域实行全面扩招，与1999年普通高校在校人数413.42万相比，仅经过三年的时间，2002年普通高校在校人数已达到903.36万人，到2009年增长至2144.06万人。一系列的扩招政策有力推动了高等教育的迅速发展，使我国高等教育毛入学率从1999年的10.5%增长到2002年的15%，到2009年达到24.2%，推动高等教育进入了大众化发展阶段。❶

在此过程中，有学者指出，"高校扩招后，2002年普通高校在校生数量是1998年的2.7倍，一些高校教学、食宿和运动设施出现了严重短缺，如不及时改善教学和生活条件，就会被限制招生、暂停招生甚至摘牌"。党中央也高度重视高等学校过度扩张带来的一系列问题，提出高等教育的发展要贯彻规模、结构、质量和效益相统一的方针，推出了一系列有利于提高高等教育发展质量的举措。

内涵式发展与外延式发展相对应，是深化高等教育改革的一种方式。在以扩招政策为主导的外延式发展阶段，我国高等教育规模不断扩大，在保持高等教育秩序稳定的同时缓解了上学难和就业难等一系列社会问题。但是我国地方高校基础薄弱，占有社会资源少，办学规模的快速扩张也带来了一些负面影响。从硬件角度看，师资队伍

---

❶ 别敦荣，易梦春. 中国高等教育发展的现实与政策应对[J]. 清华大学教育研究，2014，35（1）：11-16.

数量不足，结构不合理，新校区的普遍建设造成的资金紧张压力长时期不能缓解，教学仪器设备普遍短缺；从软件角度看，学科专业结构同质化趋向明显，学校治理体系和治理水平与办学要求有较大差距，学生就业压力大和就业质量不高的现象长期得不到根本解决，地方高校整体育人质量和办学水平并没有与外延式发展保持同步。习近平总书记一再强调"让人民群众有更多获得感"，这是新时代践行全心全意为人民服务根本宗旨的必然要求。扩招时代我们解决了人民群众期盼的"上大学"的问题，后扩招时代，人民群众对优质高等教育的需求与优质高等教育资源发展不平衡不充分之间的矛盾仍然存在，人民群众对"上好大学"的诉求明显迫切。因此，后扩招时代，地方高校必须转变发展方式，由外延式发展向内涵式发展转变，稳步提升教育教学质量。

（三）内涵式发展是建设高等教育强国的现实需要

实现高等教育内涵式发展是高等教育方针政策演变的必然选择，也是新时代建设高等教育强国的必然要求。2010年中共中央、国务院在《国家中长期教育改革和发展规划纲要（2010—2020年）》中提出要注重教育内涵发展，让"内涵式发展"这一话语再次出现在高等教育的政策文件中。2010年以来，"内涵式发展"不断出现在推动高等教育发展的各种重要政策文件中，内涵更加丰富，逐渐确立为新时代我国高等教育发展的核心理念，对推动我国高等教育的现代化发展具有更深刻的指导意义。

从国际发展大势来看，当今世界正处于大发展大变革大调整时期，世界多极化、经济全球化深入发展，科学技术突飞猛进，世界各国对人才的质量要求进一步提高。从国内发展看，十八大以来，随着政治、经济、文化等方面建设的全面推进及发展方式的不断转型升级，以习近平同志为核心的党中央确定我国进入中国特色社会主义现代化建设新时代的历史方位，凸显了培养创新型人才的紧迫性，对教育尤其是高等教育的发展提出了更高的要求。习近平总书记多次指出，要优先发展教育事业，推进教育现代化，办中国特色的世界一流大学，培养立志为中国特色社会主义现代化建设事业奋斗终身的有用人才。

从我国高等教育整体发展形势来看，经过十年扩张性发展，高等学校的数量和规模都有了显著的增长，到2010年我国高等教育毛入学率已达到26.5%，高等教育逐步迈入了大众化的发展阶段。1999年开始的高校大规模扩招出现的一系列问题虽然有所缓解，但新问题不断暴露出来，失业问题、教育资源分配不均及考试公平等挑战限制了我国高等教育的进一步发展。相比于前一时期通过数量和规模的扩张来推动高等教育发展的方式，新时期更需要通过深挖现有高校的内部潜力来推动高等教育质量的提高。

规模、质量、结构和效益是检验高等教育发展的4个维度❶，长期以来过度注重规模扩张，导致我国高等教育结构、质量、效益问题突出，地方高校服务社会的能力相对减弱。检验一个国家是不是高等教育强国的核心要素是教育质量，主要看在一定规模基础上是否具有合理的高等教育结构与布局，有若干世界一流水平大学、高素质的教师队伍和强有力的国际竞争力，同时还要考察高等教育服务本国经济社会发展的促进作用和对世界的影响力。内涵式发展的本质力求于"质量、结构、公平以及制度"等各要素统一、协调、可持续地发展，是建设高等教育强国的必经之路。地方高校要根据高等教育的发展现状及其赖以生存的政治经济环境，充分认识到提高质量是高等教育的生命线，实现高校内部结构优化和外部功能协调的有机统一，以内涵式发展为主导提高人才培养、科学研究、社会服务和文化传承创新的能力。

（四）产教融合和内涵式发展在逻辑关系上具有价值目标一致性

内涵式发展与产教融合是战略目标和发展方式的关系，内涵式发展是实施产教融合的本质要求，是地方高校转型发展的内在要求，也是推动地方高校治理能力和治理体系现代化的目标要求，而产教融合是地方高校内涵式发展的价值体现。产教融合和内涵式发展高度统一于质量提升的目标，没有内涵式发展就无法实现产教融合，没有产教融合的实施和推进，地方高校内涵式发展会缺乏内外支持而止步不前。

1. 目标导向一致性

高水平大学和地方高校共生的二元结构是我国高等教育主要结构特征。目前，国家正在实施的"双一流"建设，主要是针对高水平研究型大学，这也是高水平研究型大学内涵建设的有力抓手。对地方高校来说，产教融合则是其内涵式发展的目标，也是实现内涵式发展的导向。地方高校要以产教融合为导向，实现转型发展，改变片面的学术导向，实现应用型与学术型双层评价体系，注重考量学校与社会需求的对接程度。

地方高校的内涵式发展要以产教融合为导向，全面改革教育理念、培养模式、教育内容和管理制度。紧密结合行业发展，树立以"学生为本"的教育理念，围绕"提升素质"更新教育内容，构建"以学为主、教学相长"的教学模式，教学管理"从专业管理向课程管理"转变。产教融合的服务主体是学生，目的就是提升学生能力与产

---

❶ 张德祥，林杰. "高等教育内涵式发展"本质的历史变迁与当代意蕴[J]. 国家教育行政学院学报，2014，（11）：3-8.

业需求适应度，通过教育各要素同产业发展有机结合，以提高教育的针对性和适应性，通过学生的能力升级带动产业结构升级。

2. 政策指向一致性

2010年，党中央以教育规划纲要的形式规划了内涵式发展的宏伟蓝图，十年来，我国政府相继颁布了多项高等教育内涵发展的相关政策。其中，教育部等部门颁布的《关于引导部分地方普通本科高校向应用型转变的指导意见》，要求地方高校通过建立生产服务一线紧缺的应用型、复合型、创新型的人才培养机制，来化解高等教育的结构性矛盾，克服地方高校人才培养同质化问题。地方高校的转型发展不是无目的地降低人才培养层次，而是实现产教融合的转型，将人才培养从传统的学科专业范式向职业教育范式转变。

与此同时，高等教育界在"复旦共识""天大行动"和"北京指南"的基础上，擘画了适应并引领我国经济结构转型升级与发展动能转换的新工科建设项目。新工科建设以问题为导向，设计了"问产业需求建专业，问技术发展改内容，问学校主体推改革，问学生志趣变方法，问内外资源创条件，问国际前沿立标准"的"改革六问"，与产教融合在顶层设计和实施路径方面均具有高度一致性。可见，产教融合不是孤立的政策方案，而是新时期高等教育内涵式发展政策的具体化，是一流本科建设的具体行动。当前，产教融合已经成为地方高校深化改革和转型发展的行动自觉。

3. 实施路径一致性

地方高校的内涵式发展是一项系统工程，是以"学生为中心"，通过结构优化、特色发展和全面改革提升人才培养的社会适应性，提升高等教育整体质量。而产教融合明确提出构建教育和产业统筹融合发展格局，地方高校要主动融入国家创新体系和新型城镇化建设，推动学科专业建设与产业转型升级相适应；以产业需求为导向健全人才培养调整机制，健全学术型人才和应用型人才分类培养体系，提高应用型人才培养比重；以产教融合推进学校治理结构改革，鼓励社会各界参与学校治理；加强产教融合师资队伍建设，建设高水平的"双师双能"型教师队伍，完善符合应用型高校发展的教师评价体系等。这一系列改革举措都说明产教融合和内涵式发展在实施路径方面具有高度一致性。

三、产教融合的特点

产教融合从概念萌生到落地实践，成为不断发展成熟的一个制度，并且被社会各界广泛接受。产教融合制度融合了教育、经济、产业和社会发展制度，只有将这些制度协同发展，达到各方共赢才能发挥产教融合制度应有的优势。产教融合制度要想获得成功，就必须处理好政府、学校、企业三方新型合作关系，通过构建产教融合多方合作模式，发挥政府对产教融合的宏观领导、高校开放办学、社会广泛参与的产教新格局。引导资本、行业、企业、技术、管理等多要素共同参与地方高校办学，构建政府主导、社会参与、办学主体多样化的办学体制和格局。从产教融合发展历程和发展趋势看，目前产教融合具备了四个主要特点。

（一）多方主体

从产教融合成功实践的案例来看，多主体参与是主要特点，也是产教融合成功的基本原则。目前，我国开展的创新创业教育，实际上是产教融合的一个主要成功案例，双创教育蓬勃开展，就是得益于多主体参与其中，成功地将政府、学校、企业、行业、学生和社会各主体融合起来，承担相应的工作职能。双创教育是产教融合的一个缩影，其成功实践在一定程度上助推了产教融合进一步发展。

产教融合能够成功实践，要在全社会营造创业干事的良好氛围，让民众和整个社会的意识理念、行为准则和价值观念等都重视创新创业。社会参与产教融合主要起到督导评估的作用，推进校企协同一体化，形成多方参与合力。地方高校以产教融合推进人才培养质量提升，以人才培养质量进一步提高产教融合水平。

政府是产教融合的推动者、宏观领导者和管理者。产教融合能否顺利很大程度上取决于政府的支持和推动。正因如此，国家在宏观层面上进行政策引领，措施落实，监督和服务体系搭建都非常重要。需要政府通过出台法律，法规和政策来引导和支持，促进产教融合深度开展，提高校企深入融合水平。学校是产教融合的执行主体，要发挥为社会主义现代化建设提供创新创业人才的历史重任，承担立德树人根本任务的职能。企业是产教融合的参与主体，也是产教融合对接主体和受益主体。能够深度参与高校人才培养，培养一批能够适应甚至引领产业转型升级的高级应用型人才，将有力提升生产力，助推产业创业和转型升级，提高企业的竞争力和经济效益，最终让行业、企业从中受益。学生是产教融合的学习主体和受益主体，社会是产教融合的参与主体与监督主体。各方主体各司其职，主动参与，是产教融合的最基本特点。

（二）自组织

自组织理论是20世纪60年代末期开始建立并发展起来的一种系统理论。该理论认为如果一个系统靠外部指令而形成组织，就是他组织；如果不存在外部指令，系统按照相互默契的某种规则，各尽其责而又协调地自动地形成有序结构，就是自组织，是推动客观事物自身的结构化，有机化，有序化和系统化的过程。[1]产教融合的发展在一定程度上讲是校企合作的不断深化，在其形成初期，主要是依靠学校和企业的自组织发展。在这样的发展过程中，自组织发展逐渐形成一种共识。产教融合的主要直接参与者是学校和企业，双方在产教融合中以自组织形成协调育人主体和创新创业主体，具有自组织演变的特点，只有产教融合过程中出现二者无法解决的问题，或者需要政府调控的时候，自组织原则才被打破。地方高校产教融合过程中，可以采取符合性、适用性和引领性三个层次去检验产教融合人才培养质量。用符合性检验高校人才培养是否符合社会发展需求，考察人才培养与市场需求的匹配程度；适用性主要检验人才培养能否适合行业企业用工需求，考察人才培养的好用程度；引领性主要检验地方高校人才培养能否帮助企业技术革新，成为推动产业升级的参与者，考察人才培养的经济效益。

由于地方高校产教融合的自组织特点，对其实施也提出了特殊要求：产教融合具有开放性特征，要求地方高校改变学术价值取向，以开放式互动式教学与社会接轨；产教融合需要多方主体参与，在多方资源相互作用下，各主体自组织机制具有关联性和复杂性，要求地方高校产教融合机制也应具备多样性，分类组织、分类指导、分类实施；产教融合具备自发性特点，处于经济发展的宏观环境之中，是动态的开放的，各参与主体必须要经过内外环境的交换获取推进产教融合运行的各种资源和动能，然后通过内部要素相互作用，获取自组织运行的动力，从而推动地方高校产教融合运行机制能够自发调节、不断完善，确保产教融合能够有效有序地运行发展。

（三）协同性

协同性特点是相对于自组织特点而来的。前文已经说明，产教融合是由校企合作进一步深化探索而来，在探索阶段主要依靠的是自组织发展。随着产教融合不断深入，各个参与主体需要进行协同发展。因此，协同性特点随即出现。我们要借鉴协同教育理念，探索政府、企业、行业和高校之间的整体与部分，各要素或子系统间的协同作用，增强地方高校产教融合多主体协同性。协同地方高校开展产教融合关键是协同各参与主体，尤其是政府、企业参与产教融合的积极性、主动性。政府要完善法律法规，强化制度的约束力和系统的政策激励；高校要不断提升人才培养质量和提升服务社会能力，增强协同企业全方位参与高校人才培养的吸引力，提供更多的合作空

---

❶ 杨朔镔，杨颖秀. "双一流"背景下大学院系治理现代化探论：自组织理论的视角[J]. 教育发展研究，2018，38（5）：40-47.

间；行业企业要以人才培养为己任，突破仅限于学校为主体资源要素培养模式的瓶颈，积极参与和扶持高校开展产教融合，为学校开展产教融合提供更多的资源平台和合作空间；社会主体要强化对高校产教融合的宣传督导，提高全社会包括大学生参与产教融合的参与度和积极性。协同性特点还表现在产教融合各主体应该协同产教融合的目的、内容、资源、效益和责权利，从而构建政府宏观管理、企业积极参与、学校主导、学生执行的产教融合机制。

产教融合组织机构、体制机制运行顺畅，是产教融合达到预期目标的根本前提和动力。在评价地方高校产教融合的水平时涉及符合性、适用性及引领性三个层面。地方高校人才培养与行业企业需求之间存在较大差异的原因包括：一方面，近些年来我国产业经济发展迅速、产业转型升级加快，技术技能更新迅速，行业企业对人才的要求不断提高，不但要具备较高的技术技能，而且要具备不断学习和提升自身技术技能的能力。而近些年地方高校以外延式发展为主，作为以育人为本的教育活动，培养周期较长，难以跟上行业企业的更新速度。另一方面，受社会文化及历史传统因素影响的认可度不高，学生一般不愿意从事生产一线工作。在一定程度上，由此形成的学习风气与动力不强，学生缺乏内在学习动力、外在学习的风气与动力，地方高校人才培养产教融合的水平难以提高。地方高校也只有提高教育教学水平，提高毕业生社会影响力，才能吸引行业企业参与人才培养，进而提高本科高校产教融合的水平。

（四）共享性

中共十八届五中全会提出创新发展、协调发展、绿色发展、开放发展、共享发展，统称为新发展理念。这五个方面具有内在的逻辑关系，相互联系、相互影响，整体上以共享发展作为目标方向和价值归宿，既体现了发展的根本目的和基本追求，又体现了事物发展的内在规律性要求，是合目的性与合规律性的有机统一。共享发展理念的科学内涵不仅包括目的旨归，还涵括过程共建要求，过程共建的结果由建设的主体共享，契合了系统科学的逻辑思维。

新发展阶段的一个重要特点就是共享经济已经成为经济社会发展的重要组成部分，共享性特点也是产教融合的主要特点。产教融合是多元主体共同参与、相互促进的复杂过程，是促进教育链、人才链与产业链、创新链有机衔接，最终总体形成教育和产业融合发展、良性互动格局。"现代系统理论强调，系统是事物存在的方式，其基本特征是整体性、关联性、等级结构性、动态平衡性和时序性等，在与外部环境的物质、能量和信息的交换中，需要针对环境的实际情况做出反应、调整和选择，使内部子系统潜在的发展能力充分释放出来。"地方高校的产教融合是一个开放的生态系统，符合系统的基本特征，参与产教融合的各主体进行信息、资源、技术、技能、人员等的交换和交流，并根据地方高校发展趋势的变迁和产业发展环境及规律的变化进行相应的动态调整，这样产教融合系统相关子系统的潜能才能不断得到释放，作用才能充分发挥出来。因此，推进地方高校产教融合发展，必须树立开放的思维、系统的思维，不能在地方高校体系内部孤立地谋划发展和合作，要与区域经济和产业发展同步规划，系统化构建目标一致、优势互补、功能衔接、紧密有序的产教融合格局。地方高校产教融合需要政府、企业、行业、高校和学生、社会多主体参与，各主体既是参与者，又是受益者。要充分发挥市场在产教融合中的资源配置作用和政府的宏观调控作用，形成各方主体互惠互利、合作共赢机制和共享的利益分配机制，助力地方高校产教融合顺利开展。产教融合是地方高校新发展阶段的改革目标和转型发展的有效路径，是推进地方高校转型，提升地方高校教育质量的有效办法。

习近平总书记指出："共建才能共享，共建的过程也是共享的过程。"过程共建是成果共享的前提，也是共享发展理念的内在逻辑性和规律性要求。体现在产教融合方面，就需要产教融合各利益相关方同频共振、同向发力、同步发展。地方高校、行业、企业等利益相关方只有通过相互协调、联动合作、互相支持的协同过程，才能实现基于共享发展的产教融合发展目标。[1]因此，在地方高校产教融合实践中，要实现共享发展，首先要树立协同思维。地方高校产教融合利益相关方通过协同建设，融合教育供给侧和产业需求侧的资源要素，共同建设平台基地实现先进技术同步更新、合作共享；通过协同创新，融合教育供给侧和产业需求侧的创新要素，激发合作共享的强大动力；通过协同教育，整合教育供给侧和产业需求侧的结构要素，进行全方位持续及时对接，使地方高校的专业设置与产业转型升级动态协调，课程体系与行业因素如专业标准和生产流程相协调。建立健全立足行业需求的地方高校人才培养结构调整机制，促进校企双主体育人与产学研高质量融合发展。

地方高校基于共享发展的产教融合追求优势互补、互利共赢，必然强调体系的整体优化。系统论的核心思想是系统的整体概念，其精髓是结构决定功能，整体大于部分之和。一般系统论的创始人贝塔朗菲认为，系统作为一个有机整体存在，并履行其整体功能。它的组成部分是相互关联、相互影响的，内部子系统与外部环境之间存在着不断的信息和能量交换。[2]根据结构决定功能的原理和具体的优化机制，系统可以

❶ 岳晓峰. 论习近平共享发展理念的马克思政治哲学内涵[J]. 党政干部学刊, 2021, (9): 16-21.

❷ 冯·贝塔朗菲. 一般系统论：基础、发展和应用[M]. 林康义, 魏宏森, 等译. 北京：清华大学出版社, 1987.

显示出各个孤立部分所不具备的特性和功能，并通过不断改进，不断使系统的整体性能达到最大化。地方高校基于共享发展的产教融合一体化过程，也是一个整体系统优化的过程。各利益相关者可以通过有机联系、协作、成果共享，实现地方高校产学研一体化体系的整体优化，推动地方高校产学研一体化价值的创造。要建立整体优化思维，地方高校产学研一体化必须考虑各利益相关者的合理利益。既要注重单边利益的最大化，又要充分考虑共同利益的最大化，从而激发各方的内在动力。在整体优化过程中，要追求整体利益和长远利益，处理好整体和局部关系，处理好长期利益和短期利益的辩证关系，注意成果共享的广度和有效性，促进产教融合协调发展和可持续发展。

四、地方高校产教融合的改革目标

（一）着力增强学生获得感

现代大学的意义起源于西方，从诞生之日起关于大学的理念就在不断地演化。德国著名教育改革者洪堡认为，大学不仅是传授知识，还应"发展"知识，教师的首要任务是自由地从事"创造性的学问"。到了20世纪30年代，美国大学的先驱者弗莱克斯纳发扬了英国和德国的大学理念，他认为"大学的目的在于人才培养、科学研究和社会服务"。无论大学理念如何发展演变，大学的"初心"始终不变，那就是通过教育把科学知识传承下去，让后人能够拥有更加清晰、准确的知识，让人们的思想和能力得到进一步提升，文化得到传承和发扬。

习近平总书记指出："改革越到深处，越要担当作为、蹄疾步稳、奋勇前进，不能有任何停一停、歇一歇的懈怠。要紧密结合'不忘初心、牢记使命'主题教育，提高改革的思想自觉、政治自觉、行动自觉，迎难而上、攻坚克难，着力补短板、强弱项、激活力、抓落实，坚定不移破除利益固化的藩篱、破除妨碍发展的体制机制弊端。"

产教融合的初级阶段是职业教育服务产业需求，以人才链服务产业链，改变职业教育无法满足产业需求的现实问题。当前，产教融合应上升为以职业教育和高等教育的整个教育体系与产业体系发展方式的变革，是产业结构调整和高等教育综合改革的整体制度设计，成为国家发展战略的有机组成部分。

评价大学的水平，不能把观测角度局限于科研水平，首先要观测的是教育能力、学生在校的获得感。只有课程教学才能反映一所学校教育水平的核心指标，只有能够反映社会发展需求的课程教学才是提升学生获得感的途径。只有提高学生的获得感，高校才能够铸就持续发展能力，才能让学生实现学以致用，获得真本领，高校和学生才能够共同自我发展、自我完善，不断适应社会的快速变革。

（二）着力增强本科教育质量

打造一流本科教育、培养一流本科人才，已凝聚为我国高等教育学界的普遍共识。特别是2018年本科教学会议中提出的建设一流本科教育的目标，开启了我国本科教育的新时代。《深化本科教育教学改革全面提高人才培养质量的意见》发布，掀起了全国范围内的本科教育改革的热潮。

地方高校建设一流本科教育归根到底要从教育理念、培养模式、教育内容和教学管理4个方面进行改革，要将4个改革内容与产业发展紧密结合起来。地方高校要紧密结合行业发展，树立以"学生为本"的教育理念，围绕"提升素质"更新教育内容，构建"以学为主、教学相长"的教学模式，教学管理"从专业管理向课程管理"转变。产教融合的服务主体是学生，其目的就是开阔学生的视野，将学术课程和职业课程相结合，加快学生就业的适应程度，同时，通过教育各要素同产业发展有机结合，以提高教育教学的针对性和适应性，从而提升本科教学质量。

（三）着力增强地方高校服务社会能力

2017年2月以来，教育部积极推进新工科建设，先后形成了"复旦共识""天大行动"和"北京指南"，并发布了《关于开展新工科研究与实践的通知》《关于推荐新工科研究与实践项目的通知》，全力探索形成领跑全球工程教育的中国模式、中国经验，助力高等教育强国建设。❶ "新工科建设路线图"，其重要内容就是提出要进行产教融合。产教融合和新工科在顶层设计和实施路径方面均具有高度一致性，也决定了地方高校在实施产教融合战略过程中必须与新工科建设相结合。从顶层设计角度来看，国家在推行产教融合战略和新工科建设的目标是一致的，在推进国家产业结构改革和高等教育供给侧结构性改革方面、推动行业转型升级和高校转型发展方面、行业企业岗位能力需求和高校人才培养质量提高方面均具有一致性。从实施路径来看，产教融合战略和新工科建设都侧重强化企业的主体地位，鼓励行业企业和社会组织整合校企资源，建立校企协同合作的长效机制。产教融合和新工科均能有效地将产业链与人才链、教育链与创新链有机衔接，实现人才、技术、资源的有效聚集，实现校企双向协同育人。

---

❶ 顾佩华. 新工科与新范式：实践探索和思考[J]. 高等工程教育研究，2020，（4）：1-19.

（四）着力构建高水平应用型教育体系

人才培养是学校的中心工作，要坚持以科研型引领适应应用型学科专业体系建设，以产教融合创建学科引领下的适应性课程教学方法论，努力优化一流应用型人才培养体系，全面提高应用型人才培养能力。

基于产教融合，优化专业设置和调整机制。建立由行业、企业、高校专家组成的学校发展规划执行委员会，对学校专业设计规划进行评议，利用第三方评估机构，对主要用人单位对专业人才的需求进行调查，根据社会需求和学校能力适时调整专业设置，集中资源建设社会急需的特色优质专业。根据学校条件，适当扩大相关专业招生规模，对一些社会急需而又因条件限制没有能力创办的专业，学校可通过改造传统专业，修改培养方案，学生辅修专业等方式，开展应用型、创新型技术人才的培养。

基于产教融合，创新教学模式。进一步总结卓越计划实践取得的经验，改变原有的教学模式，打破传统的以理论知识为主的教学模式，构建以实践为主要特征的教学模式。改变学生的学习习惯和思维习惯，训练和培养学生的实践能力、创新能力和应用能力，通过与行业企业专家共同制定培养标准，共同制定培养方案，共同制定教学大纲，共同编制教材，共同参与教学评价，保障学校培养的学生符合行业的发展需求，通过构建企业学习、双导师制、实践实训等教学模式，让学生获得更多的真实工程体验，让学生在实践中获得从理性到感性认识和把握，实现从感性认识到专业理论的牢固把握和灵活运用，通过推进学分制和模块化教学，为不同专业学生定制多样化人才培养方案，因材施教，实现个性化培养。

第 3 章

国内外产教融合发展现状

3.1 国外产教融合的主要模式

一、德国"双元制"模式

（一）德国"双元制"教育模式的概念

德国阿克塞尔·格林格在《合作教育大学——卡尔斯鲁厄：德国高等教育的双重体制》一书中对德国"双元制"模式进行了阐述，彼查德·罗莎琳德在《德国双元制：教育的乌托邦》一书中论述了"双元制"的优点及缺点，在他的分析中，"双元制"的优点在于国家对于教育的保障，以法律的形式体现出来，学校培养人才是以企业为依托的，缺点在于受教育者、学院、企业、同一行业的其他部门、企业领导及其他相关的企业往往会有不一样的，或者是相互间不同的教育理念，这样的情况会使相互的关系处于比较紧张的状态。

"双元制"（Dual System）是指由高等院校与企业双方共同参与、共同培养职业技术人才的一种职业教育模式，盛行于德国、奥地利、瑞士等西方发达国家，尤其以德国为代表。德国的"双元制"人才培养模式产生于19世纪中后期，形成确立于20世纪中叶，是德国职业教育的核心和精髓。在德国，职业教育属于十二年制义务教育的范畴，德国相关法律明文规定，除综合大学录取者外，其余的适龄青年都必须接受职业教育。青少年除了在企业培训中心学习职业技能和专业知识，还要在高等院校接受职业专业理论和普通文化知识教育。这是一种将企业与学校、实践技能和理论知识紧密结合，以培养高水平的专业技术工人为目标的教育制度。高等院校是"双元制"教育中的一"元"，它的义务重在培养未来从事职业的实践能力，教授学生职业方面的专业知识和基础知识，其中有40%左右的教学任务是文化课，其余的课程是与职业密不可分的专业课，一些专业课程往往和数学、物理、化学一起讲授。企业是"双元制"教育的另外一"元"，与培训企业或者培训场所签订培训合同，是在"双元制"教育的高等院校上学的大学生的基本要求。"双元制"职业教育年限为2~3年，其中60%的时间在企业，40%的时间在学校。

德国"双元制"在世界上享有盛誉，主要是因为其培训产教融合的水平高。"双元制"模式不仅注重基本从业能力——专业能力、方法能力、社会能力的培养，而且特别强调综合职业能力——关键能力的训练。关键能力包含很多方面，其中最重要的是独立计划、独立实施、独立控制与评价的能力。同时，培养目标的实现是通过课程来完成的，要实现以职业能力为本位的培养目标，就必须以职业活动为核心设计课程模式，这样才能有利于学生职业知识、职业技能及职业能力的形成。"双元制"的课程模式充分体现了以职业活动为核心的设计思想。"双元制"理论课程的设计是以职业活动为中心选择课程内容的，并确定了以职业活动为核心的阶梯式课程结构。这一结构是一种建立在宽厚的专业训练基础之上的综合性的以职业活动为核心的课程结构。"双元制"职教模式无论是理论知识的传授还是实训教学均体现了以学生为主体的思想，它注重学生职业能力的培养，是现代职业教育能力本位观的必然结果。

（二）德国"双元制"教育模式的特点

（1）理论联系实际，知行合一

基于"双元制"人才培养，学生三分之一左右的时间在院校学习专业理论知识，三分之二左右的时间在企业里培训、强化职业操作技能。这种"理论—实践—理论"的人才培养过程，实现了专业理论知识指导职业技能操作、职业技能操作巩固专业理论知识，从而达到理论联系实际、知行合一。❶

（2）政策法规保障，有据可依

基于"双元制"人才培养，德国各级政府通过立法、经费保障等方面全力支持职业教育的发展，构建了一套相互沟通、层次鲜明、渠道畅通的职业教育体系，形成了一种机制完备的产教合作、协同育人模式，做到了政策法规保障充分，人才培养有据可依。

（3）双师队伍完备，优势互补

基于"双元制"人才培养，德国联邦政府以法律形式明确了对教师知识、能力、技能的要求，特别强调教师在具备教师资格的同时，还需具备职业资格，同时，强调、注重师资团队中企业专业技术人员兼职队伍的建设，多措并举，形成了完备强大的"双师型"师资队伍，实现了院校专业教育与企业实践训练的优势互补。

（4）毕业直通就业，效果显著

基于"双元制"人才培养，学生在企业真实的运营环境中，使用企业先进的仪器、设备、软件、技术从事职业岗位实践，以专业理论知识指导实践操作，同时实践操作又进一步强化了专业理论知识，从而极大地提升了学生的职业适应能力，实现了学生毕业与就业的零距离过渡，在强化学生专业理论知识、提升学生实践操作能力方面效果显著。

---

❶ 陈德泉. 德国双元制职业教育的重新审视[J]. 中国高教研究，2016，（2）：92-96.

（5）校企合作双赢，互利互惠

基于"双元制"人才培养，学校可充分利用企业现有的仪器、设备、软件、技术，有针对性地为企业培养、造就职业专门人才，节省了学校对实践教学环节的投入，促进了学生就业能力的提升，促进了学校应用型、技术型人才培养目标的实现；企业则通过学生的有效工作，增加产品、服务收益，解决用工问题，获取优质的人力资源。"双元制"人才培养模式的实施，实现了校企双方互惠互利、合作双赢。

二、英国"三明治"模式

（一）英国"三明治"教育模式的概念

关于英国的产学研合作教育模式，目前众人所熟知的主要有三大类："三明治教育模式""教学公司模式"和"沃里克教育模式"。其中，"三明治"教育模式是英国发展最早、影响最为深远的产学研合作教育模式，因而被当作英国产学研合作教育模式的代名词。"三明治"教育模式创建于1901年的桑德兰技术学院（现更名为桑德兰大学），在建校初期，就确立了为当地工商业发展培养高级专门人才的教育目标，并在机械工程等专业中探索白天企业实习、晚上上课的教育模式，这就是英国早期的"三明治"教育模式。这种教育模式在发展初期，主要是职业技术学院针对技术工人的教育培训，采取半工半读方式，以此来提高工人的技术水平。时至今日，英国的"三明治"教育发展了一百多年，已经完美地融入了英国高等教育体系，成为英国高等教育不可或缺的重要组成部分。

英国的"三明治"教育模式的教学年限为4年，有两种模式。一种称为"厚三明治"模式，学生在进入大学前先在工厂企业工作一年，具有一定的实践知识，并在后三年课程的安排上着重有关实践性的课程。另一种称为"薄三明治"模式，采用工、读交替的教学方式，一般第一学年在校学习，第二、第三学年安排一定的时间去有关工厂企业实习，第四学年再回到学校学习。

"三明治"教育模式作为英国产学研合作教育模式的代名词，自20世纪初以来，经历了起步、成长、成熟和稳定四个阶段，目前已经被纳入英国高等教育体系。"三明治"教育的演进与发展有一个较为漫长的历史，可以分为以下几个阶段：

（1）20世纪初至20世纪50年代："三明治"教育的萌芽和艰难起步期。

（2）20世纪60年代至70年代："三明治"教育的快速增长期。

（3）20世纪80年代至90年代："三明治"教育的成熟发展期。

（4）21世纪初至今："三明治"教育的繁荣稳定期。

纵观"三明治"教育的发展历程，它的出现始于技术院校对社会的需要的回应。"三明治"教育从未经认可的个别院校行为，到产业界的积极响应和参与，从多科技术学院的特色培养模式，到各种类型高等职业学校普遍实施的一种人才培养模式，其在一百多年的发展历程中逐步由稚嫩走向了成熟，英国政府在"三明治"教育发展中的作用功不可没，在"三明治"教育发展的每一次转折点上都发挥了重要作用。在"三明治"教育的发展过程中，英国政府定位合理、措施有力。英国政府从引导者和管理者的角度出发，秉持"有所为、有所不为"的制度设计理念，从宏观层面入手，采取"顺时引、逆时推"这一规范监督和鼓励引导的双重策略，为"三明治"教育提供法律政策引导、教育费用投入和组织机构协调三重保障，从而为"三明治"教育的跨世纪高速和高质量发展营造了良好的制度环境，在助推"三明治"教育模式快速扩张的同时，保障了"三明治"教育实施产教融合的水平。

（二）英国"三明治"教育模式的特点

（1）政府积极推进校企合作

在英国"三明治"教育模式走向成熟的过程中，英国政府始终扮演着引导者和管理者的角色，发挥了极其重要的作用。[1]在政策引导方面，颁布了"产业培训法""1988年教育改革法""面向21世纪的教育和训练"等政策法律，为"三明治"教育模式推广提供强大的法律政策支持。在组织保障方面，由政府出面先后成立"三明治教育大学委员会""三明治教育多科技术学院委员会""工业和高等教育委员会"等组织机构，强化高等教育与政府和企业的合作。在经费支持方面，2005年开始的"国家雇主培训项目"，以雇主需求来主导培训；采取"培训券"制度，一方面为低技能工人和青年学生提供免费培训，另一方面由学员选择学校和课程，促进学校和培训机构努力提高自己的水平和质量；2006年制定了"有培训就有收获计划"，专门针对成人学习者，为成人学习者提供实际工作场所的培训，同时满足雇主在操作层面的用工需求，合作企业在这个合作过程中也可以通过接收项目学员而获得学费500%的培训经费补助。

（2）重视核心能力的培养

早在1979年，英国继续教育处在一份题为《选择的基础》的文件中首次提到了核心能力的概念，具体包含读写能力、计算能力、制图能力、问题解决的能力、研究

---

[1] 刘娟，张炼. 英国三明治教育发展历程及其政策举措分析[J]. 现代教育科学，2012，（1）：35-39.

能力、处理事务的能力、独立能力、动手能力、个性和道德的修养。随着时代的发展，英国教育与就业部、英国工业联盟和资格与课程署共同将核心能力进一步浓缩为六项，即沟通、数字运用、信息技术、与人合作、提高自我学习和增进绩效以及解决问题的能力，这也成为当前英国国家资历标准框架体系中的六项核心能力，成为英国"三明治"教育培养过程中的必备内容。许多英国高等职业教育机构甚至大学都将这六项核心能力纳入自己的课程体系，把它作为基础教学的必修内容。此外，英国还设立了专门的核心能力考核认证机构，职责是依照核心能力标准的要素分等级实施对学习者的核心能力考核。

（3）与国家职业资格标准接轨

英国"三明治"教育模式使用国家职业资格标准，所颁发的资格证书纳入国家资历证书框架体系，接受类似于其他职业资格证书教育和培训的同等的质量控制，成为国家教育体系中一个不可或缺的组成部分。"三明治"也从"能力、技能、态度和价值"几个方面审核课程的培养成效，通过完整的培养计划、学生的学习日志、操作评估记录以及企业经理、学生和指导老师共同参加的现场能力测评，保证教学和培养的水平。

（4）校企合作模式多样化

前面已经提到过，根据在生产现场工作实践的长短不一，"三明治"教育分"厚"和"薄"两种。据调查，2010年，英国74%的中小企业与国内大学或高教机构拥有校企合作项目；中小企业的专业开发和研究中有9%委托高校进行定向研究，12%与高校一起开展合作研究。除此之外，高教机构一年中为中小企业提供大量的继续教育课程服务，37%的中小企业参与了高校组织的各种演讲课程、大会或公众活动，12%的接受了大学为其单独提供的专业提升服务，还有7%的依靠高校为他们的新职工进行职前专业技术培训。在校企的密切合作中，有27%的中小企业对所录用的新毕业生或研究生进行测评，向高校回馈信息，18%的向高校提供产业实习机会或"三明治"学习岗位，10%的甚至将自己的业务作为高校课程的组成部分共同加以运作。校企合作范围广阔，形式多样。

三、美国CBE模式

（一）美国CBE教育模式的概念

CBE（Competency Based Education）人才培养模式始创于美国，是一种能力本位教育，是近年来国际上较为流行的职业教育思想和模式，具体是指以从事某一具体职业所必须具备的能力为出发点来确定培养目标，设计教学内容、方法和过程，评估教学效果的一种教学思想与实践模式。现在广泛应用于美国、加拿大等北美的职业教育中，也是当今一种较为先进的职业教育模式。美国职业教育的实施机构主要是综合高中和社区学院，社区学院是美国职业教育体系的一大特色。美国职业教育具有大众性的特点，正是基于此，其职业教育主要是由学校或学院这种公共高等职业学校来承担，雇主参与职业教育的程度在美国一直很低，当然这与其职业流动性高也有一定关系。美国职业教育培训的人才是"宽专多能型"，这与其社会特点相吻合。能力本位职业教育是美国高等职业教育的典型模式，其核心是CBE理论。概括地说，CBE理论是以能力为基础，强调能力培养、能力训练的教育教学思想体系。以CBE为核心的能力本位职业教育是一种以满足企业需求为目的，以实际能力培养为主的职业教育。它以全面分析职业角色活动为出发点，以提供产业界和社会对培训对象履行岗位职责所需要的能力为基本原则，强调学员在学习过程中的主导地位，其核心是如何使学员具备从事某一职业所必需的实际能力。

早在第二次世界大战期间，以能力为基础的教育便在美国出现了，当时美国急于生产军火，许多厂家从民用转为军用，需要将许多不会从事军工生产的工人、技术人员进行再培训，时间要求紧，技能要求严，CBE的雏形便应运而生了。第二次世界大战后，为解决美国出现的种种教育问题，该模式又用于培训教师以提升他们的职业素质，此后不久流传到加拿大形成新型教学模式，并开始应用于职业教育领域，加拿大社区学院成为其最大的载体。20世纪80年代后，教育部门更多地听取产业界的意见，满足他们对各类从业人员为适应分工日趋精准专业的岗位需要而进行培训和再培训的要求，为此产生了很多矛盾，这些矛盾的突出促成了CBE模式的产生。这种模式后又被逐渐推广到欧洲、亚洲、大洋洲等许多国家和地区。

（二）美国CBE教育模式的特点

（1）职业教育立法完善，管理体制健全

美国政府为了实现"通过杰出的美国社区学院建设学习型国家"这一目标，多次制定、修改和完善职业教育立法，美国政府先后颁布了近160个职业教育法规，不断地为职业教育提供经费支持和法律保障。美国的职业技术教育不属于义务教育范围，但学校不以营利为目的。美国高等职业教育的管理体制属于地方分权制，各州政府自己成立高等教育委员会、职业技术教育委员会或类似机构作为政府职能部门，委员会委员由当地公民在各界人士中推选，一般都是当地熟悉、热衷教育事业的著名人士和实业家。

（2）入学机会公开公平，经费来源渠道广泛

美国社会人人平等的道德文化，有利于职业教育的发展，尽管社区学院层次相对最低，但由于其学费便宜、入学门槛低、学制灵活、学分互认等优点，反而受到学生特别是家境和成绩一般的学生的欢迎。据统计，在美国98%的社区学院在招收新生的时候，没有严格的入学考试，不管是高中毕业生、在职人员、失业人员，还是在校大学生都可以进入社区学院学习。在社区学院内部，学校平等对待各种背景的学生，学生之间也平等相待，师生之间也讲究平等。公立社区学院的经费来源渠道广泛，主要包括：州拨款、地方资助、学生学杂费、联邦资助，以及私人捐助、基金捐赠等。

（3）课程内容以职业分析为基础，教学目标明确

长期以来，传统职业教育模式在制定课程内容和培养目标的过程中，企业界和一线技术工人往往是被忽略的群体。而CBE通过DACUM（Developing A Curriculum）职业分析法，重视企业界和一线员工的话语权，邀请他们组成DACUM委员会，鉴别和陈述本职业或本岗位所需能力，以特定的行为化目标来陈述所鉴别出来的操作技能，按照由浅入深排列，在教学过程中按照顺序让学生掌握，解决了培养目标问题。开发学习包，建立资源室，实行模块化的课程内容，根据具体职业需求，从各学科中精选相应内容以满足今后岗位需求，从实际情况出发，将能力需求与教学内容紧密联系起来，强调训练实际操作能力，具有很强的职业指向性。

（4）教学过程中以学生为中心，教学时间和方式灵活机动

CBE职教模式采取灵活的教学形式，课程时间不一致，学生入学时不受已有教育水平和时间的限制，入学后选择性更强，可根据自己的情况确定学习内容，安排学习进度，选择适合的学习方式，如自学、小组学习、听课、使用声像工具等。CBE职教模式强调以学生为中心，利用多媒体资源，实行模块化课程，教师不再是学生学习过程中全部信息的给予者，而是作为学生学习过程中的主持人和指导者，将更多的精力用于学生学习方法和学习环境的改善。由于学生学习之初就了解自己将要掌握的具体学习目标，因此在教学过程中承担了更多的责任和任务。

（5）职业教育形式多样，采用产学结合的教育模式

社区学院主要面向社区，服务社区，主要任务除包括转学教育，职业技术教育外，还有继续教育和加强社区凝聚力等的一些课程，在职人员进修或补修某些课程，为让有困难的人学习自立和劳动技能，为社区推广文化和扫盲等；美国社区学院的课程设置主要包括学士转学（少数社区学院授予学士学位）、生计教育和社区服务3种类

型。其中生计教育又可以分为职业培训证书课程和学徒培训课程。

（6）注重师资队伍建设，教师综合指导水平高

美国高等职业教育模式注重师资队伍建设，对从事高等职业教育的教师任职资格都有严格的标准，要求教师具有教育家、专业技术人员、熟练工人三种职业所需的素质与能力。教师不仅要完成教学任务，而且应有学校管理、组织开发、处理与外部培训企业及与学生的关系等各方面的能力。在CBE教学中，教师起的作用是指导、判断、建议和评估，要考虑教学计划的制订，教师从以课堂讲授理论为主，到亲自示范、指导学生、培养学生的能力为主。教师经常进行科研活动，有自己的实验示范基地，并坚持到生产一线去指导实践，在实践中不断提高自己的动手能力。

四、法国"学徒制"模式

（一）法国"学徒制"教育模式的概念

"学徒制"是法国职业教育体系中一种技术人才的培养模式，其基本特征就是行业企业培训与学历教育有机结合。法国"学徒制"采用半工半读的培养方式，学徒既要在企业工作并在导师的指导下接受实践培训，又要在学徒培训中心进行理论知识学习。学徒的年龄一般为16~25岁，占法国该年龄段人口总数的5.2%。从受教育层次来看，接受中等职业教育的学徒占学徒总数的70%，接受高等职业教育的学徒占总数的30%。

"学徒制"分为高中和高等教育两个层次，根据法国国家职业资格认证委员会的划分，法国学徒的培养层次可以分为5个层级。五级为初中毕业后两年获得职业能力证书（CAP）；四级相当于职业高中层次；三级相当于高职（两年大专）层次；二级相当于高等教育（高中毕业后3年）层次；一级相当于硕士（高中毕业后5年）层次。其中，高中层次的"学徒制"可获得的资格证书包括职业能力证书（CAP）、职业学习文凭（BEP）、进修专业文凭（MC）、职业证书（BP）、职业高中会考证书（BACPRO）等；高等教育层次的"学徒制"可获得的资格证书包括大专技术文凭（BTS）、大学技术文凭（DUT）、专业学士学位、硕士学位以及工程师文凭等。这些资格证书与学生通过全日制职业学校可获得的证书完全一样，且这些资格证书的等级是相互衔接，从而构成了法国纵向直通的职业教育与培训体系。法国"学徒制"的范围非常广，涵盖了工商业、手工业、服务业、农渔业等私营及公共服务领域。

（二）法国"学徒制"教育模式的特点

（1）以政府为主导

在法国现代"学徒制"教育模式中，法国政府起主导性作用，通过立法、组织相关委员会和工作组、制定税收政策、直接拨款、将"学徒制"与全日制教育完全等值、质量监督保障等方式保障了"学徒制"教育模式的顺利实施。在法国，企业参与"学徒制"的意愿和能力相对较弱，"学徒制"对青年的吸引力也不高，因此政府为推动"学徒制"的开展，出台了更多激励措施。行业企业的作用是配合性或完善性的，这与法国的社会背景及职业教育历史传统有关，与德国为代表的"需求引导型"（Demand-led）"学徒制"不同，法国是"供给引导型"（Supply-led）"学徒制"的典型，也称"低企业合作与高学校整合型"学徒制"。如法国的税收制度和拨款政策是为了更好地激励企业提供"学徒制"岗位，而将"学徒制"与全日制教育完全等值，则是为了更好地吸引青年。

（2）"学徒制"层次高移

与西方国家现代"学徒制"改革的普遍趋势相同，法国现代"学徒制"改革也明显呈现出"学徒制"层次高移化的现象。传统的"学徒制"，通常只在中等教育层面提供，而如今，几乎所有西方国家都将"学徒制"延升至高等教育层次。法国"学徒制"的高移化则更加明显，它为学徒打通了从职业技术证书直至专业学士学位、硕士学位的发展通道，大大提高了"学徒制"对法国青年的吸引力。相关数据也表明，20世纪80年代以来法国学徒人数的翻倍，主要归功于国家职业资格三~五级学徒的人数激增，而国家职业资格二级的学徒人数则是相对持平的。

（3）经费机制完善

在法国政府各项激励企业参与"学徒制"的措施中，最为核心的当属经费机制，尤其是"学徒培训税"制度。法国实行的是强制性的培训征税–拨款制度，在这一制度下，国家向企业征收培训税，由专门的基金委员会管理，并按比例拨款给额外完成培训任务的企业。这一制度既可以长效性地解决教育培训经费问题，同时，其赏罚分明的特点也有利于提高企业投入培训的义务感，形成长效机制。

（4）注重质量保障

法国政府对现代"学徒制"教育教学的质量尤为重视，采用了内部评估与外部评估相结合、过程控制与结果控制相协调的方式。学徒培训中心均建有内部的自评估体系，外部则有国家机构从各方面展开评估。另外，法国"学徒制"还设计了多种有效的质量保障工具，如学徒培训中心的年度自评报告、教学委员会的学徒匿名问卷以及跟踪学徒成长的联络手册和跟踪单等。

五、澳大利亚"新学徒制"模式

（一）澳大利亚"新学徒制"教育模式的概念

与英国、美国相比，澳大利亚实行的"新学徒制"教育模式在时间上相对较晚，1996年，澳大利亚政府将原有的"学徒制"与受训生制合并推出"新学徒制"。将实践工作与有组织的培训结合起来，雇主与新学徒签订培训协议，以全国框架指导下的"培训包"为基础，帮助学徒获得全国认可的职业资格证书。

为了促进"新学徒制"的良好发展，澳大利亚各州和地区设立了300多所新学徒制培训服务中心。服务中心免费向社会提供服务，帮助培训机构（企业或公司、职业学校）和学徒双方达成培训协议，获得政府的财政资助。在"新学徒制"中，学徒在职业学校的学习，主要由澳大利亚各州和地区内的技术与继续教育学院（TAFE）承担，也可以在其他提供职业教育与培训的学校和场所完成。TAFE是行业主导的，由政府、社会和学校相结合的、相对独立的、多层次的、综合的职业技术与培训机构。在TAFE，学员有80%的时间是在工作现场进行实习实践，只有20%的时间是在学校进行本位学习，它实际上是一种新型的现代学徒制度。TAFE是在澳大利亚政府直接指导下建立并逐步发展起来的，是澳大利亚职业教育与培训的主要方式。

（二）澳大利亚"新学徒制"教育模式的特点

（1）融通性的资格证书制度

澳大利亚"新学徒制"教育模式推行全国融通的资格证书制度，即学员在完成"新学徒制"培养后，可以获得全国认可的、与学历文凭互通的资格证书，通常称为AQF1～4级证书。该证书侧重于对已获学分和成绩的认可，假如学徒将来希望选择继续深造，那么其已获成绩和证书依然有效。这种融通性的资格证书更加有利于个人发展，表明澳大利亚更加注重对学员的应用技术进行培养。统计表明，仅有32%的澳大利亚高中毕业生会进入高等学校继续深造，而68%的毕业生多选择职业性的技术教育。

（2）多样性的培养课程

澳大利亚"新学徒制"培养模式的课程具有多样性，主要表现在两个方面：一是教学形式的多样性，即该模式实行分阶段式的弹性学习，既可以一次性完成培养，也可以分阶段完成，既可以以全日制或者半全日制的形式进行培养，也可以利用业余时间进行培养。二是培养课程的选择始终遵循"能力本位"原则，即从具体岗位的实际需要出发，以市场驱动为依据动态性地进行课程的设置，对相关知识和技能进行分解并组成模块，在实际培养中按照模块进行教学，这样就避免了新知识和新技能更新缓慢的缺点及防止了盲目求全的"填鸭式"培养。多样性的"新学徒制"培养课程更加注重实际能力的培养，强调与具体的岗位环境相匹配，相比之下更加务实。

（3）广泛的社会参与性

为更好地保障"新学徒制"培养质量，充分利用社会优势资源，澳大利亚政府特别重视将竞争性机制引入到"新学徒制"培养中。在该培养模式下，除相关专门性职业学校外，社会机构、企业甚至个人在国家培训局认可的前提下，都可以承担"新学徒制"培养任务，且澳大利亚政府均给予经费支持，从而在更大范围内整合社会优势资源，调动社会参与积极性。这种广泛的社会参与性在一定程度上打破或者限制了培养机构的垄断性，有利于保障培养质量。

（4）统一性的培养体系

澳大利亚"新学徒制"采用"培养包"式的培养体系，即全国范围内的培养单位可以在通用型基础性"培养包"的基础上，根据自身专业的培养特点、岗位特征和市场环境等因素设置具体的培养体系，学员在完成培养且合格后，可以获得全国行业认可的资格证书。该通用型基础性"培养包"由国家级专业委员会开发，以基本技能培养为主要内容，继而在此基础上根据专业特色、岗位特征等因素进行其他技能的扩展。这种统一性的培养体系既规定了一定的基本技能培养，又充分考虑了具体专业所需要的专门性技能，既强调了通用性，又突出了具体的专业特点，相比之下具有更明显的专业合理性和岗位吻合性。

（5）注重市场导向

"新学徒制"培养与市场之间具有紧密联系，其主要目的在于为社会经济提供具有良好职业技能和职业素养的优秀人才。澳大利亚"新学徒制"非常注重市场的导向作用，通常以市场的预期需求、专业就业率和收入水平为参考标准并制定和实施相应的政策。一方面，充分利用市场机制作用，对需求量较大的培养专业及其培养机构，政府会提高财政资助性拨款的数额，避免急缺性专业得不到有力资助而过剩型专业资助过量的不足，充分体现了以市场为导向的、动态性的政府资助制度。另一方面，主要表现为培养机构须根据专业就业情况、市场需求量、学员收入等因素对培养课程进行综合设计，避免陈旧性、落后性知识和技能的重复性培养，使学员的专业技能始终与市场实际需求挂钩，避免"市场需要人才，但人才无法满足市场"的矛盾。

3.2 我国地方高校产教融合发展现状

一、地方高校产教融合缘起——从卓越计划到产教融合

为了全面贯彻落实党的十七大提出的国家发展战略，优化我国教育结构，提高高等教育质量，以达到推动我国产业结构优化升级、加快转变经济增长方式的目的，教育部于2010年6月在天津大学召开"卓越工程师教育培养计划"（简称"卓越计划"）启动大会。卓越计划是教育部贯彻落实《国家中长期教育改革和发展规划纲要（2010—2020年）》和《国家中长期人才发展规划纲要（2010—2020年）》的重大改革项目。卓越计划是促进我国由工程教育大国迈向工程教育强国的重大举措，旨在培养造就一大批创新能力强、适应经济社会发展需要的高质量各类型工程技术人才，为国家走新型工业化发展道路、建设创新型国家和人才强国战略服务，对促进高等教育面向社会需求培养人才，全面提高工程教育人才培养质量具有十分重要的示范和引导作用。随后，我国很多高校将这一思想作为指导，用以改革传统的教育教学模式。

卓越计划实施的专业包括传统产业和战略性新兴产业的相关专业。要特别重视国家产业结构调整和发展战略性新兴产业的人才需求，适度超前培养人才。卓越计划实施的层次包括工科的本科生、硕士研究生、博士研究生三个层次，培养现场工程师、设计开发工程师和研究型工程师等多种类型的工程师后备人才。

经过10年发展，卓越工程师教育培养计划在推进工程教育改革，提高工程教育质量方面取得了很大成绩。分有三批共计354所高校，1200多个本科专业，520多个研究生学科领域参与到卓越计划中来，涵盖了本科、硕士、博士三个学位层次，"985"工程，"211"工程，地方高校等多种类型高校[1]。参与面之广，覆盖学生之多是我国教育发展史上罕见的。卓越计划没有经费支持，大部分经费都需要学校自筹解决，但是

---

[1] 侯永峰，武美萍，宫文飞，吴爱华. 深入实施卓越工程师教育培养计划，创新工程人才培养机制[J]. 高等工程教育研究，2014，（3）：1-6+22.

仍有众多学校参与，足以证明卓越工程师教育培养计划的重要意义和高等工程院校参与工程教育改革的主动性和积极性。

国家高度重视卓越计划的实施，中国科学院根据我国工程教育的实际，制定了卓越工程师教育培养计划通用标准，用于指导工程教育改革，并为工程教育人才培养指明了方向。经过10多年的探索发展，卓越计划取得了很大成绩，特别是各高校高度重视，均成立了工作的领导小组和专家指导委员会，也有的学校成立了专门的管理机构，保证了卓越计划的顺利实施；同时，卓越计划遴选了大批优秀学生进入卓越班，通过小班的方式进行管理，实施小班化教学和动态的管理制度；不断完善培养标准和创新培养模式，各学校能够参照工程教育通用标准和行业标准，制定了学校的人才培养标准，把人才培养当作产品，进行系统构思组织和实施，将课堂教学与企业生产实践相结合，整合课程资源体系，确保学生获得完整的知识，提高实践能力；各个学校能够按照卓越计划要求改革教学方法和教学手段，增加研讨课、前沿课等新课程，优化课程体系，做好课程衔接，增加案例教学、专题教学等教学环节和教学内容，改变了传统的填鸭式教学。部分高校还组建了卓越计划联盟，比如北京航空航天大学牵头，16所高校成立了卓越计划联盟；在工程教师队伍建设方面，各个高校都加大了工程教师队伍建设，调整了教师评聘方案，增加工程型教育评聘标准，提高教师参与工程教育的积极性，并且各高校都能积极聘请具有丰富工程实践经验的企业人员担任兼职教师，创建了一批工程能力强的高水平教师队伍；同时，卓越计划试点高校能够同国际工程教育接轨，大力推进国际开放度，积极开展国际合作办学，加强国际合作交流，提高人才培养国际化水平，通过"走出去，引进来"，积极引进国外优质教育资源。

随着卓越计划的深入开展和不断反思总结，一些问题不断被发现。企业参与人才培养积极性不高的问题仍没有从根本上解决，工程教育队伍建设仍存在很多问题，广大学生对卓越计划认可度有待提高。解决上述问题，首先要赋予企业在人才培养过程中的话语权，要促进产业和教育深度的合作，把产学研作为促进经济社会发展的重要步骤。因此，产教融合的声音不断加强，以产教融合作为卓越计划升级版的呼声也开始出现。2017年12月，《国务院办公厅关于深化产教融合的若干意见》（国办发〔2017〕95号）就提出"制定目标计划，整合教育，发挥重要产业在办学中的作用，使产业深度参与办学，建立校企合作办学体制，促进教育和产业融合发展，建立需求导向型的人才培养模式，从根本上促进职业教育发展，支持高等教育、产业改革和经济发展"。2019年2月，国务院《国家职业教育改革实施方案》（国发〔2019〕4号）发布，指出"要从促进产教融合校企'双元'育人、建设多元办学格局、完善技术技能人才激励保障政策、加强职业教育办学质量督导评价等方面，提升职业教育现代化水平，为促进经济社会发展和提高国家竞争力提供优质人才资源支撑"。2019年4月，国家发展改革委和教育部联合发布了《建设产教融合型企业实施办法（试行）》（发改社会〔2019〕590号），提出重点建设培育国家急需产业领域企业，鼓励支持企业多种方式参与教育，深度参与"引企入教"改革。2019年9月，国家发展改革委、教育部等六个部门联合发布了《国家产教融合建设试点实施方案》，积极促进教育链、人才链与产业链、创新链的有机衔接。经过近五年的艰苦努力，在全国范围内建立和培育了上万家产学结合型企业，建立了产学结合型企业体系和联合推广政策体系。2020年，国家发展改革委联合教育部、人力资源部开展产教融合型企业试点申报工作，截至12月，全国已建立了800多家产学结合企业，并试点了21个产学结合城市，产教融合之路迈向了新台阶。

综上所述，卓越计划实施10年来，我国工程教育改革步伐加快，提高了工程人才的工程实践能力和创新创业能力。随着产教融合的不断完善，进一步深化校企合作，发挥企业在人才培养的主体作用，成为今后一时期卓越计划的改革方向，促进卓越计划从精英教育向大众教育转变，真正实现工业大国、教育大国向工业强国和教育强国转变。

二、国内地方高校产教融合的主要模式

（一）建立产教实习基地

产教实习基地是地方高校丰富教学实践，提高学生综合素质和专业技能的主要实践场所。产教实习基地的建设主要有两种：一是由高校自行投资建设，主要目的是提高学生的社会实践能力和综合素质，为加快学校科技研发创新提供平台，由学校委派有关人员组成实习基地的领导机构，对实习基地日常运行进行管理，属于校方的固定资产；二是由学校与企业、科研院所联合建设或运行，双方按照事先签订的协议在人才培养、科技研发、成果转化、生产营销等方面各取所需。

（二）校企联合建立学生实习实验室

实验室主要是为学生提高专业技能和社会实践能力而提供锻炼的平台，目前可供学生利用的实验室主要有两类：一类是高校自身实验室，主要用作教学场所，供教师和学生使用，鼓励师生参加科研、投身科研，多出科研成果；另一类是高校和企业、科研院所共同建立的实验室，企业主要是借助这一平台加快科技成果向现实生产力的

转化，提高企业自身的科研水平和产品竞争力，高校的目的主要是提高学生的专业技能和实践能力，创新产学研教育模式，鼓励学生在实践中积累经验，为将来走向社会打好基础。

（三）共同建立工程技术研究中心

工程技术研究中心是高校和企业根据各自实际需要联合建立的，运作方式上主要是由企业出资建设，地方高校提供人员和工程项目，企业对工程中心的科研成果具有优先选择和使用权。在科技研发上，工程技术中心主要是围绕某一领域或科技专项攻关项目进行研究，研究课题不仅具有科学性和基础性，而且在技术上还处于领先地位，工程中心研究项目一般以工业领域的科研目标为主。在实践中，工程中心的某项科研项目或重大攻关成果，往往都能为企业、为社会创造出巨大的经济效益和社会效益，高校的科研工作者在科技成果的发明创造中也得到了锻炼和提升，丰富了教学和科研经历。

（四）推动科技成果向现实生产力的转化

在科研工作中，地方高校和科研院所以市场需求为导向，把开展产学研合作作为创新教育教学模式，培养工程技术人才，密切高校与社会之间联系的重要突破口。通过加强与企业间的联系协作，加快科技成果在企业生产中的运用，提高科技成果转化率。企业在利用这些科技成果时，以向高校或科研院所支付一定费用或者允许高校以科技入股的形式参与企业的生产销售的方式，获取利润分成，从而实现双方的互利共赢，这种合作方式称之为技术转让。技术转让既可以弥补高校办学经费的不足，还可以降低企业的研发成本，缩小产品的研发周期，提高科技成果转化率，有力地促进我国经济社会的发展。

（五）设立各类教学奖励基金

随着地方高校产教融合教学新模式的推广应用，高校与社会的距离不断缩短，高校科技成果的转化和应用带来了巨大的经济效益和社会效益，高校服务社会的功能得到充分发挥，进而吸引企业和社会爱心人士纷纷出资资助大学的教育工作。名目各异的奖教、奖学基金纷纷成立，有效激发了广大师生的工作与学习热情，有力地促进了教学和科研水平的提高。

三、国内高校产教融合存在的主要问题

目前，中国已全面建成小康社会。工业化、信息化、城镇化、农业现代化同步发

展。产业结构在调整、生产方式在变革、经济社会在转型等重大的变革带来的必然是社会职业岗位的重大变化，行业、企业对技能型、应用型、创新型、复合型人才的需求明显加大。

然而，当下地方高校人才培养与社会的需要的预期还有很大的差距，甚至渐行渐远。一方面，企业和各类机构迫切需要的是能够开拓事业、承担责任的各类人才，但现实状况却不尽人意；另一方面，每年数百万的大学毕业生急于落实工作单位，却很难找到愿意给他们提供就业岗位的单位。与就业难和地方高校产教融合的水平不高相对应的是，用人单位高薪也难以聘用到合适的人才，中国中高级技术技能人才需求缺口逐年扩张。正是基于此，如果地方高校在人才培养路径上不做出改变，那么就不仅影响了国家高等教育结构的均衡发展，而且也严重制约了区域经济社会的发展。

从教育部2012年公布的中国高校毕业生就业率排名来看，"985"高校位居第一，高职院校高居第二，"211"学校、独立学院、科研院所分列第三、四、五位，而地方本科院校仅列第六位。[1]就业难还并不是唯一存在的问题，就业产教融合的水平不高的情况也十分严重。在就业难的形势逼迫下，很多大学生选择非自愿就业。在少部分对口就业的大学生中，55.6%的学生认为所学知识难以满足工作的需要。

一方面是"用工荒"，另一方面是"就业难"，高校人才培养与社会的需要之间存在较大差距已是不争的事实。主要问题绝不是数量问题，实质上是人才培养标准的问题，也就是标准错位。深化产教融合、校企合作，培养大批技能型、应用型、复合型人才是经济社会发展对地方高校提出的新要求，主动适应经济社会转型发展新常态，充分发挥企业主体在实践型人力资源培养中的作用，是全面提高地方高校产教融合的水平，提高大学生创新创业能力的重要渠道和必由之路，更是地方本科院校生存、发展的内在需要。

中国高等教育进入大众化后，让更多的青年学子圆了大学梦，但随之也带来了一系列问题，特别是给地方高校改革人才培养模式、产教融合水平提出了更高的要求和更加繁重的任务。历史和实践告诉我们，高等教育必须适应经济社会的发展，否则就将受到惩罚，牛津大学和剑桥大学都曾经有过前车之鉴。当18世纪60年代英国产业革命兴盛之时，产业革命中的技术并不是直接源于英国的高等教育，英国的高等教育与产业革命是一种疏散的关系，高等教育对产业革命没有发挥出应有的作用，牛津和剑桥两所大学对于正在发生的产业革命采取"事不关己"的态度，自我封闭严重，宗教

---

❶ 刘少雪. 高等教育评价中的"数字陷阱" [J]. 苏州大学学报（教育科学版），2016，4（1）：28-35.

限制严格，学术风气退步，教学水平下降，考试制度僵化，与时代需求严重脱节。❶
结果，两所学校都陷入了长达近一个世纪的衰退。反而是伦敦大学和一系列城市学院
在产业革命中的兴起带来了大规模的新大学推广运动，革新教学方式，承担了许多市
场运行中的技术科学实验和研发工作，从而迎来了英国高等教育的全新发展，也实现
了高等教育和产业发展技术的有效对接和助推。

校企合作和产教融合是在职业教育发展过程中应运而生的，相对于西方发达国
家，我国的职业教育兴起较晚，校企合作也相对滞后。从现状看，地方高校人才培养
模式仍处于较低层次的校企合作阶段，还没有达到产教深度融合的理想状态，主要表
现在以下六个方面。

（一）合作不稳定，融合渠道不贯通

由于企业与学校在性质、体制、功能和结构上的不同，在初期校企双方很难实现
真正意义上的合作。公司的发展方向是利润，需要创造经济效益，正是基于此，其缺
乏与高校开展校企合作的动力。大多数校企合作关系的建立与维系主要还是靠人脉关
系和信誉。这样建立的合作关系，大多是短期的、不规范的、难以持久的低层次合
作，未能形成统一协调的、自觉的整体行动，合作的成效参差不齐。要真正解决这些
问题，就要尽快构建由政府主导的校企合作政策与管理机制，以立法的形式制定有关
校企合作的法规或条例，明确政府、行业企业、高校在校企合作中的职责和义务。完
善的制度内容是地方高校产教融合发展的根本保障，也是地方高校人才培养工作顺利
开展的基础。要改变我国地方高校发展现状，加快落实产教融合政策，需要各级政府
出台与之配套的规章制度。在这方面能给二者架起桥梁的就是政府。虽然地方政府出
台了一些助推校企合作的地方性文件，然而政府的提倡只停留在政策层面，缺乏刚性
约束机制。在鼓励措施方面，与传统意义上地方高校单一的教育模式不同，助推地方
高校产教融合需要不同行业企业的积极参与，协助地方高校开展教育活动。但是，由
于目前政府机构所出台的政策在内容设计上较为宏观，缺乏强制性，在产教融合深入
发展阶段无法规范企业的参与行为，所以不少企业在校企合作教育开展过程中仅仅关
注自身的经济利益，不愿主动融入学校的人才培养过程；校企之间缺乏更深层次的交
流，难以体现产教融合发展的现实意义。在各种制约因素的影响下，当前地方高校产
教融合制度建设依然存在诸多不足，尤其在鼓励措施、管理机制、法律和法规建设等
方面，难以为产教融合的顺利开展提供保障。尽管自2014年起，国家针对教育发展现

---

❶ 周详. 工业革命与英国教育的兴衰——基于"勤勉革命"的视角[J]. 高等工程教育研究, 2013, (4): 64-74.

状，在产教融合政策制度建设方面投入了大量精力，国务院也在《关于加快发展现代职业教育的决定》中明确强调了在职业教育发展中落实产教融合的重要性，充分肯定了产教融合的价值，但在产教融合发展的相关法律和法规建设上较为滞后，致使不少地方院校在与企业合作时，无法通过法律途径维护自身的权益。

在管理制度和模式建设方面，作为一个系统的发展工程，产教融合的深入实施需要高校、政府及社会企业三大主体的相互协调及配合。政府部门作为协调性机构，应在实际发展过程中发挥自身的组织协调作用，通过建立相关制度，明确高校、行业、企业等主体在产教融合实施过程中的地位、责任分工，监督校方、企业单位工作的落实。尽管产教融合政策出台以后，教育部门在职业教育法中明确了政府、高校及企业的责任，但没有详细规定各组织机构的具体责任内容，致使国内产教融合政策实施时存在缺乏主体或主、客体颠倒的情况。此外，与其他经济政策类似，产教融合政策的实施也需要国家法律和法规的保护。传统的学校教育制度偏重于院校自身发展而忽视面向经济建设的发展。这导致在理念和认识上存在诸多误区，各地各院校对产教融合缺乏共识。

有人认为校办产业就是产教融合，有人主张产教融合就是办"校中厂""厂中校"，有人觉得企业的逐利性与学校的公益性之间具有不可调和的矛盾，产业与教育是不可能实现融合的，等等，正是基于此，对教育深化产教融合缺乏应有的重视。2016年，国务院教育督导管理协会为引导高等职业院校加强内涵建设，促进产教融合、校企合作，将全国高等职业院校评估的主题确定为"高等职业院校适应社会的需要能力评估"，将企业参与高等职业院校办学、共同育人和服务经济社会等指标作为评估的重点，以推进高等职业院校提高人才培养和服务地方经济社会发展的能力。但从现实状况看，这一评估主题并未像"高职高专院校人才培养工作水平评估"和"高等职业院校人才培养工作评估"等评估工作那样更加引起高等职业院校的重视，很难真正发挥好助推价值。配套政策与评价体系不足，使得企业方面缺少动力。

目前，国家和地方在地方高校产教融合方面的法律和法规建设上仍显薄弱，相关条款的力度、操作性与约束性也存在不足。在此情况下，产教融合往往容易流于表面，不够深入，企业参与产教融合的驱动力欠缺、有效性不够，存在浮躁、急功近利的现象。地方高校深化产教融合的政策体系、标准体系、统计体系、绩效评价等亟待加快形成。尤其是当前大数据已成为国家重要基础性战略资源，正发挥着引领全局、覆盖全面、贯穿始终的独特作用，引导着人、财、物等各类资源各尽其用。在此背景下，更加需要加快完善统计、分析与评价体系，及时反映产教融合的水平与效益。

《关于深化产教融合的若干意见》要求"积极支持社会第三方机构开展产教融合、效能评价，健全统计评价体系"，并要求"强化监测评价结果运用，作为绩效考核、投入引导、试点开展、表彰激励的重要依据"，若能够加快落地，将对深化产教融合、突破瓶颈发挥重要的作用。产教供需的双向对接困难重重，市场的优秀力量难以进入地方高校专业教学。产教融合的育人价值在于把产业升级的先进技术、先进工艺等融入教育教学资源与教育教学过程中，使专业教学能够不断对接产业发展、服务产业发展。❶但是，由于地方高校体制内教师的专业能力往往难以适应产业升级和技术高速和高质量发展的要求，加上繁重的专业教学课时压力，所以专业教师既缺乏对接产业发展的能力，也缺乏吸收产业先进技术元素的时间和动力。而行业企业和社会培训机构在面向市场、对接产业升级和技术发展方面具有优势，作为体制外的存在，是要以灵敏的嗅觉与快速反应才能生存和发展的，它们可以为地方高校面向市场、对接产业发展需求提供优质的课程资源和教学服务。但是，由于市场治理结构还不完善，既缺少体现市场合作和产业分工的专业化教学服务组织，也缺乏引入这些市场优秀力量的动力和机制。

（二）合作模式单一，合作内容不深入

地方高校要实现人才培养、终身教育、技术创新、社会服务等功能必须与行业企业紧密结合，与地方社会经济发展实现良性互动，校企合作、产教融合应贯穿于人才培养的全过程。校企合作的深度和广度直接关系着人才培养、产教融合的水平高低和地方高校服务社会功能的实现。然而现阶段我国地方高校正处于转型发展的初期阶段，校企合作主要局限于共建学生实习基地、订单式培养、岗位实操等，一些高校探索产业研究院的模式，但总体来看，合作模式比较单一，合作内容不够深入、系统。出现这种局面的原因是多方面的，主要是校企双方对合作内涵和意义认识不到位，没有建立起合作的长久的发展制度和约束机制，企业出于自身的原因对合作缺乏动力和热情，地方高校对校企合作准备不足，没有制订出科学合理的校企合作方案。

作为实施政策的协调组织及监督机构，政府部门在地方高校产教融合政策的实施中有着决定性影响。在经济法律文件中，没有针对校企合作、产教融合出台专门规定，也没有建立学校与企业之间经济利益的分配标准。虽然国家在产教融合的政策建设上做了大量的努力，并于2017年12月出台了《国务院办公厅关于深化产教融合的若干意见》，其中对强化企业重要主体作用做出了相关的任务类分工，但从分工内容

---

❶ 马树超，郭文富. 高职教育深化产教融合的经验、问题与对策[J]. 中国高教研究，2018，（4）：58-61.

上来看，仅仅进行了宏观层面的规划指导，在具体的制度建设上还有很长的路要走。一旦具体制度建设无法跟上产教融合的发展步伐，将很难引导校企双方走规范化合作道路。尽管在国家的号召下，教育部门现已通过文件发布的形式，进一步完善了产教融合发展政策，要求校企加强交流与合作、共同培养更多高素质的技术技能型人才，但现有政策文件在内容设置方面多以鼓励、倡导为主，缺乏执行层面的引导性政策，导致校企双方难以在产教融合实施过程中形成默契。实践表明，产教融合的深入发展必将涉及不同主体资源的整合，在整合过程中因不同主体而考虑的侧重点不同。正是基于此，在校企合作的责任、权利及利益分配上极易出现分歧，需要国家通过法律和法规给予明确规定，保障校企合作更加有序。然而至今国内立法机构尚未针对地方高校产教融合建立一套较为完整的法律制度体系，仅有国务院相关部门、地方的法律和法规有一些提及。此外，实际调查发现，尽管诸多地方高校在多年的产教融合尝试中已经积累了丰富的发展经验，但仍然没有权威机构建立一套完整的指导性手册，以明确企业参与地方高校人才培养的具体要求，指出企业可享受哪些方面的特权、需承担哪些义务及责任。法律、制度及政策方面建设迟滞，使得不少地方高校在产教融合发展中难以与企业建立长久合作机制。由上述情况可见，当前政府部门在地方高校产业融合发展的政策推广方面存在诸多不足，致使不少地方高校还未全面了解产教融合发展的实质内涵。整体来看，目前政府机构在产教融合推广方面的不足主要体现在以下几个方面：

第一，未能及时根据校企合作的现实状况出台相关管理机制，明确校企双方的分工。

第二，未将职业资格证书与人才培养的关联性体现出来，致使校企双方的合作缺乏规范性。

第三，政府机构还未明确自身在校企合作中的地位，未将组织协调作用发挥出来。

第四，尚未根据社会主义市场经济情况，建立社会化评价体系，尚未对参与产教融合企业的资质进行客观评价，确保校企合作产教融合的水平。多方面的不足导致校企双方在实际合作中流于形式，难以形成真正的默契，无法合力培养高技能型人才。

缺乏法律保障。在产教融合、校企合作中，对于校方与企业的责任和义务、风险与收益、资质与范围等内容没有明确的法律规定，学校、学生和企业在产教融合中的合法权益得不到保障，产教融合难以顺利开展。

缺乏组织保障。学校和企业之间缺乏沟通的桥梁和协商的平台，没有统一的组织协调部门，导致产教融合难以大规模、高效率、有条理地开展。

缺乏制度保障。一方面，地方高校缺乏产教融合的制度保障。大部分地方高校都处于产教融合的探索阶段，在学时分配、教员配置、资金投入、学生考核等方面都缺乏制度规定，导致产教融合难以走规范化道路；另一方面，地方政府、企事业单位和教育行政部门缺乏对产教融合的指导性文件，导致产教融合缺乏理论指导和行为规范。

受到传统教育观念的影响和办学条件的限制，部分地方高校还没有形成产教融合的意识，仍然坚持"重理论、轻实践"的教学理念，在课程设置、办学模式、师资力量等方面的条件无法满足产教融合教学的需求，给产教融合教学模式的构建与实施带来困扰。

课程设置不够完善。地方高校在专业设置、课程内容、课程结构等方面存在较大缺陷，专业设置存在盲从、跟风、墨守成规等问题，导致学科发展无法满足企业需求，学生就业困难；课程内容存在教材陈旧、技术落后、知识更新缓慢等问题，导致理论知识的传授与企业实践脱轨；课程结构存在课时分配不合理、理论无法联系实践等问题。

办学模式创新不够。地方高校在办学模式上一是过分强调整齐划一，缺乏行业特色、无法满足企业具体需求；二是基础设施落后，无法带领学生积极开展教学实践；三是战略定位落后，没有带领学生参与社会实践，走进工作岗位。

师资力量不够。产教融合要求教师不仅具备深厚的专业理论知识，更要具备丰富的职业经验和良好的专业技能，地方高校教师能否完成思想观念上、角色位置上和业务能力上的转变，满足产教融合的需求，成为产教融合能否顺利开展的关键。

目前，许多企业还没有意识到产教融合能给企业带来的切实利益，认为校企合作就是将企业作为学校的实训基地，履行培训学生的职能，无法为企业创造价值。对于产教融合在助推企业创新、提高员工素养、提高生产水平和效率等方面的作用持不乐观的态度。

（三）在合作对象的选择上存在误区

在社会主义市场经济背景下，行业之间的分工日益明确，企业的生产功能与学校的教育功能逐渐划分出明确的界线。在行业竞争压力日益激烈的今天，不少企业缺乏参与产教融合的发展动力，即便是响应国家政策来参与地方高校产教融合，也多半是浅尝辄止，不愿与校方展开深入合作。作为以营利为发展宗旨的企业，以追求利益最大化为主要目标。校企双方在合作对象选择上都存在认识误区和实践误区。很多地方应用型本科高校在校企合作方面，往往急于求成，片面追求高大上，把目标瞄准域外大型行业企业，追求轰动效应，满足虚荣心理，结果由于自身条件和区位限制，合作效果不佳。从企业行业来看，企业在选择合作对象时，往往患得患失，追求短期利益，缺乏长远战略。由于地方高校处于转型发展的初期，能够为企业提供直接利益的能力有限，所以在短期利益驱动下企业不愿承担校企共育人才、扶持地方高校发展的社会责任，即使合作也更愿意选择那些科技研发能力强、人才培养产教融合的水平高、能够带来直接经济利益的老牌高校。由于校企双方合作理念、合作目的相左，利益相悖，如果缺乏约束机制，校企双方很难走到一起，即使勉强合作，也不会有好的效果。尽管从表面看来，由于人才培养需要耗费大量的人力、物力及财力，所以不少企业在实际发展过程中，并不愿意将人才培养纳入产业价值链，更倾向于借助产教融合与校方展开合作，以此降低自身的人才培养成本；但发展事实表明，企业与校方开展合作并非"免费"，它们也需要向学校提供大量的资金、设备，为地方高校教学活动的开展提供保障，甚至也会定期到校参与学校举办的实践课程教学，这也将耗费大量的资金。正是基于此，与和校方合作相比，企业更倾向于将设备及资源用于内部人才培养上，这样一方面能体现出自身的人性化管理，提升对优秀人才的吸引力；另一方面也能将资金用于购买专业化设备或直接投放到生产一线，为企业带来经济利益。国内不少发展较为成熟且资金较为雄厚的企业，若非考虑企业社会形象的塑造及企业品牌知名度的提升，并不愿意主动加入地方高校的产教融合发展队伍。与此同时，反观我国多数中小型企业，出于运营资金的压力，在转型升级阶段一般只有在岗位需要人才时才会招聘，平时并不注重人力资源的储备，也没有将更多的精力和财力放在产教融合发展中。大型企业的不屑及中小企业的力不从心，使得地方高校产教融合陷入进退两难的局面。此外，地方高校作为以培养应用型人才为主的组织，与其他普通院校相比，在理论创新方面较为薄弱，也难以给处于转型升级中的企业带来具有潜在商业价值的思想。学校以培养人才为主要目的，强调"过程比结果重要"；企业则强调"结果比过程重要"，认为能为企业带来经济利益才是关键。这两种相反的思想主导的规章制度，若用于对同一群学生的培养，必然出现冲突，加剧校企双方的矛盾。在诸多因素的制约下，企业参与地方高校产教融合的积极性和动力不足。

虽然大型企业愿意为学生提供顶岗就职的机会，但因现有的技术能力有限，岗位实操结束以后能留岗就职的学生数量较少，所以不少企业参与产教融合的投入资金与收入难成正比，反而给其生产埋下了诸多安全隐患，这致使校企双方在合作过程中难以实现共赢，也导致企业在产教融合发展过程中的积极性不高，不愿意投入过多的精

力和资金成本。除以上两点因素以外，校企双方的文化差异，也是当前不少企业不愿
积极参与产教融合的主要因素。

（四）校企合作的经费难以保障

校企合作是一个复杂的系统工程，校企双方联合进行科技研发，共建科研和学生
实训平台，都需要投入大量的人力、物力和财力。但现状是，国家和大多数地方政府
鼓励和助推校企合作的奖励拨款制度和财政拨付机制还不完善，国家对深度参与地
方高校人才培养的企业减免税费、信贷优惠政策还没落实到位，社会捐助渠道也不
畅通。从企业层面来看，按照校企深度融合共育人才的要求，企业应当全程参与教
育，对人才培养投入一定的人力、物力资源，但是目前的校企合作关系设计多以学
校为中心，无法保障企业在合作中的获益，导致企业的积极性不高。从高校层面来
看，部分经济发达地区的高校，经费比较充裕，而那些经济欠发达地区的高校，经费
本身就不充裕，投入有限，校企合作的深度难以保证。作为行业发展的指导性组织机
构，行业协会对于经济社会行业发展有促进作用，能够根据社会主义市场经济的变化
完善岗位职能。目前，我国政府为了保证经济的有序发展，通过政策文件的发布强化
了自身的管理职能，在很大程度上削弱了行业协会的指导职能，无法为产教融合发展
保驾护航。尽管在产教融合实施阶段教育部门出台了一系列政策性文件配合行业协会
开展工作，但取得的效果并不尽人意。另外，在我国相关法律文件中，行业协会在地
方高校发展中的指导地位并未得到保障，没有充分体现其社会价值。之所以产生以上
问题，除了国家法律规定缺位以外，也侧面反映了国内行业协会自身发展的不足，尤
其体现为对行业岗位标准及课程标准建设的指导作用有限，在助推地方高校产教融合
上缺乏相应的法定职能。目前，全国已成立六万多个行业协会，大致可分为中央、省
级、市级与县级四大层次，在少数民族地区也相继开设了自治行业协会，为市场行业
的有序、协调发展做出了巨大贡献。然而，在科技创新及商业运营模式变革的双重引
导下，国内职业岗位发生了翻天覆地的变化，致使国内行业协会难以根据市场发展走
势，给出更为详细的职业标准，协助企业发展。地方高校产教融合涉及的内容较为丰
富，除基本的人才培养以外，还需协助企业开展技术研发、产品创新等工作。日益丰
富的教学内容和人才培养模式虽为职业院校教学产教融合水平的提升提供了发展路
径，但也意味着需要投入更多的启动资金。地方高校产教融合如果仅仅依靠政府有限
的经费投入往往难以为继。由于目前尚未建立与之配套的资金投入保障制度，加上科
研创新存在诸多偶然性及不确定性，所以大部分企业不愿意将大量经费注入职业院校
产教融合实践中，开展的诸多科研工作也时常因为经费问题陷入困境。现阶段如何确

保地方高校产教融合资金的稳定投入，已成为业内人士探讨的核心。如果该问题不能及时解决，势必导致地方高校产教融合的价值大打折扣。

（五）双师型师资队伍建设滞后

校企合作需要校企双方共建一支具有双师素质的高水平师资队伍，很多转型发展的地方高校已经采取多种措施开展双师型队伍建设，但就现状来看不容乐观。很多地方高校刚从职业院校转为应用型高校，原来的师资以理论知识的传授为主，无法适应实验、实践等实践型人力资源的培养工作，更谈不上和行业、企业联合进行科技研发等应用型科学研究，服务地方社会经济发展的能力有限。而企业师资虽然实践动手能力强，但多数理论功底不足，且缺乏从事高校教学的基本技能和方法训练。师资队伍的薄弱严重制约了产教融合的深度和广度，影响了实践型人力资源培养的产教融合的水平。

（六）产教融合的水平保护机制和评估体系的缺位

有的学校即使制定了管理制度和产教融合的水平标准，在执行过程中也存在这样那样的问题，导致有章不依。例如毕业实习，很多高校学生实习时间长达一年，但如何对学生实习尤其是分散实习进行有效管理，如何规定高校和企业指导教师的职责，如何评价实习效果等这些问题还没有得到很好的解决。产教融合的水平保护机制和评估监督体系的缺位和不完善，导致目前大多数高校的校企合作处于散乱无序的状态，更谈不上保证产教融合的水平。

从目前的情况看，校企合作各环节如专业设置、师资队伍建设、实验室建设、课堂教学、就业前实践、毕业设计都缺乏与实践型人力资源培养相适应的产教融合的水平标准和规范的管理制度。

3.3 国内外产教融合经验与启示

纵观国外现代学徒制，已经形成了较为成熟的发展路径并取得了一定成就，其中有许多成功的经验值得正处于初步探索阶段的我国地方高校进行学习和借鉴。具体包含以下几个方面：

（一）建立适应国情的地方高校体系

地方高校在现代人才培养方面起着越来越重要的作用。我国地方高校近年来取得了快速发展，但是与国外发达国家的地方高校相比还是存在较大的差距，向社会培育和输送的人才质量有待提高。❶究其原因，主要是我国地方高校没有得到足够的重视，地方高校体系不够完善和规范。因此，我国采用现代学徒制培养方式的地方高校发展需要借鉴西方发达国家的相关立法经验，建立以《地方高校法》为基础和核心的法律体系。首先，要明确我国地方高校在整个教育体系中的重要地位，对地方高校中校企合作、产教结合等方面职权分明的规定要更加具体明确；其次，需要通过现代学徒制培训法，以保障地方高校的经费投入、相应设施和师资建设；再次，还需要法律法规协调好地方高校与社会经济发展的关系，可以设置专门的地方高校师徒监管机构，通过法律法规明确各级职业院校人才培养目标和方案，给予培训、补贴和学徒制规范化等的政策支持。只有在相对完善的地方高校体系下才能从国家层面上保障地方高校现代学徒制的发展。

（二）提升地方高校人才培养目标层次

一直以来，我国的地方高校为社会培养了大量的应用型人才。但由于地方高校人才培养目标的定位不准，很多地方高校的毕业生出现理论基础知识不扎实、实践应用水平不高、就业率较低的现象。然而，国外很多现代学徒的发展目标基本上都在满足国家对高技能、高质量人才的需求上，提升国家不同学位的专业技能型人才层次，在基础学位之上还设置有相应的学士学位、高级荣誉学位等❷，以此来提升人才培养目标层次。因此，我国地方高校发展中也需要进一步提升人才培养目标层次，学习国外在采用现代学徒制中，需要促进人才目标培养的升级。

（三）注重行业和企业的主导地位

我国地方高校采用现代学徒制的人才培养方式，但由于我国地方高校长期以来缺乏与各行业、各企业的合作，现阶段很多中小企业对于产教融合的地方高校还处于一种观望的态度，企业的主体地位不凸显、各行业和企业参与度不高。然而，国外现代学徒制是以各行业企业作为地方高校的办学和利益主体，甚至出现由企业雇主来拟定专业技能人才在知识、技能和职业道德等方面的学徒制考核评价标准。这样能够充分体现各行业企业对人才发展的需求，既解决了技能人才缺失的问题，又有助于提升竞争力和行业发展。因此，我国地方高校中的现代学徒制发展需要充分发挥各行业企业

❶ 潘懋元，贺祖斌. 关于地方高校内涵式发展的对话[J]. 高等教育研究，2019，40（2）：34-38.

❷ 贾璐，宫福清，闫守轩. 拔尖人才培养的国际经验：荣誉学位的视角[J]. 高教发展与评估，2019，35（5）：62-69+86+116.

在现代学徒制中教育与培训的主导地位。国家给予中小企业一定的金融贷款、优惠政策等扶持，鼓励企业雇主与各职业院校合作深入到学校课程设置、教学内容、考核评估等方面；相应地，企业为职业院校学生提供良好的实习环境和工作机会，学生在提升职业技能的同时也会为企业未来的人才储备提供更好的选择。

（四）建立现代学徒制人才培养模式管理体制

鉴于国外现代学徒制教育完善的管理体制，我国政府应组建专门的机构负责现代学徒制人才培养的相关事务，主要负责在地方高校和培训方面协调疏通各行各业，使得相关资源能够实现优化配置和协调发展。对现代学徒制人才培养模式的战略发展进行规划，制定一系列相关标准和规章制度，从而规范学徒制的发展。政府角色应当从国家控制转变为国家监管，不再主导地方高校，而是将权力下放给市场，让市场机制在其中发挥中心作用。政府的主要职责是对地方高校依法管理和统筹规划，要放手让地方政府享有充分的自主权，发挥出监督管理和协调完善的功能。政府必须建立行业协会、企业参与学徒培训的组织与管理的有效机制。政府要积极推动行业协会和企业参与学徒培训的管理，提高它们的积极性，使现代学徒制人才培养模式在发展上得到多方支持。

（五）加大经费投入力度

在借鉴西方发达国家的相关经验的基础上，首先，我国政府要逐步提高地方高校经费在总体经费中的比例，争取持平或超过国际标准；其次，应定期向社会公布相关经费的使用情况，从而确保经费的投入和使用落到实处；最后，建立以政府拨款为主，企业、社会团体和受教育者参与的多元化经费筹措机制。政府要积极引导企业参与和投资学徒培训，如给予一定的税收优惠或对企业直接提供经费补贴。

西方发达国家在现代学徒制人才培养模式发展中的种种经验都值得我国政府借鉴和学习。当然，不同国家有不同的文化和制度背景，我国也不能完全照搬西方发达国家的制度，否则会导致制度移植上的水土不服。我国在对西方发达国家学习的过程中，要兼顾我国的具体国情，合理吸收，扬长避短。

第4章

地方高校产教融合与产业转型升级

4.1 高校与产业、社会的关系

产教融合的一个重要作用就是地方高校通过政产学研协同促进产业转型升级，通过服务产业转型升级反哺提高人才培养质量，这就需要弄清楚教育、产业与社会的关系。研究高校与产业转型升级，首先要探讨教育与产业的关系。教育与产业分属不同的研究领域，但在教育与经济关系这一范畴，可以从教育经济学领域着手，研究高校与产业、与社会之间的关系。教育基本理论中包含"教育与社会的关系"领域，这是探索教育与经济关系的基础，也是教育经济学研究的基础。我国教育经济学始终坚持马克思主义政治经济学的基本观点，基于生产力和生产关系的论断，坚定认为教育是政治的一部分，政治与经济相关作用，经济基础决定上层建筑，那么也一定决定了教育发展水平。❶反过来，教育对经济起到促进作用，对劳动生产和技术提供技术和人才支撑。

长期以来，教育经济学一直将教育与经济的关系作为主要研究内容，把人力资本理论运用到教育经济学研究上来，促进教育与经济关系研究不断深入。在对教育与经济辩证关系研究的过程中，不断引入经济学研究成果，如就业、收入、成本、收益、制度等变量，以量化方式不断加深教育与经济关系的研究。

教育具有社会公益性，在探讨教育与经济关系时，一般肯定教育对经济社会发展的贡献度。教育对经济的主要作用在于提高了人作为经济发展的要素的能力素质，同时教育将人群以市场需求为导向进行了分割。就是说教育培养人，促进了经济发展，而教育本身对经济发展影响不大，因此，从经济学角度看，对教育进行投入投资需要谨慎。而且，从经济学角度看，教育规模与经济规模要相适应，避免对教育的过度投资或者投资不足。

一、教育与产业

马克思主义认为，"教育与劳动相结合是造就人的全面发展的唯一方法"，这一关于教育与生产的论断对我国教育与经济的关系问题产生了深远影响。❷

---

❶ 吴康宁. 教育究竟是什么——教育与社会的关系再审思[J]. 教育研究，2016，37（8）：4-12.

❷ 杨兆山，陈煌. 马克思主义教育同生产劳动相结合思想的几个基本问题[J]. 社会科学战线，2021，（1）：218-229.

中华人民共和国成立之初，在第一次全国教育工作会议上就提出了学校必须为工农开门，为生产建设服务的方针政策。1958年9月，中共中央在《关于教育工作的指示》中进一步强调"教育工作必须由党来领导，教育必须为无产阶级政治服务，教育必须与生产劳动相结合"的工作方针，并把生产劳动作为正式课程，要求学校办工厂，工厂和农业合作社合作办学校。"文化大革命"期间，"四人帮"片面强调"以干带学"，忽视教育的作用，但是总体来看，教育服务生产是社会主义革命和建设时期的主旋律。

进入改革开放和社会主义现代化建设新时期，随着市场经济不断完善，教育与劳动结合进一步加强。《中国教育改革和发展纲要》和《中华人民共和国教育法》的出台重新将劳动教育纳入到教育体系中来，并明确了生产劳动相结合是我们党长期遵循的教育方针。1991年，国务院提出大力发展职业技术教育，首次提出"产教结合"的提法，要求"各类职业技术学校和培训中心，应根据教学需要和所具有的条件，积极发展校办产业，办好生产实习基地。提倡产教结合，工学结合"。"职业学校、职业培训机构实施职业教育应当实行产教结合，为本地区经济建设服务，与企业密切联系，培养实用人才和熟练劳动者"。1999年，中共中央、国务院《关于深化教育改革，全面推进素质教育的决定》要求"职业学校要实行产教结合，鼓励学生在实践中掌握职业技能"。当时，经费紧张是制约高等教育发展的重要原因。而产教结合的初衷是为了缓解职业教育经费不足的问题，随着时间推移，其成为职业教育发展的基本范式。同期，也是为了缓解资金紧张，"教育产业化"开始成为处理教育与产业之间的一种构想，引起了广泛讨论，对教育和产业的关系影响一直延续到今天。

邓小平同志南方谈话后，社会主义市场经济的发展目标逐渐确立，不可避免地对教育产生重要影响。人们讨论的不是教育与市场、产业能否结合，而是如何结合，教育产业化一度成为教育改革的唯一选择。20世纪末期，全球经济动荡，受亚洲金融危机影响，国内市场需求不足成为严重问题，拉动经济增长成为各界的关注，对教育产业化、教育拉动经济等论断虽有质疑，但教育与产业的关系不可避免地进一步拉近。

在产教关系的讨论方面，一部分学者认为教育可以划分成一个产业，而且对国民经济具有重要影响，可以通过市场经济手段来引导和发展教育，教育甚至可以成为国民经济的支柱产业。也有一部分人坚持教育不是经济活动的产业，不能走工业化和市场化的道路。

在产教关系讨论的进程中，产教无法分割，也不能融为一体、混为一谈，就逐渐催生出产学研合作的概念。产学研合作是产教关系的时代产物，是教育与产业为促进科技成果转化，以实现双方优势互补、利益共享为目的，通过协同发展的方式，相互支持和配合从事技术研发、人才培养和成果转化的行为。西方国家也非常重视产学研合作，创新多种产学研合作模式，如孵化模式、工业园区模式、高技术企业模式、协同教育模式等，我国在借鉴西方教育模式的基础上，在产学研合作方面增加了政府宏观指导和市场需求主导因素，形成了政产学研合作的新特点和新优势。从20世纪90年代开始，在政府支持和引导下，我国出台了一系列政策调动高校和企业加快科技成果向现实生产力转化，以适应经济发展的需要。

政产学研结合是我国产教结合在产学研基础上的创新。产学研结合有效促进产教结合，但是其实施效果与市场经济完善相关，同时，在一些应用领域转化较快，也就是说在一些看得见的领域，企业愿意同产学方面进行合作，但是在一些基础研究领域，产学研合作往往成效不够明显，这也是制约我国科技创新的重要原因。政产学研引入政府因素，但是在实际操作中，政府发挥的作用仍然有限，与实际需要还有不小差距。

关于产教结合在育人方面也是在不断探索和推进的。早在2005年，《国务院关于大力发展职业教育的决定》提出加大工学结合力度，要求各高校推行工学结合、校企合作的培养模式。2006年，教育部制定了《关于职业院校试行工学结合、半工半读的意见》，强调工学结合，培养数以亿计的社会主义现代化建设需要的高素质劳动者和数以千万计的高技能专门人才。2010年，教育规划纲要颁布实施，加快了我国产教结合方面的探索。一是实施了卓越工程师教育培养计划，强调工程教育回归工程，强化工程实践在工程教育中的重要性，提高了实践教育比重，校企合作规模空前；二是在职业教育和高等教育方面，推出现代学徒制，在校企合作中，以师带徒，进一步强化实践教学。现代学徒制与传统的师徒关系不同，将传统的师徒关系强调生产转变为现代学徒制强调教育，将重心从产业转向教育，对进一步完善校企合作育人机制，创新技术技能人才培养模式起到了积极促进作用；三是在校企合作的探索基础上，为进一步密切产教的关系，"产教融合"概念应运而生，成为由政府倡导的处理教育和产业关系的关键词，产教融合也成为地方普通本科高校向应用型转变的核心目标、关键途径和重要内容，也成为新发展阶段地方产业优化升级和经济社会发展的助推器。

产教关系不断密切是社会共识与期望，但是也是公认的社会难题。无论是促进地方高校转型，还是加快产教融合体制机制的改革，实际上都说明教育结构与产业结构尚不匹配，产教结合还存在一些问题。主要有3个方面的问题：

首先，产教分属不同社会分工，二者价值属性各异。产业的属性是逐利，遵循经济规律，教育的属性是育人，遵循的是教育规律；产业往往是封闭的，因为逐利势必有技术的内循环而不公开，相反，大学以知识创新与传播为使命，教师以公开学术成果获得价值体现，因此，产教融合在逻辑基础和文化认同方面存在矛盾。

其次，产教融合引起学术资本主义。所谓学术资本主义，是指大学及其教师为确保外部资金所采取的市场活动或具有市场特点的活动。不可否认，随着全球市场竞争的加剧，以及政府拨款与大学经费需求间差距的扩大，大学不得不面向市场寻求产业的资助，大学寻求产业资助甚至已经成了一种备受推崇和引以为傲的风尚。大学筹集外部资金的学术资本主义倾向，造成利润动机对高等教育的渗透，使"为知识而知识"的学术研究越来越沦为与市场相关的商业性研究，加剧了教育的市场化和学术的市场化。大学是追求真理的地方，而客观的真理恰好必须防止功利的直接介入。不幸的是，大学寻求产业资助成了大学拉近与产业关系的直接目的，大学的管理者和教授希望获取能够为其带来财富和声誉的企业的项目和经费，殊不知，在争取和完成项目的过程中，他们已经在很大程度上遗忘或失去了大学自治和学术自由。大量产业资金流入高等学校，使教学科研人员将大量的时间越来越多地花费在和金钱有关的事务上，这给大学的人才培养、基础研究甚至大学治理带来了不可预知的风险。❶

再次，产教关系的亲密会使高等教育的公益性受到挑战。从公共经济学角度看，教育具有公共物品和私人物品的属性，因而也兼具公益性和私益性。高等教育公益性是与高等教育私益性、产业性、经济性相对的一个最基本属性，其含义有三：一是高等教育面向公众，让最广泛的公民拥有受教育机会，同时让最优秀的人接受最好的教育。这是高等教育民主化、大众化、普及化的要求与结果。二是高等教育所产生的效益惠及公众，公共事业、社会发展、经济建设从高等教育的发展中获得尽可能多的益处。三是高等教育为民族事业、人类关怀以及长远发展提供智慧的支撑、精神的导向、整体的理解与恒久的价值观，而不仅仅着眼于眼前的功利、局部的满足、短暂的利益与现实的诉求。

所以，处理教育和产业的关系是教育研究非常关注的话题，是一项需要谨慎对待的长期的复杂工程，也没有一个普适性的标准，需要社会学者不断地摸索调试、权衡选择。所以，一部分学者认为，以"融合"的方式处理教育和产业的关系，必定会使应用型高校的产教融合遭遇一系列风险和质疑。

❶ 陈星. 应用型高校产教融合动力研究[D]. 重庆：西南大学，2017.

二、教育与社会

前文已经概述了大学发展的逻辑包括政治逻辑、经济逻辑和知识逻辑，关于大学与社会的关系也伴随大学发展逻辑的讨论同步进行。目前，关于大学与社会的关系主要有四个方面的观点，分别是大学应主动适应社会，大学应主动远离社会，大学要超越社会和大学应融入社会。

（一）大学适应社会

潘懋元先生是我国"大学适应社会"理论的坚定支持者，主张大学应主动适应社会发展。"大学适应社会"是受系统科学观点的影响，认为人类社会是一个系统，而在这个系统下存在若干子系统，经济、政治、教育、军事、文化等都是属于子系统范畴，它们相互联系又相互作用。同时，按照马克思主义理论，事物之间是相互联系的，而且存在一定的规律。在这些理论影响下，潘懋元提出了教育的内外部规律：一是指教育与经济、政治、文化、军事等社会子系统的关系，这是教育的外部规律，强调教育必须与社会发展相适应，教育要为其他社会子系统服务，同时教育也要受其他子系统的影响和制约；二是教育的内部规律是培养人，从我国高校坚持党的领导，为社会主义服务这个宗旨看，教育必须通过德智体美劳培养全面发展的人。教育的外部规律与内部规律是相统一的，教育内部规律要受教育外部规律所制约，教育外部规律要通过内部规律来实现。

国外也有一批坚持教育"适应论"的学者。英国学者阿什比借用生物学的"遗传—变异"概念指明，任何类型的大学都是遗传和环境的产物。大学作为一个有机体，必须对社会的变化做出及时的反应，才能保持自身的存在和发展。大学必须设法在维持自身传统和适应外界环境变化之间保持平衡：既不在适应外在环境方面成为无定见的顺风倒，也不顽固保守而偏执不化。为取得这种平衡，大学必须主动进行改革并控制变革，避免招致外力强制下的变革。美国教育家博克在其著作《走出象牙塔》中指出，大学走出象牙塔服务社会，是社会发展和大学自身发展无法回避和抗拒的必然趋势。现代大学既要保持大学的自治传统，维护大学的自由，坚守基本的学术原则，又要承担学术研究的社会责任，并对社会问题作出恰当的反应。

（二）大学批判和适当远离社会

与高等教育"适应论"针锋相对的保守性观点是，大学应该批判并适当远离社会。大学批判社会，意味着社会在很多时候是"错的"，需要大学的理智和良知去发现、指明和纠正这些错误。大学适当远离社会，说明大学有其独立性和行动逻辑，大学理应按照自己的规律和方式服务社会，而不是毫无章法地满足社会的欲望。

大学要批判社会。所谓批判，是指按照某种尺度对事物或现象进行事实或价值上的判断和评论，即判定现象或事物的是非、善恶、美丑。批判是大学与生俱来的特质，大学也曾一度占据社会批判领域的中心。大学的批判性表现在两个方面：一是学术批判，其目的是增进人们对自然、社会及思维的认识，推进学术发展；二是社会批判，其目的在于明辨是非、抑恶扬善、维护正义。大学追求真理的本性，大学的人文主义传统，大学师生的批判意识与责任，共同构成了大学批判的精神源头。大学履行其严肃而理智地批判社会的职责的起码要求是，大学不能随波逐流地卷入社会事务之中，或者成为社会的工具和奴仆。因而，大学批判社会，继而为社会的进步指明方向，绝不能止步于适应社会，更不该缺乏理性分析地顺应社会。

大学应恪守自己的使命和逻辑（理性），远离社会实际的政治和经济利益。有学者指出，高等教育的认知理性和社会的实践理性存在冲突，高等教育"适应论"会颠倒认知理性和各种实践（政治、经济、文化等）理性的关系，使高等教育在矛盾和冲突中偏离正常的发展轨道。认知理性追求真理本身，是使认知活动合理化的思维方式。实践理性追求真理的功用，是使政治、经济、文化等社会交往活动合理化的思维方式。高等教育是认知理性和实践理性的结合体，它既承担着创造知识和提高人们认知（追求真理或研究高深学问）能力的重要使命，也担负着输出知识产品以满足社会需求的职责。然而，在高等教育"适应论"的误导下，我国高等教育发展，一方面颠倒了认知理性与各种实践理性的关系，试图用工具理性、政治理性和传统的实践理性等取代认知理性在教学和科研中的核心地位，导致国内高等教育难以走上正常发展的轨道；另一方面在选择某种实践理性为主导时，又不惜压制其他各种实践理性的发展，以至于在高等教育的各种目标之间、不同目标与手段之间，造成了极大的矛盾和冲突。洪堡认为，教授与学者应处于政治与社会环境的彼岸，作为一种精神自由的科学自由，正是这样一种"彼岸的自由"，它能为国家和社会保持一支校正力量，去校正那些在社会和政治上虽已形成优势却不一定健康的东西。远离社会实际的政治、经济和利益，同大学自治和学术自由，一起成为柏林大学乃至19世纪德国高等教育屹立于世界高等教育顶端的奥秘。大学不应当对社会采取直接行动。美国普林斯顿大学校长弗莱克斯纳主张，大学应当与现实世界保持接触，同时不承担责任。弗莱克斯纳指出，人类的智慧至今尚未设计出任何能与大学比拟的机构，大学必须接受各种社会问题的挑战，以其实力和声望引导社会采取明智的行动。大学不是风向标，不能流行什么就迎合什么，大学应不断满足社会的需求，而不是它的欲望。因此，大学必须对社会的各种现象采取一种科学的"客观立场"，必须在以科学的态度研究自然现象和客观世界的同时，避免参与立法机关、社区公众、市政当局和各种商会的实际事务。大学及其学者可以为社会提供服务，但这种服务是围绕科学研究的适可而止的服务。一旦将大学和学者的时间和才能，花费到解决具体的已经被研究透彻的问题或事务上，大学只能停滞不前或毁于一旦。

（三）大学超越和引领社会

大学超越和引领社会要求大学不能仅仅适应社会。如果说大学适应社会，是对大学的起码要求，那么大学超越和引领社会，则是对作为"社会轴心"机构大学提出的一种带有人文主义色彩的高层次要求。大学超越社会，是由人的超越性和教育的超越性决定的。人是一种超越性存在，教育要培养不断寻求超越的人。鲁洁先生主张，教育应实现从适应论到超越论的根本转变。从现代唯物主义看，实践就其本质而言是人自身对他所处环境的超越。人与动物在和他们所处环境关系上的根本区别在于，动物凭借本能去适应环境，人则是通过实践去改造（超越）环境。教育作为培养人的活动，它的超越的核心是，培养出能改造现存世界的人——具有实践意识和实践能力并能超越现实世界、现实社会的人。赋予人以人所独具的实践本质，是教育的基本功能。现存教育的悲剧是，它从根本上放弃了培养超越性存在的期待，把学生紧紧地捆绑在"应试教育""升学教育"等现存的教育体制和教育行为之中，迫使他们去"适应"种种不合理的生存状态。这是一种病态的教育。大学天然具有超越性，不断在保守中寻求超越。张楚廷先生指出，大学既是保守之产物，亦是超越之产物。在学校诞生千余年之后才出现大学，大学超于小学、中学之上，大学的出现本身就是教育对自身的一次超越。同时，大学仍然是教育的一部分，它天然具备教育的保守，始终坚持保存、保全和坚守自己所创造的知识，只不过这种知识是更具超越性的高深知识。保守与超越像大学的一对孪生姊妹，大学正是在其保守性中得以不断超越的。大学的超越不只是与时俱进，大学不仅能做到超越时下，超越时限，超越时代，还能反向超越，探究遥远的过去。大学可以超越实用，而不仅仅以应用为目的；超越既有，质疑和修正现存公认的真理；超越实际，而不完全停留于或离不开实际的现象；超越"规律"，凭借人的意志去发现、转移和影响规律；超越自身，突破人的感官、经验和意识，改变大学的传统和惯性。

大学应引领社会发展。引领是比适应更高层次的要求。适应仅强调大学对外部环境的顺应或大学作出改变以适合客观需要和条件。引领，意为在前面引导、引路。大学是通过引领社会而更好地服务社会的。作为时代"智力良心"的大学，一面通过

"高深学问"和新思想引领社会的发展和进步，一面通过培养具有创新精神的人引领社会的发展。大学曾在引领社会中成绩斐然。例如，北京大学既是中国近现代高等教育的先驱，又是反帝反封建和传播新思想新文化的摇篮。宾夕法尼亚大学成功研制了世界上第一台计算机，将人类文明由工业时代推进到信息时代。剑桥大学的霍金建议人类早做准备离开地球而迁居到其他适合人类居住的星球上，为人类"仰望星空"提出了更高的要求。大学引领社会，意味着大学不满足于走进社会的"中心"，紧紧跟随社会，而应走在社会的"前头"，引导人们超越时代和社会的局限，引领人与社会的发展。

（四）大学融入社会

比大学适应社会更激进的观点是，大学要融入社会。现代社会的分工与合作日益深化，终身教育理念和学习型社会正更多地从理念转变为事实，教育与社会的关系也愈发紧密，传统的政治、经济、文化系统和教育系统之间的边界早已被打破，教育和社会各子系统之间形成了一种"你中有我、我中有你"的状况。在这样的背景下，大学与其去寻求适应、超越或批判社会，毋宁去主动融入社会，灵活自由而又自然地为社会的运转贡献自己的力量。主张大学融入社会的观点，散见于克拉克·克尔等人的著作中。克尔基于现代社会对大学的冲击和大学对现代社会进步的作用，提出现代大学理想的存在形式是多元化巨型大学。大学的理念是随时代变化而变化的。现代社会对大学提出的各种新的要求，正渐渐改变着大学本身的性质和功能，使大学日益成为一个具有多重教育目的、多重教育职能、由多个社群构成的新型社会机构。多元化巨型大学的出现，是以纽曼为主要代言人的传统大学观，历经弗莱克斯纳的现代大学观，最终向多元化巨型大学观历史演变的结果。可以说，"现代大学不是牛津大学，也不是柏林大学，它是世界上一种新型的机构。作为新型机构，实际上它并不是私人的，也不是公立的；它既不完全属于世界，也不能与世隔绝。它是无与伦比的。"如果纽曼理想中的古典大学是一座僧侣居住的村庄，弗莱克斯纳关于现代大学的理念是建设一座由知识分子垄断的城镇，那么多元化巨型大学则类似于一座丰富多彩的城市。在这座城市里，大学有若干个灵魂和目的，有多元的成员和社群，大学与社会的界限很模糊并同时面向于社会的各个阶层，满足社会各界的多样化需求。有学者指出，随着市场经济和知识经济的蔓延和深入，我国大学与社会的边界正日益模糊。市场经济改革以来，原来计划经济体制下传统的部门划分被打破，高等教育活动的界限越来越模糊，高等教育正在变成一个复杂的开放系统。在当代，人类进入学习化时代，终身教育成为教育发展的根本趋势，在此情境下，整个社会都变成了学习场域进而也成为教育活动场域，高等教育已经弥散到各种社会活动场域中。而且，高等教育本质上是一个实践问题，大学和社会的关系理论的构建和观念的改变，有必要重视实践的经验归纳。据此看来，大学和社会的关系，不应再拘泥于"适应论"和"非适应论"，让大学融合社会进而促进二者的双向繁荣，才是未来高等教育发展的方向。

4.2 地方高校与产业转型升级

一、我国产业转型升级现状

党的十八大以来，我国产业结构升级不断推进，产业结构实现了布局的成功转型，也就是说第三产业在三产中居于首位，同时，我国经济增长速度开始放缓，进入到中高速增长阶段，我们将这个发展状态称之为"新常态"，新常态包括经济增速和发展方式两个方面。一方面，我国经济增速降到7%左右，另一方面，我国开始加快经济的结构调整。经济"新常态"标志着"人口红利"和"制度红利"逐渐消退，也给以劳动密集型产业为基础的产业升级带来了严峻挑战。加上中国老龄化问题逐步显现，依靠廉价劳动力带动经济持续增长已经失去其客观基础。此外，三大产业中的社会固定资本投入额绝对值逐年递增和增速逐年下降，也预示着我国三大产业的发展对资本投入的依赖度正逐年减小，试图以高资本投入带动产业结构转型升级的粗放模式将很快被取代。

为此，我们必须依靠创新驱动打造发展新引擎，培育新的经济增长点，持续提升我国经济发展的质量和效益，开辟我国经济发展的新空间，实现经济保持中高速增长和产业迈向中高端水平双目标。《中华人民共和国国民经济和社会发展第十四个五年规划和2035年远景目标纲要》（简称"十四五"规划）提出"坚持创新在我国现代化建设全局中的核心地位，把科技自立自强作为国家发展的战略支撑，面向世界科技前沿、面向经济主战场、面向国家重大需求、面向人民生命健康，深入实施科教兴国战略、人才强国战略、创新驱动发展战略，完善国家创新体系，加快建设科技强国"。改革开放以来，特别是党的十八大以来，在创新驱动战略的推动下，科技含量在产业发展过程中的比重不断增加，我国高技术产业发展呈现良好的发展势头，高技术产业在生产经营和科技活动两个方面均呈现强劲的增长势头，以创新驱动助力中国产业结构转型升级具有良好的发展前景。

创业驱动产业升级，高校发挥着不可忽视的力量。作为科技创新的主要力量，近年来，高校在专利申请、科技研发和服务社会等方面都发挥了重要的推动作用。

（一）专利数量持续提高，创新能力不断增强

随着中国创新发展的稳步加快，中国的科研活动在许多领域已跻身世界前列，并取得丰硕成果。据相关统计，我国专利申请受理量和授权量从1991年的45686件和21395件增加到2016年的3305225件和162881件，年均增长率分别为33.03%和33.49%。两者都在高速增长，加速了中国专利数量的快速上升，使中国成为名副其实的"专利强国"，创新能力较以往有了显著提升。❶

（二）科技投入持续增多，国家科研实力显著提升

在创新驱动发展理念的指导下，研发投入强度逐年稳步上升。2015年，我国研发投入为1417亿元，比上年增长8.87%，远远超过日本同期的研发投入水平（2015年日本研发投入为1.74万亿日元，折合人民币898.09亿元）。2014年，我国研发投入强度为2.02%，首次超过2%，2015年进一步提高至2.06%，加快了我国创新型国家建设步伐。此外，各省市之间的研发投入强度也随时间逐年增加，但不同地区之间的研发投入强度存在明显的区域差异。以2016年为例，全国平均水平为2.07%，有8个地区研发投入强度高于平均水平，分别为：北京（5.96%）、上海（3.82%）、天津（3.00%）、江苏（2.66%）、广东（2.56%）、浙江（2.43%）、山东（2.34%）和陕西（2.19%）。其中大部分是东部沿海地区。中国的研发投入强度甚至超过了一些发达国家。这对提高我国创新驱动能力，加快建设创新型国家具有积极意义。

（三）产业结构实现转型，服务业比重持续增强

从中国产业结构变化发展史来看，第一产业产值占GDP比重不断下降，第二产业和服务产业占GDP比重逐年上升，在很长一段时间内，我国产业结构始终停留在"二三一"产业结构模式，体现在中国产业结构变革过程中"工业化"特征明显。直到2012年，我国第二产业产值与第三产业产值才首次持平。此后，第二产业产值比重逐渐下降，而第三产业产值比重继续稳步上升。并且，我国产业结构真正实现了"三二一"发展模式，产业结构优化趋势加强。

（四）产业园区规模化发展，创新驱动效果显现

随着我国经济从快速增长阶段转向高质量发展阶段，产业结构转型升级必须依靠

---

❶ 袁航. 创新驱动对中国产业结构转型升级的影响研究[D]. 北京：北京邮电大学，2019.

创新驱动来实现。我国通过体制优势，大规模开展产业园区建设，为产业结构升级提供了新动力。自1988年北京中关村科技公园成立以来，中国已经兴建了16000余个高新园区，吸引企业近百万家，从业人员近2亿人，成为驱动中国经济创新发展的高地，是地区高新技术产业发展的重要基地和拉动地方经济发展的重要支撑点和新增长点。高新园区也改变了劳动力结构，第一产业从业人员下降，第二产业从业人员上升，第三产业从业人员增幅较大，也促进了产业结构的不断优化。

二、地方高校促进产业转型升级

地方高校是地方经济社会发展的重要组成部分，承担着为区域经济社会发展提供高层次人才培养的使命。因此，地方高校在地方经济建设、文化建设、政治文明建设和创造学习型社会中具有重要作用。

（一）地方高校是高等教育大众化的主力军

随着信息时代加快，自然资源对社会进步的支撑作用日趋减弱，科学技术和人力资源的作用日益突出，以美国为例，第二次世界大战以后，美国农业生产的增长率八成源自人力资本，而物质资本仅占二成。我国是人口大国，也是人力资源弱国，特别是劳动力知识结构关注度偏低。经过近20年高等教育规模化发展，高等教育进入大众化进程，城乡人口素质显著提升，初步将人口负担转化为人才优势，显而易见的是，在我国承担高等教育大众重任的不是部委属高校，而是地方高校。地方高校要充分发挥骨干作用，转变观念，建立适应新发展阶段和新人才的素质教育，将传统的精英教育、学历教育模式转型为包容性精英教育、普及教育模式，转变以智力发展为中心，智力与非智力教育协调发展，实现从专业教育到通识教育的转变，从传授知识向培养能力、强调创新意识的转变。

（二）地方高校对地方经济发展、社会进步的主导作用

地方经济发展和社会进步的关键是实现现代化。实现现代化，必须走新型工业化发展道路，以信息化带动工业化，以工业化推进信息化，加快工业化进程。工业化是农业收入在国民经济收入中的比重和农业人口在总人口中的比重逐渐下降，而以工业为中心的非农业部门比重逐渐上升的经济结构变化过程。一些发达地区已进入工业化中后期，而一些落后或欠发达地区则刚刚进入工业化初期或正在走向工业化中期。地方高校要适应不同工业化发展水平对劳动知识和技术结构转型的需要，培养大批适应产业结构和技术结构调整需要的技术应用型和实用型人才。在工业化进程较快的地

区，由于信息产业的发展和高新技术的大量应用，对高水平大学毕业生的需求更加迫切，地方高校应重视发展研究生教育。因此，地方高校办学要贴近工业化发展不同阶段的需要，加快工业化进程。

我国是个农业大国，城镇化是打破城乡二元体制，消除城乡差别的重要手段。城镇化与工业化相互依存，相互促进。城镇化的过程是资源和经济要素的重新配置，是向优势区域的运动和集聚。几乎所有的地方高校都在中心城市举办，它们的知识传播和技术辐射可以惠及周边的小城镇。城镇化要求农村劳动力素质结构不断改善，农村劳动力不断向城镇转移，特别是农村中青年劳动力素质的提高。地方高校可以充分发挥自身的人才培养功能，注重办好小城镇教育和农村学校，实施教育下乡，为乡镇人才结构调整做出贡献。根据有关研究，人均国民收入在500~1000美元之间，是农业科技人才最旺盛的时期。❶我国正处于农业现代化的初级阶段，如何提高农业生产力是一个亟待解决的重大问题。地方高校要根据地方农业现代化发展的需要，面向农村培养技术、应用农业技术人才，直接面向"三农"进行科技教育，帮助传统农业向工业化、集体化、国际化方向发展，成为农业科技转化为生产力的引导力量。

（三）地方高校在地方技术创新系统中的主力军作用

创新是地方经济发展的源泉。技术创新是将发明创造和科技成果引入生产体系，形成一种新的组合并产生经济效益的过程，它包括产品创新、工艺创新、制度创新、市场创新、资源开发创新、组织管理创新。技术创新是知识转化为生产力的中介。地方技术创新系统是在一定的地理区划范围内与技术创新全过程相关的组织、机构间相互作用而形成的推动技术创新的网络体系，其中企业是创新的主体，高校和科研机构是重要的创新源。我国除了少数大型企业具有自主创新能力外，大多数企业特别是中小型企业技术创新能力都很弱。地方高校要充分利用自身优势，加强同中小企业的联系与合作，帮助中小型企业弥补技术创新能力的不足。应积极调整专业和课程设置，重点解决中小企业急需的紧缺人才，为中小企业建立多层次的职工培训体系，加强对中小企业经营者和技术骨干的培训，发展继续工程教育，不断提高中小企业经营者、技术人员的素质，为中小企业建立多层次的人才支撑。

地方高校在促进中小企业技术创新过程中，要成为中小企业加强技术创新的指导力量。在传统产业的技术改造，新技术引进、推广、吸收、提高方面，地方高校都可以加强和中小企业的合作攻关，根据企业发展的需要推进技术创新。地方高校可以鼓

---

❶ 郭建军. 我国城乡统筹发展的现状、问题和政策建议[J]. 经济研究参考，2007，（1）：24-44.

励和帮助中小企业加强制度创新。我国有相当数量的中小企业是家族管理制,随着企业业务的拓展,规模的扩大,急需导入现代企业制度,地方高校在这方面可以为企业的制度创新提供有力的支持和服务。如帮助这类企业落实技术要素参与分配,知识产权参与投资的政策,彻底改变家族管理制度;加强企业文化建设,进一步增强企业凝聚力。随着经济国际化的发展趋势,有的中小企业也将面临着直接参与国际竞争的新环境,地方高校可以帮助它们转变经营理念,积极实施"走出去"的发展战略。地方高校在大力扶持民营科技企业,加快培育高新技术产业方面也大有作为。

（四）地方高校在建设学习型社会、促进人的全面发展中的基础作用

学习型社会的发展目标必然要求我国加快高等教育发展,一方面是接受高等教育人和比例的增加,也就是推进高等教育大众化和普及化发展进程,另一方面就是成人接受高等教育机会的扩大。这两方面都充分反映了社会发展对职业型高等教育的要求。学习型社会的形成与发展是同信息化、高科技和经济全球化密切相连的,完成工业化、实现现代化、发展知识经济是学习型社会形成的动力,学习型社会又是知识经济发展的必然要求和表现形式,是知识经济得以发展运行的条件之一。学习型社会要求"人人都是学习之人,处处都是学习之所",要使学习成为每个人生存发展的一种方式,学习将成为全社会经常化、普通化、制度化的行为。创建学习型城市、学习型社区、学习型个人是形成学习型社会的基础。进一步开发社区人力资源,提高人均受教育年限,把知识、技术普及给人民,提高不同层次、不同职业者的学习能力是全面实现第二个百年奋斗目标的必要条件。地方高校是推动学习型城市、学习型社区建设的生力军和先锋队。地方高校要在人民大众的终身教育、终身学习中起到"动力源"和"加油站"的作用。对于未能接受过高等教育的社会成员,地方高校应该成为他们吸收新知识、继续深造的学习家园。对于追求成功、卓越的大学毕业生来说,随着科学技术的突飞猛进和知识更新速率的加快,各行各业的人才都要随着一生中岗位的变迁或社会工作领域的扩大不断地回归高校,接受继续高等教育,只有这样才能有效地面对社会挑战和机遇。江泽民同志在第三次全国教育工作会议上指出:"各级党委和政府,都要将教育纳入战略发展重点和现代化建设的整体布局之中,切实把教育作为先导性、全局性、基础性的知识产业和关键的基础设施,摆在优先发展的战略重点地位。"地方高校作为地方教育的龙头,理应成为"建设学习型社会、促进人的全面发展"的基础设施,发挥基础作用,要在社会上铺设学习管道,建立覆盖面宽的终身学习网络,及时创造学习机会,满足大多数人的求知需求。

当前我国经济发展进入新常态,产业转型升级和经济结构调整不断加快,各行业对高素质技术技能人才的需求越来越紧迫。这种需求一方面取决于各国在全球价值链中的位置——一个国家某特定时间点在全球价值链中所处的位置，决定着该国主要技术技能人才需求层次及规模；另一方面，这种需求也取决于人才的创新实力。人才结构决定着产业结构，人才决定着一个区域的创新实力和发展潜力，在国家创新驱动发展战略下，改革地方高校人才培养模式，推进毕业生高质量就业创业，是地方高校主动适应国家经济产业调整布局、实现新技术强国战略的主体需求，如果没有大量高素质技术技能人才的支撑，区域创新发展、产业转型就无法实现，这是地方高校通过创新人才工程服务行业和企业协同创新、共同推进产业转型升级的重要发展举措。因此，高素质技术技能人才在加快产业优化升级、提高企业竞争力、推动技术创新和科技成果转化等方面具有不可替代的重要作用。

与高校促进产业升级相对应，产业升级也倒逼高校产教融合。地方高校已然呈现出蓬勃发展态势，其契合区域产业发展的专业结构体系与经济社会发展要求相适应，有力助推我国经济社会发展和产业转型升级。然而，以新能源、新材料、人工智能广泛运用等为主要特征的新一轮科技革命已蔚然成势，在国家实施"中国制造2025"战略前提下如何适应新一轮产业革命和科技革命的要求、劳动密集型企业如何实现向自动化和智能化的转变、如何实现产教融合促进产业转型升级，成为地方高校的时代命题。当前，我国地方高校产教融合大多还停留在宏观政策和理念层面，具体表现在：一是学校层面的多，专业（系部）层面的少；二是实训教育、学生就业层面的合作多，科技研发、社会服务层面的合作少；三是企业为学校提供的帮助多，学校为企业提供的服务少；四是人情关系型合作多，长效机制型合作少。针对以上问题，地方高校应着眼于学校发展系统提出如何主动对接产业，服务地方发展战略，从而构建高职院校产教融合机制，以促进产教融合政策和理念的落地。

4.3 产教融合是地方高校推进产业升级的有效方式

产教融合是产业与教育的深度合作，是高校与行业、企业各自依托自身的优势资源，以服务经济社会发展和区域产业转型升级为出发点，以校企合作为主线，以合约和互信为基础，以共同培育高素质技术技能人才为核心，以互惠互利、合作共赢为动力，以文化互通为支撑，以共同开发合作项目、科技成果转化和技术转移为载体的产业与教育之间各要素的深度融合，是各参与主体相互支持、相互促进、相互合作的一种教育经济活动形式，是高校为提高其人才培养质量而与行业、企业之间开展的深度合作。地方高校产教融合的本质可以归结为产业和教育密切结合，相互支持、相互促进，在产中教、教中产、产中创，形成产业经济与地方高校浑然一体的互动合作的有机整体。

产教融合标志着地方高校改革进入了系统性、整体性变革的新阶段。因此，需要深入探究产教之间的内在关系，分析产业转型升级的核心内涵，根据教育链、人才链与产业链、创新链"四链"的经济学理论，深入探讨产教融合的理论与现实诉求，在人才培养供给侧和产业需求侧的双向结构要素中有效促进全面深度融合，构建产教融合推进产业转型升级的长效运行机制，培养高素质创新人才和技术技能人才，提高地方高校服务区域经济发展和创新驱动发展的能力。

地方高校产教融合的最根本任务就是将地方高校的技术创新成果通过企业转化为现实生产力，这不仅能让新技术应用人才最大限度地与本土经济产业相结合，而且能将地方高校传统的人才聚集优势转化为新技术应用人力资源优势，从而推动企业技术革新和区域产业转型升级。随着地方高校产教融合改革向纵深推进，地方高校产教融合已远超地方高校人才培养和校企合作领域的范畴。地方高校产教融合其内涵与外延已经延伸到包括教育和经济等在内的整个社会系统，它不仅是教育系统，更是经济系统的重要构成部分，已成为促进教育系统、人才系统与产业系统、经济系统围绕技术应用和技术进步而实现融通、共享和创新，实现政校行企协同育人，推进高等教育和产业转型升级的重要发展方式。从教育角度来看，地方高校专业设置要积极主动对接经济社会发展和区域产业布局，为支撑产业发展服务，通过科技成果、人才资源和社会服务的输出，使得教育的价值得到充分实现，使得高素质技术技能人才、高等教育的教育与培训、教育高质量品牌效应得到有效供给，使学校成为集人才培养、科学研究、科技服务为一体的产业性经营实体，为区域产业转型升级和经济社会发展提供支持与保障。

国家也一直倡导高校服务产业升级，并制定了一系列政策加以引导。1996年颁布的《地方高校法》要求地方高校实行产教结合，与企业密切联系，培养实用人才。随之相继出台的《国务院关于大力推进职业教育改革与发展的决定》《关于以就业为导向深化高等地方高校改革的若干意见》《国家中长期教育改革和发展规划纲要（2010—2020年）》《中共中央关于全面深化改革若干重大问题的决定》，对产教融合的理念和措施做了进一步丰富。首次在国家层面的文件中明确提出"产教融合"的是

2014年出台的《国务院关于加快发展现代职业教育的决定》，该《决定》提出要深化产教融合、校企合作，标志着地方高校产教结合得到了进一步提升。从产教关系的发展历程看，国家不仅提出了产业部门参与地方高校的广度、深度等方面的相关要求，也进一步明确了产业部门与地方高校的关系及其在地方高校发展中的地位和作用。

2019年，国家发展改革委、教育部等6部门印发了《国家产教融合建设试点实施方案》，指出深化产教融合，促进教育链、人才链与产业链、创新链有机衔接，是推动教育优先发展、人才引领发展、产业创新发展、经济高质量发展相互贯通、相互协同、相互促进的战略性举措。开展国家产教融合建设试点，要坚持以习近平新时代中国特色社会主义思想为指导，全面贯彻党的十九大和十九届二中、三中全会精神，深入贯彻全国教育大会精神，坚持新发展理念，坚持发展是第一要务、人才是第一资源、创新是第一动力，把深化产教融合改革作为推进人力人才资源供给侧结构性改革的战略性任务，以制度创新为目标，平台建设为抓手，推动建立城市为节点、行业为支点、企业为重点的改革推进机制，促进教育和产业体系人才、智力、技术、资本、管理等资源要素集聚融合、优势互补，打造支撑高质量发展的新引擎。其中明确要求探索建立体现产教融合发展导向的教育评价体系，支持高职院校、应用型本科高校、"双一流"建设高校等各类院校积极服务、深度融入区域和产业发展，推进产教融合创新。产教融合从职业院校延伸到了全部高等教育范畴。

这些政策完善了"政府、行业、企业等部门参与高等教育的宏观（产教融合）、中观（校企合作）和微观（工学结合）的要求"[1]，并极大推进了区域产业转型升级和社会经济的快速发展。但这些政策文件并非法律文件，未能从立法视角厘清产教融合的法律关系及相关主体的权利和义务，没有清晰地界定产教融合的资金制度、办学制度、利益回报机制，对于产业部门参与高等教育的行为并不具有约束性。

产教融合是关乎高等教育质量提升、内涵式发展及地方高校社会服务职能充分发挥、释放区域创新能力的重大战略。2017年党的十九大报告中强调优先发展教育事业，要深化产教融合、校企合作，同年国务院办公厅出台了《关于深化产教融合的若干意见》。2019年《加快推进教育现代化实施方案（2018—2022年）》则提出明确完善地方高校和培训体系，深化产教融合、校企合作。直至2019年9月，《国家产教融合建设试点实施方案》出台，要求深化产教融合。在具体实践中，产教融合还存在许多堵点和痛点，亟须将产教融合上升为国家教育改革和人力资源开发的基本制度和战

---

[1] 罗汝珍. 职业教育产教融合政策的制度学逻辑分析[J]. 职业技术教育，2016，37（16）：8-13.

略，并相应予以疏通和破解。❶产教融合是推动教育优先发展、人才引领发展、产业创新发展、经济高质量发展相互贯通、相互协同、相互促进的战略性举措。作为国家人力资源开发和人才储备的制度性安排，作为推动高等教育体系与现代产业体系协同发展的核心体制机制，地方高校产教融合对社会经济发展和产业转型升级具有基础性、引领性、全局性作用。

4.4 地方高校产教融合与科技成果转化

科技成果转化的概念可分为广义和狭义两种。广义的科技成果转化应当包括各类成果的应用，劳动者素质的提高，技能的加强，效率的增加等等。因为科学技术是第一生产力，而生产力包括人、生产工具和劳动对象。因此科学技术这种潜在的生产力要转化为直接的生产力，最终是通过提高人的素质、改善生产工具和劳动对象来实现的。从这种意义上讲，广义的科技成果转化是指将科技成果从创造地转移到使用地，使使用地劳动者的素质、技能或知识得到增加，劳动工具得到改善，劳动效率得到提高，经济得到发展。狭义的科技成果转化实际上仅指技术成果的转化，即将具有创新性的技术成果从科研单位转移到生产部门，使新产品增加，工艺改进，效益提高，最终经济得到进步。我们通常所说的科技成果转化大多指这种类型的转化，所讲的科技成果转化率就是指技术成果的应用数与技术成果总数的比。

2019年5月，习近平总书记在南昌主持召开推动中部地区崛起工作座谈会并指出"要完善科技成果转移转化机制，走出一条创新链、产业链、人才链、政策链、资金链深度融合的路子"，对进一步推动科技成果转化提出了新指示新要求，指明了方向。党的十九大报告指出，要坚定实施创新驱动发展战略，加快建设创新型国家，深化科技体制改革，促进科技成果转化。党的十九届四中全会决定对加强科技创新做出重大部署，提出创新科技成果转化机制。

高等院校是国家创新体系的重要组成部分，是科技创新最主要的表现形式，科技成果转化不仅是高校科技活动的重要内容，同时也是高校的重要职责，是判断高校社

---

❶ 刘海明. 产教深度融合：高职院校推进区域产业转型升级的战略选择[J]. 高等工程教育研究，2020，（6）：129-135.

会服务能力的重要标准。世界一流大学和一流学科建设、地方高校转型发展、产教融合战略都明确了高校科技成果转化的目标任务，为新时代地方高校的高质量内涵式发展提出新的具体要求。

一、地方高校科技成果转化现状

（一）高校科技成果转化总体情况

近年来，特别是党的十八大以来，随着科技成果转化系列政策法规的逐步落实，高校的科技成果转化活动日趋活跃，科技成果转化成效显著。

1. 科技成果转化规模持续攀升

一是以转让、许可、作价投资方式转化科技成果的合同项数和合同金额不断提升。2018年，3200家高校以转让、许可、作价投资方式转化科技成果合同项数为11302项，其中3096家单位的同比增长为6.7%，合同金额达177.3亿元，同比增长52.2%。二是转化合同收入超过一亿元的单位数量，以转让、许可、作价投资方式转换科技成果合同总金额超过一亿元的单位，有32家，同比增长14.33%。三是财政支出项目产生的科技成果转化合同金额增势显著。财政支出项目产生的科技成果，以转让、许可、作价投资方式转化合同金额为56.1亿元，同比增长78.4%，其中，中央财政支出项目产生的科技成果转化合同金额为49.8亿元，同比增长120%。

2. 科技成果高价值转化不断涌现

科技成果交易均值大幅提高。以转让、许可、作价投资方式转化科技成果的平均合同金额为156.9万元，同比增长42.6%；技术入股金额增长强劲。一般认为，科技成果作价入股更能吸引科研人员后续参与，反映了单位和科研人员对成果转化的信心。2018年，以作价投资方式转化科技成果的合同金额达79.2亿元，同比增长56.2%，作价投资平均合同金额达1599.3万元，同比增长51.9%，分别是转让、许可平均合同金额的23.3倍和11.1倍。大额科技成果转化项目频出。2018年单项合同成果超过1亿元的有30项，超过5000万元的合同达到60项，超过1000万元的232项。

3. 科技成果转化奖励显著增长

一是现金和股权奖励总额持续提升，股权奖励金额增速明显。2018年，个人获得的先进和股权奖励金额达到67.6亿元，同比增长44.9%，其中股权奖励为42.6亿元，同比增长75.8%。二是研发和主要贡献人员获得的奖励金额有所增长。研发与转化主要贡献人员获得的现金和股权奖励总金额达63.5亿元，同比增长50.9%，占奖励个人总金额67.6亿元的比例达到94%。三是奖励人次小幅增长，人均奖励金额增速明显。现金和股权奖励科研人员6.8万人次，同比增长3.4%，人均奖励金额9.9万元，同比增长40%。

4. 助力创新驱动发展能力显著提升

一是高校输出技术和服务的能力不断增强，技术转让、开发、咨询、服务（简称"四技"）合同金额小幅增长。2018年，3200家高校院所签订四技合同金额达到930.8亿元，同比增长16.6%。其中四技合同金额超过1亿元的单位达205家，同比增长27%。二是与企业共建成果转化平台、创新和参股新公司数量不断增多，科技成果供需双方的有效对接能力逐步提升。2018年，与企业共建研发机构、转移机构、转化服务平台总数为8247家，同比增长14.8%。创设和参股新公司2155家，同比增长16.2%。三是兼职从事科技成果转化和离岗创业人员略有增长，智力流动不断强化。高校兼职从事成果转化和离岗创业人员数量为11057人，同比增长5.5%。

（二）地方高校科技成果转化情况

2019年，中国科技成果管理研究会、国家科技评估中心和中国科学技术信息研究所联合发布了《中国科技成果转化年度报告2018》，对2018年我国科技成果转化情况进行了分析汇总，报告综合采用数理统计、专家咨询、电话访谈及实地调查等方法，综合分析了填报单位科技成果转化进展和成效，特别是对中央所属高校109家和地方高校1134家数据进行了分析。❶从报告数据可以看出地方高校在科技成果转化方面的情况。

2018年，中央所属高校科技成果转化合同项数变化不大，合同金额和平均合同额均增长较快。2018年，中央所属高等院校以转让、许可、作价投资三种方式转化科技成果合同项数为2586项，同比减少3.2%，合同金额为48.7亿元，同比增长48.4%。科技成果转化平均合同金额为188.4万元，同比增长53.3%。

地方高校科技成果转化合同项数、合同金额稳步增长，平均合同金额持续提高。以转让、许可、作价投资三种方式转化科技成果的合同金额为27.1亿元，同比增长41.4%；平均合同金额为49.3万元，同比增长19.7%。合同项数为5846项，同比增长18.1%。其中，上海科技大学科技成果转化合同金额达8.3亿元，江苏科技大学科技成果转化合同181项。

---

❶ 中国科技成果管理研究会，国家科技评估中心，中国科学技术信息研究所. 中国科技成果转化年度报告2018[M]. 北京：科学技术文献出版社，2019.

从全国财政资助项目成果转化情况看，中央所属高校受全国财政资助产生的科技成果转化合同项数略有减少，合同金额小幅增长。全年，受全国财政资助的科技成果与转让、许可、作价投资方式转化的合同项数为783项，同比减少2.2%，占中央所属高校转化合同项数的30.3%；合同金额为9.8亿元，同比增长25%，占中央所属高校转化合同总金额的20%。部属高校受全国财政资助项目产生的科技成果以转让、许可、作价投资方式转化的合同金额小幅增长、合同项数略有减少。合同金额达8.3亿元，同比增长28%，占部属高校受全国财政资助转化项目合同总金额的85.1%，合同项数为556项，同比减少1.1%，占部属高校受全国财政资助转化项目合同总数的71%。

地方高校受全国财政资助产生的科技成果转化合同项数略有减少，合同金额均有所降低。全年，地方高校受全国财政资助的科技成果转化合同项目数为627项，同比减少16.1%，占地方高校转化合同总项数的11.4%，合同金额为2.7亿元，同比减少17.2%，占地方高校转化合同总金额的9.9%。

近年来，高校的科技成果转化活动日趋活跃，但是通过数据对比发现，地方高校科技成果转化情况还有很多不足。地方高校数量多，分布广，并且学科专业布局与我国产业结构基本适应，其科技成果转化情况可以有效促进产业结构调整和升级。从目前数据分析，我们可以看出地方高校还没有在服务产业升级方面发挥应有力量。究其原因，主要因为长期以来，地方高校科技成果转化模式与市场需求脱节严重，产学研创新主体协同明显不够，中介服务还不健全，使得地方高校科技成果洞悉市场需求滞后、产出的科技成果技术成熟度较低、科技成果与"中试"开发环节缺乏有效衔接。

目前，国内高校科技成果转化大致有三种模式，分别是自办企业模式、合作转化模式和技术转移模式。其中，自办企业模式是依托高校自身的科技、人才和设备等条件入股创办科技企业并自主孵化科技成果的一种模式。而这种模式往往合作规模较小、涉及的技术简单，导致具有较强前瞻性的高校科技成果由于无法转移转化而闲置。加之这种模式由于没有遵循市场规律，大多照搬高校的管理模式，与现代企业管理方法脱节，造成市场竞争力不足，科技成果应用难以实现。

合作转化模式，是高校将技术直接转让给企业，或者企业将适合的高校科技成果产业化的一种模式，相比自办企业模式，该模式对高校和企业的规模条件没有严格的要求，因而这种模式应用得较为广泛。但由于没有发挥市场在研发方向、成果选择、技术路线等方面的导向作用，使得高校科技成果与中试、量产等生产环境的差距较大，风险资金难以投入到中试和量产等耗资较大的中间环节，导致科技成果难以达到有效产业化。在这种模式下，产学研三者的利益脱节，没有构成闭合回路，无法形成良性循环的长效机制，使得高校科技成果转化为现实生产力的能力有限。技术转移模式是通过技术转移机构，实现高校科学技术孵化产业化的一种模式，有大学科技园、校企联合研发中心和国家工程中心等多种形式。在这种模式下，技术转移机构多为事业单位或国企，它们为需要技术转移的团队提供办公场地、配套设施和一系列的相关服务，依托当地的区位和政策优势，以及高校的科技和人才优势，推动高校科技成果的转化。但由于这种模式目前发展并不成熟、产权关系更为复杂，加之信息沟通不顺畅、体制机制缺乏创新，使得这种模式下，没有发挥市场的导向作用，高校科技成果转化依旧困难。

技术转移模式是通过技术转移机构，实现高校科学技术孵化产业化的一种模式，有大学科技园、校企联合研发中心和国家工程中心等多种形式。在这种模式下，技术转移机构多为事业单位或国企，它们为需要技术转移的团队提供办公场地、配套设施和一系列的相关服务，依托当地的区位和政策优势，以及高校的科技和人才优势，推动高校科技成果的转化。但这种模式目前发展并不成熟、产权关系更为复杂，加之信息沟通不顺畅、体制机制缺乏创新，使得这种模式下，没有发挥市场的导向作用，高校科技成果转化依旧困难。

同时，产学研协同不够。长期以来，高校教师受"重研发、轻转化""重论文、轻专利"的考核评价体系的影响，专注于国家财政主导的纵向课题，偏重于基础理论和科学技术前沿问题研究，追求技术先进和成果新颖，而缺乏对市场的深入调研与发现，主管部门很少明确项目承担方的成果转化责任和期限，也没有将科技成果的转化情况纳入项目评估和考核的指标体系中来，使得高校的科技成果多处在实验室阶段，技术成熟度较低。同时，在对教师的考核与职称评定过程中，从事科技成果转化的教师常常处于弱势地位，转化一项重大成果的实效远不如发表一篇高被引论文。此外，就企业来看，部分企业为了在短时间内获得收益，往往追求短平快项目，使得产学研合作周期较短，针对产品及成套技术开发甚至技术路线创新所需的多元和复杂技术创新合作相对较少，面向产业长远发展的关键共性技术创新的合作意愿不足，限制了高校科技成果同市场的深度融合。

中介服务仍存在很大不足。目前国内服务于产学研合作的中介服务体系还未建立，权威的知识产权评估和技术转移服务机构还比较缺乏，服务的功能较为单一，专业化明显不足，大多数仅限于"牵线搭桥"式的中介信息服务，远不能满足技术转移和创新扩散的需要。而高校内部效仿国外建立的技术转移机构大多是高校的全资公司，往往沦为高校对接企业的职能部门，自身的造血功能不强，运作还不够规范，无法完成科研人员技术成果的"托付"。

二、产教融合背景下地方高校科技成果转化对策

地方高校要以产教融合、校企合作建构推进科技成果转化的系列措施，打造科技成果转化的基地平台，基于科技成果转化各自需求，消除制约科技成果转化的机制性障碍，实现产教融合在协同育人和科技成果转化两方面的双赢。在产教融合推进科技成果转化过程中，要充分发挥学校和企业的主体作用，高校要发挥科研优势，提供团队和信息资源等方面的支持，企业要发挥技术承接载体作用，提供产品研发和生产销售的渠道，并对高校提出人才培养、成果转化方面的要求。同时，产教融合的其他主体，如政府、中介和社会组织要关注、支持产教融合开展，在高校、企业发挥社会价值和经济价值方面起到促进作用。

一是高校要积极服务产业发展，加大应用型研发力度，做好科研与应用的衔接。

当前，以新技术不断更新和新产品不断升级为主要特征的新经济快速发展。高校必须考虑如何为市场开发先进的科技成果，企业必须考虑如何有效地承担科技成果以避免被市场淘汰。如何在激烈的市场竞争中促进科技成果的快速成功转化，促进行业的发展，是双方必须思考的问题。这就要求高校研发的科技成果要满足当前市场和企业发展的需要，避免研发和应用脱节；同时，要求企业建立能够承载科技成果转化的平台，避免转让与承接的脱节。成果转化是否成功的检验依据是成果能否满足企业的需求，能否生产出成熟、稳定、可靠的新产品，能否具有经济效益。因此，高校在科技成果转化过程中，应充分抓住产学研一体化的机遇，积极面向企业，研究市场，整合社会资源和企业资源，解决科技产出、人才短缺、资金不足等一系列问题。深化产教融合，实现校企合作，有利于高校坚持"以市场为导向"的科研理念，有利于企业坚持"以效益为目标"的转化原则，有利于校企合作，实现科研开发、成果转化和产业化的有效衔接。

二是产业要为教育提供引导服务，在成果、企业搭起合作桥梁。

在产业发展过程中，行业企业可以了解市场需求和产品开发方向，指导高校科研工作，使高校科技成果与企业发展需求有效对接，实现引导科研成果从实验室走向产业。在引导过程中，产教融合是高校与企业科技成果转化最有效、最直接的桥梁。通过学校与企业的高效协作，学校利用自身科研资源提供满足市场需求的技术，同时，

在高校科研团队的指导下，企业还承担成果技术承接和利用的功能，通过科技成果成功转化，产教双方实现各自的经济价值和社会价值。

三是企业提供科技成果转化平台，营造科技成果转化良好环境。

对于企业来说，任何产品或技术都是在经营中不断改进和进步的，这是一个渐进的过程。在此过程中，企业提供科研场地，双方共建科研与应用相结合的研究基地。科研成果在为企业提供技术支持的同时，在实践中不断完善和进步，从而增强了企业的科技实力和市场竞争力。因此，产教融合、校企合作，共同营造科技成果转化的环境是实现共赢的前提。同时，校企合作为高校科研走向市场、企业生产吸收技术提供了保障。

四是高校基于产业需求发挥人才培养主体作用，为科技成果转化提供人才保障。

人才是企业发展的根本保障，高校要通过产教融合培养人才在知识和技能方面满足企业对应用型人才的需求。高校的科研成果只有服务企业，走向市场才能体现其价值。为了满足各自的需求，企业要加强对教育和教学的参与，高校要加大对学生培养市场和企业运作方面的能力。通过产教融合、校企合作，建立以市场需求和应用为导向的人才培养模式，促进教育链与产业链的有机衔接，共同培养高素质创新人才。

五是发挥政府多元促进作用，构建政产学研一体的科技联盟。

政府以共赢为目标，引领搭建政府、高校、企业、中介、银行、投资机构等多方参与的技术研发和应用创新平台，出台相关政策，鼓励企业与高校共建科研实验室和产业化实验基地，共同开展应用技术研发；银行、投资机构和中介机构帮助引进产业投资基金或政策贷款，支持高校创新成果产业化，帮助企业解决资金困难。在政府的推动下，产学研多方合作，打造高度协同的科研创新联盟。

4.5 地方高校产教融合推进产业转型升级的实践路径

产教融合是地方高校转型发展的目标和方法，也是地方高校特色发展的本质要求。针对目前产教融合存在的政府管理缺位、合作沟通机制不畅、企业行业缺乏主体意识、利益平衡机制不完善等方面的问题，地方高校要借鉴已经取得的成功经验，不断深化教育教学改革，加强顶层设计，统筹全局，发挥产教融合的主体作用，从加强制度建设、明确权责界定、深化教学管理机制改革等方面着手，与企业联手共同创建产教融合、校企一体化办学的长效机制，实现政府部门大力支持、社会力量积极参与、高校主体自主发展，助推地方高校产教融合深度发展。

一、构建多元化办学格局，创新多主体合作模式和育人机制

在主体结构调整中，主体合作的形成需要进一步扩大，形成多方共赢的运行模式。一是要探索产教联盟模式，将政府、企业、行业、学校、社会融为一体，推动多方主体的深度合作，立足主体共同利益，以培养专业技能和以高素质技术技能人才为目标，提高履约能力，构建优势互补、利益共享、风险共担的产教融合联盟。二是要以产教联盟为载体，推进与企业的课程建设和实训基地建设，共享共融资源和师资队伍，合作培养高素质的技术人才，真正形成以产业转型升级为核心的政校企共享共赢的融合结构，并在此基础上打造混合所有制产业教育集团。以地方高校专业群体为纽带，依托地方政府，引领行业合作，与行业龙头企业合作牵头，与行业协会、企业科研院所、院校等建立长期战略合作伙伴关系，开展多元主体共建，覆盖全产业链、辐射区域产业发展的产业教育集团，并充分调动产业教育集团内各研究院、高新企业等资源，形成校企师资互通并满足经济结构调整和产业转型升级的产学研创合作平台。三是要拓展产教供需对接渠道，应用大数据分析，与行业组织共同制定深化产教融合工作计划，打造市场运作、水平专业、共享共赢、开放发展的产教融合服务平台。通过平台汇聚区域行业人才供需、校企合作等供求信息，注重发挥行业组织人才需求预测、用人单位职业能力评价作用，健全毕业生就业质量年度报告发布制度，定期向各类主体提供精准化信息发布、检索等服务，并形成专业的服务报告。

在育人层面，需要加强对原有师资的改革力度，合理配置师资结构，创建多元育人的主体。首先，需要构建师资内部培养工程，注重对青年教师的培养，例如，采用以"企业人"标准锻炼新教师的先实践后上岗制度，实行"一对一"帮带培养办法，实施"双师双能型"相关教师认定标准和办法，打造双师型教师。其次，启用师资外部聘用工程，可聘请社会学者、科研人员以及行业企业专家和能工巧匠担任学校兼职教师队伍，建设兼职教师资源库，实行专兼教师结对互补，深化产教全方位融合的同时，助推地方高校培养技术技能型人才和多元化办学格局的形成。在此次基础上，引入教师行业融入度激励机制，建立教师外出实践制度，不仅鼓励专业教师担任社会兼职，参加与专业相关的团体组织、行业协会，通过政策支持担任国家行指委、专指委、教指委职务以及入选专家库的教师，提升教师积极参与融入行业的积极性，同时

支持在职教师定期到企业进行锻炼，将教师的行业企业从业经历作为认定教师资格的必要条件，实现教师科研与企业项目合作互通的认定。

二、全链式人才培养体系

一是以新技术应用为契合，推进人才培养模式与产业相结合。建立产教融合、协同育人的新技术应用人才培养模式，实现专业链与产业链、课程内容与职业标准、教学过程与生产过程对接。探索"企业出题、学校接题、教师解题、学生答题"的实践育人模式，以新技术为导向，以企业真实需求为基点，以智能化、时尚化、数字化项目为载体，促进企业需求融入人才培养全环节，实现产学研创相结合。探索跨专业产教融合订单班人才培养模式，以创新订单班管理模式为推手，以学校资源与企业资源相融合为载体，以职业资格认定、培训服务企业为目标，以校内培养与企业培养相结合的教学模式为平台，实现校企合作互利共赢，按照企业人才需要，共同制定人才培养协议与人才培养方案，共同参与人才培养过程。

二是以产业先进技术为元素，推进专业建设与产业相对接。主动应对以新技术、新产业、新业态和新模式为特征的新经济发展需求，将产业发展需求融入专业建设，根据社会需求、学校能力和行业指导，形成科学设置新专业的机制，打造地方（行业）急需、优势突出、特色鲜明的新技术应用型专业，对接经济社会发展和区域产业布局。融入区域产业转型升级下的先进技术元素，健全专业设置"正负面清单"制度，建立学校统筹和社会评价相结合的专业动态调整机制，严格实行专业预警和退出机制，综合运用招生计划安排、绩效奖励等手段，集聚服务区域经济社会发展和产业转型升级的能力，调整区域产业转型升级急需的专业方向，深化专业群建设，形成专业、专业群、专业集群并存的新形态，打造"对接产业、相对集中、错位发展、优势互补"的高水平专业发展新格局。

三是以人才培养方案为载体，推进课程体系改革与产业相适应。在现有专业基础课、主干课、专业技能应用和实践课的基础上，将产业科学管理元素引入教学管理和评价，将产业优秀文化元素融入教育教学过程，深化新技术应用课程体系改革，注重培养学生的技术技能和创新创业能力，有机融合专业教育、创业教育和产业发展，促进产教融合背景下新技术应用人才培养与企业发展的合作共赢，把企业的真实需求作为人才培养的重要参考，全面推行案例教学、项目教学，在学生毕业设计选题中引入行业企业的一线需要，营造良好的"产教融合"协同育人环境。使用现代信息技术推动信息化教学、虚拟现实技术、数字仿真实验、在线知识支持、在线教学监测等应用，通过校校合作、校企合作联合开发在线开放课程。坚持专业培养目标与产业需求一致，通过分层次、分阶段、分方向的课程设置，构建课程体系与岗位能力对应、课程内容与职业标准对接、教学组织形式与企业生产同步的课程框架，实现课程与岗位无缝对接，毕业即"就业"。

四是以产学研创一体化机制为支撑，推进实训基地建设与产业相匹配。采取政府财政拨款、企业投资、学校自筹、融资租赁等多元化、多渠道投融资机制，按照工学结合、知行合一的要求，打造生产、服务的技术和流程仿真技术技能训练体系与实训实习环境，开展校内外产学研创一体的产教融合实训基地建设。鼓励和引导企业以土地、设备、资金、技术、人才资源等多种形式深度、全面参与建设产教融合实训基地和平台。通过引企入校，共建产学研创一体产教融合实训基地，实现学校和企业在新技术应用人才培养目标上的一致；推行面向企业真实生产环境的任务式培养，实现学校实训教学与企业在就位岗位上无缝对接；多途径吸引企业将最新的技术设备用于学校教学，以实现教学设备与生产性设备在技术上保持同步。

三、构建教育服务社会发展的新生态

一是以协同创新为抓手，推进科技服务与产业相融通。鼓励将企业一线实际需求作为科技服务的重要来源，打造以企业为主体、产教深度融合的科技创新体系，围绕区域产业的关键技术、核心工艺和共性问题开展立地式研发，推动新技术应用研究与产业化对接融通。搭建行业骨干企业联合共建协同创新中心、科技研发平台、企业研究院等科技服务平台，加强新技术、新产业、新业态研究，构建"行业领先企业+地方高校+专业服务机构+中小企业群"的产教融合发展平台。加快科技研究成果向产业技术转化，推进科技服务云平台、科技资源共享平台、技术创新专利导航平台等专业技术服务平台建设。完善学校科研评价体系，鼓励行业企业参与成果转化或示范应用，并将此成果转化成效作为项目和职称评定的重要内容。

二是以开放共享为目标，推进社会培训服务与产业相衔接。在新型城镇化过程中，大批一线劳动者面临技术提升、技能深化、职业转换、城市融入等困境，地方高校要主动承接地方政府的社会培训任务，瞄准传统产业改造升级和新兴产业的发展，加强与行业和领先企业合作，创新形式多样、贴近需求的教育培训方式，联合行业企业开展职业技能竞赛、行业技术比武、创新成果评选等活动，大力发展促进先进技术

应用社会培训服务，使学校成为社会依赖的培训服务基地、顺应传统产业变革的换乘站以及促进新兴产业发展的人才聚居地。同时，地方高校要建立健全开放共享机制，校企共建"互联网+"培训平台，开发立体化、可选择的产业技术课程和职业培训包，不仅面向院校提供学生实训、师资培训等服务，而且面向全社会提供职业培训、技能鉴定、产品生产、技术研发等多种公共服务。

三是以国际交流为突破，推进国际化人才培养与产业相融合。促进优质资源"引进来"，创新符合国情、符合地方高校特色的产教融合国际化人才的协同培养模式。引进海外高层次人才，以共建专业、共建基地、教师交流、学生交换、科学研究等多种合作形式，转化国际先进地方高校资源并深度整合。拓展与发达国家院校的合作办学，引进并结合自身优势开发成熟、适用的国际通用职业标准、专业课程标准以及丰富的数字化教育资源等，建立中外合作办学机构、研发机构、技术技能人才培养培训基地和教育合作平台等，成为国际事务的参与者、国际标准的建设者、国际资源的提供者和中国企业国际化的协同者。深化产教协同"走出去"，配合中国企业重点在"一带一路"沿线国家和地区培养中国企业海外用人标准的本土化人才，构建产教融合视域下中国高等教育国际化人才培养标准，全面服务国家"走出去"战略，展示中国特色并提供中国经验。

第5章

协同创新理论与地方高校产教融合

人才培养始终处于高校各项工作的中心地位，对地方高校而言，承担着为行业和区域经济社会发展培养应用型人才的历史使命。随着我国经济发展进入新阶段，人才供求关系发生深刻变化，伴随产业结构升级，高等教育结构矛盾不断显现。高校就业难和企业招工难的矛盾迫切需要建立复合型和创新型的人才培养机制。对于高校而言，大力实施产教融合的根本目标就是提高人才培养质量，通过校企合作、产学研一体化协同育人，全面提高服务经济社会发展的能力。

5.1 协同创新与产教融合

一、协同创新理论

20世纪70年代，德国著名物理学家哈肯综合了系统论、信息论、控制论、突变论等理论基础，采用统计学和动力学相结合的方法发表了《协同学导论》，提出协同理论，描述了各种系统和现象中从无序到有序转变的共同规律。协同论原属于自然科学理论，是研究不同事物共同特征及其协同机理的新兴学科。

协同理论的主要内容有协同效应、伺服原理、自组织原理等三方面，但是其使命并不仅仅是发现自然界中的一般规律，而且还在无生命自然界与有生命自然界之间架起了一道桥梁，具有了普适性特征，为我们研究自然现象，而且为我们研究生命起源、生物进化、人体功能乃至社会经济文化的变革这样一些复杂性事物的演化发展规律提供了新的原则和方法。

协同论产生之后，管理学研究引入协同论，对管理理论的发展以及对解决现实管理领域中的问题起到了深远影响，并为管理学研究提供了新的思维模式和理论视角。管理系统本身是一个复杂性开放系统，协同论的自组织原理告诉我们，任何系统如果缺乏与外界环境进行物质、能量和信息的交流，其本身就会处于孤立或封闭状态。系统只有与外界通过不断的物质、信息和能量交流，才能维持其生命，使系统向有序化方向发展。管理系统是一个复杂的开放系统，说它具有复杂性是因为管理系统一般由人、组织和环境三大要素组成，而每个要素又嵌套多个次级要素，其内部呈现非线性特征。而它又是开放系统，是因为它通过不断地接受各种信息，并经过加工整理后，将管理对象所需的信息输出。管理系统就是在不断地接收信息和输出信息的过程中向有序化方向完善和发展。

随着知识经济的到来，在现代信息技术、知识经济理论、企业管理思想和现代管理理念基础上，知识管理的概念应运而生，并最终形成了协同创新理论。协同创新是以知识增值为核心，企业、政府、知识生产机构和中介机构等为了实现重大科技创新而开展的大跨度整合的创新模式。协同创新是通过国家意志的引导和机制安排，促进企业、大学、研究机构发挥各自的能力优势、整合互补性资源、实现各方的优势互补，加速技术推广应用和产业化，协作开展产业技术创新和科技成果产业化活动，是当今科技创新的新范式。

协同创新是一项复杂的创新组织方式，其关键是形成以大学、企业、研究机构为核心要素，以政府、金融机构、中介组织、创新平台、非营利性组织等为辅助要素的多元主体协同互动的网络创新模式，通过知识创造主体和技术创新主体间的深入合作和资源整合，产生系统叠加的非线性效用。

协同创新的主要特点有两点：（1）整体性，创新生态系统是各种要素的有机集合而不是简单相加，其存在的方式目标功能都表现出统一的整体性；（2）动态性，创新生态系统是不断动态变化的，因此，协同创新的内涵本质是：企业、政府、大学、研究机构、中介机构和用户等为了实现重大科技创新而开展的大跨度整合的创新组织模式，协同创新是通过国家意志的引导和机制安排，促进企业、大学、研究机构发挥各自的能力优势整合互补性资源，实现各方的优势互补，加速技术推广应用和产业化，协作开展产业技术创新和科技成果产业化活动。

协同创新是各个创新主体要素内实现创新互惠，知识的共享，资源优化配置，行动最优同步、高水平的系统匹配度。当今时代，协同创新是科技创新的主要形式。实施协同创新，既能集中优势资源、提高创新效率，又能促进产学研用融合、创新成果和市场需求对接，提高创新质量。20世纪90年代以来，美、日等发达国家的科技创新绝大多数是通过协同创新实现的。进入21世纪，信息技术快速发展推动协同创新跃上了新台阶。

习近平总书记指出，"只有把核心技术掌握在自己手中，才能真正掌握竞争和发展的主动权，才能从根本上保障国家经济安全、国防安全和其他安全。"如何才能突破核心技术的瓶颈，逐步解决"卡脖子"的问题？一个行之有效的路径，就是发挥市场经济条件下新型举国体制优势，集中力量、协同攻关，为攀登战略制高点、提高我国综合竞争力、保障国家安全提供支撑。

经验表明，协同创新的有效执行关键在于协同创新平台的搭建，可以从两方面对协同创新平台进行宏观布局。一是面向科技重大专项或重大工程的组织实施，建设一批可实现科技重点突破的协同创新平台。通过重大专项和重大工程的部署实施，瞄准目标产品和工程，集成各类科技资源，坚持产学研用结合，加强各类承担主体的联合，建设支撑科技重大专项和重大工程的组织实施。二是面向产业技术创新，建设国家层面支撑产业技术研发及产业化的综合性创新平台，加快科技成果转化、产业化。特别是面向培育战略性新兴产业的协同创新平台，以重大的高新技术产业化带动新兴产业发展形成未来主导产业，协调相关创新组织，统筹加强科研设施建设和研发投入，促进战略性新兴产业的形成、崛起，形成具有国际竞争力的主导产业，带动产业结构调整。

除此之外，需要制定有利的政策与保障措施来支持和发展协同创新平台：一是建立协同创新平台的中央财政投入渠道，稳定支持培育具有产业技术综合竞争实力、具有较大产业化价值的研发组织。国家重大项目安排要优先向协同创新平台倾斜。在保障政府投入的基础上，发挥多方积极性，进一步吸收社会资金参与协同创新平台的建设与发展，形成国家与地方、企业联合共建机制。探索稳定支持与项目支持相结合、中央支持与地方支持相结合、财政资金投入与企业和社会资金投入相结合的多种支持方式和渠道。调动各种资源，加强集成与衔接，避免重复建设。二是要主动加强与现有人才发展规划、计划和工程的衔接，吸引和聚集优秀的创新人才，开展广泛的国际国内交流与合作。在不危害国家安全、不泄密的前提下，吸引来自世界各国优秀人才共同参与我国科技创新，提高基础研究、高技术前沿研究领域与产业创新的国际竞争力。

二、协同创新与产教融合

从人才培养角度看，协同创新理论为高校产教融合改革提供了更广阔的探索空间。高校在产教融合体系中承担的主要责任是高层次创新人才培养、基础性科学研究和前沿技术原创性研究。作为人才培养和知识创造的天然结合点，高校拥有丰富的人才资源、天然的科研优势，为后期科研成果的转化和产业化、市场运营、成果中试及资金募集等活动奠定坚实的基础，提供人力、物力、科研技术等多重资源保障，是协同创新中的重要主体。

参与产教融合的各创新主体在协同创新活动中都有明确的任务分工，针对形式多样的协同创新内容，各主体承担相应的主导责任。在面向企业开展的创新成果运用和解决关键性技术问题的协同创新中，应以企业为主导；在面向区域经济发展的协同创新中，则应以政府相关部门为主导；在面向科学技术前沿开展前瞻性研究和高技术领域创新突破性研究的协同创新中，高校发挥着主导作用。可见，虽然高校并非唯一主体，但发挥着重要的作用。当今世界，知识经济、信息经济快速发展，各国综合国力的竞争日益激烈。综合国力的竞争归根结底是人才的竞争，因而，培养高质量的创新人才成为高校教育的重要目标。高校拥有深厚的文化底蕴、优质的师资队伍、完备的实验器材、先进的科学技术、前沿的科研动态等丰厚资源，在创新人才的培养方面具有明显的优势。随着国家"985工程""211工程"的顺利推动，经过十多年的重点建设和大量的人力、物力、财力投入，许多高校的基础条件、学科建设、师资队伍、科学研究都得到极大改善，进入"双一流"建设阶段，一大批高水平的大学已成为我国培养高层次创新型人才的重要基地，为建设创新型国家提供了强有力的智力保障。

产教融合有利于协同创新。产教融合的目的是构建教育链、人才链与产业链、创新链有机衔接的新格局，是新时代培育经济发展新动能的重要抓手。中国经济已经由高速增长阶段转向高质量发展阶段，习近平总书记强调"发展是第一要务，人才是第一资源，创新是第一动力"。"三个第一"相互关联、相互作用，从而让创新成为引领高质量发展的第一动力，在新一轮全球创新竞争中赢得战略主动。习近平总书记在很多重要场合反复强调自主创新、铸国之重器的重要性。产教融合必须以"三个第一"重要论述为根本遵循。20世纪50年代以来，大学作为创新的领跑者，在变革中不断融入产业中，正如美国斯坦福大学之于硅谷。深化产教融合，促进教育链、人才链与产业链、创新链有机衔接，是建设创新型国家、铸国之重器必须解决好的重要问题。党的十九大报告指出，"深化产教融合、校企合作。加快一流大学和一流学科建设，实现高等教育内涵式发展。"这是我们党根据新时代的历史方位、主要矛盾和发展目标，着眼于教育如何更好地服务"加快建设实体经济、科技创新、现代金融、人力资源协同发展的产业体系"做出的重大战略部署。深化产教融合，从地方高校延伸到以地方高校、高等教育为重点的整个教育体系，构建教育链、人才链与产业链、创新链有机衔接的产教融合发展大格局，这是国家教育改革和人才资源开发的基本制度安排。切实把科教人才优势转化为发展优势，促进人才培养供给侧和产业需求侧结构创新要素全方位融合，对于我们全面实现第二个百年奋斗目标，建成高等教育强国，具有重大现实意义和深远历史意义。

5.2 创新校企协同育人的机制和模式

一、创新校企协同育人的思路

（一）明确校企协同育人切入点

改革开放以后，党中央确立了"经济建设必须依靠科学技术、科技工作必须面向经济建设"的指导思想，在党的十五大上，江泽民同志提出了"有条件的科研机构和大专院校要以不同形式进入企业或同企业合作，走产学研结合的道路，解决科技和教育体制上存在的条块分割、力量分散的问题"。多年来，作为科技创新的主体，高校同行业企业、科研院所的合作更多侧重于科研，校企合作成为科技成果转化为现实生产力的有效途径。与此形成鲜明对照的是，企业参与人才培养过程的积极性却不高，工程教育与工业界严重脱离，导致工科毕业生普遍存在着缺乏工程实践能力和工程创新意识，工程技术人员的创新动力、创新目标和创新毅力都十分缺乏。也出现了学生就业难、企业招人难的怪象。其原因在于没有重视建立企业参与人才培养的利益机制，社会也缺乏企业、科研院所参与高校人才培养的环境和氛围。因此，构建校企联合培养人才的利益共同体，调动企业参与高校人才培养的动力和积极性，成为工程教育改革的当务之急。

所谓利益共同体，就是社会成员在共同条件下结成的群体，成员之间存在着共同的价值、目标、信仰和利益。这些价值、目标、信仰和利益可以体现在经济、政治、文化和心理等各个方面。高校肩负着人才培养、科学研究、服务社会和文化传承四大功能，核心在人才培养，而企业是一种功利组织，其追求的是利润以及能够帮助产生利润的人力资源和技术资源。

目前我国高校同行业企业、科研院所在科技创新领域实际已经形成了利益共同体，但这仍不能吸引企业参与到高校人才培养中来，从本质上看，校企在科研领域的合作是技术采购与转让的过程，并不能因此就调动企业参与到学校人才培养，对一些教学型院校，不能提供持续有效的技术支持，就更难吸引企业参与到人才培养中来。所以，科研并非校企联合培养人才的最佳切入点。

我国正在走新型工业化道路和建设创新型国家，企业作为推动创新发展的主力军，需要大批优秀的工程技术人才，多年来，工业界批评教育界，在某种层面上也反映了工业界对卓越工程人才的渴望。企业缺乏参与高校人才培养的积极性，一方面是人才资源的市场化淡化了原有的工业界与教育界在人才培养上的紧密联系，加之市场竞争的压力和对安全的顾虑，企业缺乏接受学生实习的动力，另一方面，工程教育的科学化和人才培养模式的单一化，工程教师队伍缺乏工程背景，工程界很难参与到工程教育中来。因此，只有高校、企业、科研院所共同改革现有工程教育，让工程教育回归工程，使工程教育的各个环节聚焦于工业界的需求、聚焦于学生工程实践能力和创新能力的培养，才是构建校企联合培养人才的利益共同体的关键因素。

（二）要明确高校同行业企业、科研院所联合培养人才的基础

按照卡内基分类方法，我国以学位授予的层次和多少将大学分为教学型、教学研究型和研究型等，这一分类尽管颇受争议，却在一定层面上体现了我国高校的办学定位和办学水平。问题在于国家对高校实行行政化、分档次管理，导致大学办学目标和模式趋同化，加上考核评价机制的导向，所有类型的大学都重科研、轻教学，工程教育重理论、轻实践，将工程人才按照科学人才进行培养，最终形成了人才培养与社会需求的错位。

从产业结构方面看，我国目前正处在工业化中后期和转型期。突出表现在生产结构不够合理，结构升级较慢，经济增长质量不高。一般产品相对过剩与技术含量高、附加值大的产品短缺同时并存是最大特点。劳动密集型产业仍保持较强的比较优势，同时，传统的劳动密集型产业正在向新型劳动密集型产业，也就是向高新技术产业链上的劳动密集型环节升级。这种多样化的产业结构对工程人才提出了多类型和多层次的要求，而单一化、科学化的工程人才培养显然满足不了工业界的需求。

所以推动高校和行业、企业、科研院所联合培养人才，就必须首先解决以下基础问题。

1. 高校人才培养定位的问题。高校的办学历史、办学理念和办学特色是影响学校人才培养定位的重要因素，不同类型、遵循不同教育理念、不同特色的学校，对人才培养定位是不同的。我国高校在办学目标和发展模式上呈趋同化趋势，不断追求高层次和大规模，缺乏对自身优势和劣势的清醒认识，使人才培养定位脱离了社会对工程人才需求的实际。在培养模式上，工程人才培养科学化，培养的学生既满足不了高新技术产业的需求，在一般工业企业，又缺乏实践能力，不能很好地满足社会的需求。目前，我国工程师可细分为研发工程师、设计工程师、生产工程师和服务工程师四类，高校可根据自身的办学优势选择培养工程师的培养类型，并在专业设置、层次规格、培养方式、能力素质、知识结构等方面给予准确定位，避免恶意竞争和造成不必要的资源浪费。

2．高校与企业、科研院所对等性的问题。高校与企业、科研院所联合培养人才，就要基于高校人才培养定位，以各自发展和需求为导向，以资源共享为保障的基础上开展合作。目前在建或建成的国家工程实践教育中心，大部分都是依托国有大型企业，这些企业人力资源竞争相对激烈，对人才需求的层次相对固定，很难满足众多工科院校的需求。因此，各高校要以服务面向和学科专业结构为基础，充分挖掘有活力的中小企业的资源优势，实际上，这些企业更加渴望得到适合企业发展的工程技术人才，也更愿意同高校联合培养人才，要保护好、调动好这一部分企业的积极性，盲目追求国有大中型企业和境外企业，往往会名不副实。

3．高校同行业、企业、科研院所在人才培养中的责任问题。受计划经济体制的影响，我国工科高校大多带有明显的行业背景，至今仍保持着行业特色。必须明确行业、企业和科研院所在人才培养的职责，"唱响全社会各主体共担责任的主旋律"。行业部门掌握着行业发展的前沿与人才需求情况，要充分发挥行业部门的指导作用，以专业为单位，制定行业培养标准，以满足工业界的基本要求；学校作为人才培养的主体，要将教育理念进行战略性转变，坚持走开放办学之路，密切结合行业发展前沿，充分吸纳企业对人才培养的意见和建议，不断更新教学内容，满足行业需要；企业"要视与学校合作培养工程师为己任，并作为产业发展的战略任务"，充分发挥其在培养学生实践能力的指导作用，通过制定、落实企业培养方案，让学生了解企业文化，参与企业技术创新和工程研发，培养学生的团队合作意识和职业精神。

二、构建校企协同育人的机制

（一）厘清机制构建原则

校企合作是"大学内在发展逻辑和社会需求在协同发展中寻求共赢的过程"。当前，企业、科研院所参与高校人才培养的积极性不高，深度不够，校企合作育人的成效不能满足高等教育服务经济社会发展的需求。要扭转现状，吸引企业、行业深入参与高校人才培养，就必须改变等、靠、要的旧观念，扭转"教育理念跟不上教育对象的新变化"的现状。为此提出建立"一平台、两重点、三适应、四转变"的工作思路（简称"1234工作思路"）。

"一平台"是指高校要深挖自身办学潜力，以学科优势为支撑，以社会需求为导向，打造专业平台。通过调整人才培养方向，提升人才培养的适应性，以此为基础吸引企业、科研院所参与人才培养。

"两重点"是指在专业建设过程中，坚持以行业发展引领为重点，凝练特色，提升人才培养的针对性；坚持以行业标准指导为重点，积极参与工程教育认证和专业教育评估，提升人才培养的适应性。

"三适应"是指地方高校要实现办学模式、培养体系和文化育人三方面适应企业发展需求。办学模式适应产教融合的需要，实现学校主体办学转变为校企双主体办学；培养体系要适应产业发展需求，实现培养方案、师资队伍、实践平台都能满足创新型人才培养；文化育人要与红色文化、企业文化相融合，注重德才兼备。

"四转变"是指在校企合作育人工作中，要注重校企合作育人关系的四个转变。一是注重合作关系由松散向规范转变，注意实体构建。二是注重合作关系由单一向多元转变。校企合作育人不仅局限在校内培养，要充分发挥学校教学优势，扩大育人的覆盖面。三是注重合作关系由封闭向开放转变。学校要邀请企业、科研院所参与人才培养全过程，包括实践教学、实训实习、人才培养方案的制定与完善、课程体系的重构、人才培养模式改革和教材建设，要邀请企业工程师为本科生授课、作讲座，介绍工业界的发展趋势和技术前沿，促进工程教育与时俱进。四是注重合作关系由分割向协同转变。高校要探索产学研相结合的办学思路，促进科研教学相结合，人才培养与社会发展相结合，探索寓教于研的培养模式，以协同创新实现高水平科学研究支撑高质量人才培养。

（二）构建校企合作育人的机制

校企合作育人是指以高校、企业和科研院所为主体，以政府及行业机构为中介，按照教育教学规律和市场规律相结合，通过人才、知识、物质资源交换与共享，将提高高校人才培养质量作为根本目的的系统性活动。人才培养是吸引企业参与工程教育的最佳切入点，这就预示双方的合作是围绕人才培养这个核心任务而进行周期性活动。校企合作育人的机制是指高校、企业和科研院所从人才培养开始到结束过程中涉及各个环节的运行原理、相关制度及作用方式，通过一个健康发展的规则、程序，使参与人才培养过程中的各方相互作用、合理制约，从而实现良性循环。良好的运行机制是解决企业和科研院所为什么要参与高校人才培养的根本性问题。因此，要着力构建紧密、稳定、深层次的校企合作育人的运行机制，包括动力机制、激励机制、沟通协调机制和保障与约束机制等。

一是动力机制。校企合作育人的动力机制是高校、企业和科研院所在各自诉求、市场需求、政策推动等因素的综合作用下，围绕人才培养这个中心任务，使合作各方产生合作意愿，在政策、制度和方式等方面形成实质性的合作。这种合作的动力来自双方具有共同的利益诉求，各自占有能够互补的资源优势，且在完成同一目标均具有较高困难程度的情况下而共同选择的途径。推进校企合作的动力主要包括外部动力和内部动力，外部动力主要包括政府、市场、科技等要素，在校企合作中合起催化与推动作用，这种动力往往来自利益驱动。比如政府提供优惠政策、市场提供经济效益、科技提供技术资源等，这些都是看得见，见效快的。但是这些外部的动力，往往不能很好地实现校企合作育人的深入开展。内部动力才是校企合作培养人才的根本性问题。内部动力主要是以非利益因素和发展的因素作为驱动，是以人才培养为中心，以提高人才培养质量作为推动校企合作的纽带，涉及人才培养过程中各要素和资源的重组问题。目前，与校企协同推动科技进步取得重大成绩的现状相比，校企合作育人的成效不明显，企业、科研院所参与高校人才培养的积极性仍然不高，特别是对一些以教学为主的高校，不能保障提供持续有效的技术支持，吸引企业参与人才培养的难度就更为明显。我国正在走新型工业化道路，作为创新发展的主体，企业、科研院所需要大批卓越的工程技术人才。只有校企共同改革现有工程教育，让工程教育回归工程本身，让工程教育聚焦于工业界的需求、聚焦学生工程实践能力和创新能力的培养，使人才培养成为学校发展的"资本"，才是推动企业参与高校人才培养的最佳切入点和推动力。

二是激励机制。激励机制是通过对高校、企业、科研院所进行激励提高其积极性，促进合作各方能够持续参与人才培养并由此提高人才培养质量的作用机制。首先，要解决校企在人才培养工作中的对等性问题。企业、科研院所向高校提供资源，而高校要积极吸纳企业、科研院所共同治理学校，参与学校事务的治理与参与人才培养相结合，使相关企业、科研院所在学校治理中有充分的话语权。其次，在制度保障上，要建立健全校企合作育人的管理机制，通过立法对校企合作行为做出规定，保障校企合作的顺利实施；建立校企合作管理机构，制定规章制度以保障校企合作的有序进行；政府部门要加强宏观调控与管理，加大投入，制定税费减免等政策，完善经费保障制度，还要加大宣传力度，增强企业参与高校人才培养的荣誉感、责任感，在社会上形成一种"唱响全社会各主体共担责任的主旋律"。此外，提高工科大学生的工程实践能力和适应力，为企业提供人才保障，是吸引企业、科研院所参与高校人才培养最有效、最持久的创新激励手段。高校要根据自身的办学优势明确人才培养定位，并在专业设置、培养方式、层次规格、能力素质、知识结构等方面给予准确定位。同时，要结合企业需求，优化课程体系，注重工程师的培养类型，提高人才培养与产业发展的适应性。

三是沟通与协调机制。学校与企业、科研院所分属不同的社会组织，其运行的社会规则不同，追求的利益不同，掌握的资源与信息不同，合作各方在价值观念和合作理念方面均存在差异，同时，人才培养是一个长期过程，具有一定的前瞻性和延时性，这就必然导致各方在合作育人中由于信息不对称而产生矛盾和冲突。因此，必须要建立畅通的沟通渠道与协调机制，分享各方的利益诉求和相关信息，及时解决在合作过程中存在的矛盾和冲突。要建立多样化的信息沟通制度和平台，比如建立校企合作管理机构，定期召开会议，及时把握企业、科研院所参与高校人才培养的利益诉求，这是促进校企合作育人有效开展的前提；要建立第三方专业机构的准入机制，引进法律、财税、保险等第三方服务机构，运用市场调节的机制，为各方提供服务，这是促进校企合作育人有效开展的保障；要充分发挥政府和行业主管部门的宏观调控作用，建立行业人才需求的预警机制，制定人才培养的质量标准和指标体系，这是促进校企合作育人有效开展的关键；要建立教、职工情感促进机制，搭建合作交流平台，促进校企在育人方面全方位、深层次合作。

四是保障与约束机制。通过制度化的管理，规范高校、企业和科研院所在合作育人中的职责，约束各方的行为，保障各方的正当权益。首先，要出台相应的法律法规明确各合作方在合作过程中应承担的义务和职责，将合作的目的、职责、义务、权力等以合作细则方式在合作制度中制定，保障合作过程的实施。其次，要充分发挥行业协会的指导作用，通过制定规章制度、培训从业能力、认证从业资格、组织技能考试等方面，保障校企合作育人的有序开展。对缺乏动力或违背合作约定的行为进行控制和约束。促进校企合作育人的动力机制、激励机制、沟通与协商机制和保障与约束机制不是绝对孤立存在的。各合作方要紧紧围绕人才培养这个中心环节，协调各机制之间的关系，做到相互呼应、相互补充。针对我国高等教育具有很强的地域性特征，要充分利用市场机制实现区域高等教育资源的有序流动和优化配置，同时各合作方还要紧密围绕地方经济社会发展的实际，不断完善、适时调整合作机制，提高各种机制协同创新的效率，以实现人才培养质量的不断提升。

三、丰富校企协同育人的模式

（一）协同育人模式的逻辑基础

教育规划纲要将创新型工程人才的培养模式改革作为突破口来进行新一轮的工程教育改革，实质就是要解决工程人才培养与社会需求不适应的问题。高校必须从学校的内部培养走向开放的校企合作培养，邀请行业企业参与人才培养的全过程，使企业由单纯的用人单位变成共同培养单位，只有这样才能提高人才培养的适应性和质量，为工科院校进一步发展提供动力。

寻求校企合作，转变高校的发展方式，应该是"大学内在发展逻辑和社会需求在协同发展中寻求共赢的过程"。目前，无论是校企合作的深度、广度还是成效，都还不能很好地满足高等教育服务社会经济发展的需要，同发达国家相比还有一定的差距。主要表现在校企合作的内容比较狭隘、形式单一、缺乏互惠共赢的利益机制和互动交流的合作平台。所以，高校同行业企业、科研院所要不断完善联合培养人才的"动力机制、激励机制、沟通与协调机制、利益分配机制和约束机制"，形成学校同科研院所、行业企业"共谋发展前景、共建学科专业、共享优势资源、共研领先技术、共管人才培养"的"五共一体"的工作局面，以此构建学校同行业、企业、科研院所的利益共同体。在合作中，探索"一平台、两重点、三适应、四转变"的学校同行业、企业、科研院所合作新模式，使得行业企业、科研院所深度参与到学校人才培养的全过程。

一平台——打铁还需自身硬，高校要深挖办学潜力与学科优势，以学科专业优势为支撑，紧密结合行业发展需求，调整人才培养的方向，提高人才培养的质量，以此为基础，同行业企业、科研院所签署联合培养人才的合作协议，为人才培养搭建平台。

两重点——专业是人才培养的载体，高校要将提升专业建设水平作为提高人才培养质量的基础和关键，并将专业建设作为反映学校办学水平和体现学校办学特色的重要标志。一是要以行业发展为引领，凝练专业特色，提升人才培养的针对性；二是以行业标准为指导，积极参与工程教育认证和教育评估，提升人才培养的适应性。

三适应——工科高校要始终以服务行业和区域经济社会发展为己任，充分利用学科优势和人才优势，积极完善服务地方经济建设体制，努力在人才培养、科学研究、服务社会和文化传承等方面满足行业与地方发展需要，努力适应高等教育改革和发展的需求、适应国家走新型工业化道路、建设创新型国家人力资源强国的需求、适应行业企业发展的需求。

四转变——要通过四个转变，深化高校同行业企业、科研院所合作的机制，形成学校与行业、企业、科研院所联合培养人才的利益共同体。

由松散向规范转变。学校通过与行业、企业、科研院所签署合作协议，改变以往依靠人际关系为纽带，合作期限不固定的不足，以协议的方式建立合作的长效机制，通过建立工程实践中心、实习实训基地等，明确各自的职责，并建立考核激励机制，使合作更加规范化。

由单一向多元转变。高校同行业、企业、科研院所联合培养人才，不仅仅局限在校内培养，还要发挥学校在育人方面的优势，选派优秀的教师对企业职工进行培训，提升企业员工的职业技能和职业素养，有力推动学习型企业的建设，吸引企业同学校合作的积极性。

由封闭向开放转变。高校要改变原有的内部培养走向开放的校企合作培养，邀请行业企业参与人才培养的全过程，除了实践教学和实训实习方面的合作外，每年学校还邀请行业企业、科研院所参与学校专业人才培养方案的制定与完善、专业课程体系重构、人才培养模式改革和部分教材的编写建设，每年要邀请企业工程师到校为本科生授课、讲座，向师生介绍工业界的技术前沿和发展趋势，促进工程教育与时俱进。

由分割向协同转变。实现教学与科研的有机结合是当前大学人才培养中急需解决的问题。2011年，国家启动实施了高校同行业企业、科研院所协同创新的"2011计划"，对产学研协同创新提出了新的要求。学校要积极探索产学研相结合的办学思路，注重将科研成果与人才培养相结合，人才培养与行业、区域经济社会发展相结合，形成寓教于研的人才培养模式，通过协同创新，用高水平的科学研究支撑高质量的人才培养。

（二）创新协同育人模式

校企合作育人的模式是指在市场经济条件下，学校、企业和科研院所按照特定的培养目标和人才规格，以相对稳定的教学内容、课程体系、管理制度和评估方式，联合实施人才教育的过程的总和。它从根本上规定了人才培养特征并集中体现了教育思想和教育观念。这种模式的实施也是对学校、企业和科研院所在人力资源、技术、资金、设备等资源优化配置的过程。教育规划纲要提出将创新型工程人才的培养模式改革作为新一轮工程教育改革的突破口，就是要解决工程人才培养与社会需求不相适应的问题。高校必须走校企合作培养人才之路，邀请企业、科研院所深入参与人才培养的全过程，使其由人才的使用方转变成人才的培养方，只有这样才能提高人才培养的适应性和质量，为高等工程教育进一步改革提供动力。根据我国高校和企业发展的现状，可将校企合作育人的模式按照层次高低分为三种，即项目需求模式、平台互助模式和战略联盟模式。

一是项目需求模式。基于某个项目为纽带，促进高校同企业、科研院所进行合作育人的模式，是校企合作育人最为常见的一种模式。这种合作方式的动力来自市场需求，企业、科研院所因某个项目急需技术支持或人才需求，同高校建立一种短期的合作育人关系，待该项目完成，合作关系即刻终止。这种模式可在短期内提升学生适应产业发展的能力，能够满足企业在短期内的人才需求，对提升毕业生的就业能力有积极意义。项目需求模式是以市场需求为导向，以具体项目为纽带，在项目期限内进行的合作育人模式，因此各方合作关系较为松散，合作层次较低，对高校人才培养模式改革的促进作用不是很大。这种模式因其灵活性强，特别适用于一些行业背景不强、科研水平不高的学校和中小型企业。

二是平台互助模式。这种模式一般由行业主管部门或政府引导，高校同企业、科研院所分别投入一定比例的人力、物力、财力共同建立的合作平台。其特点是高校同企业、科研院所共同投入资源组成平台，以平台为创新主体进行产学研合作，是科技研发平台与人才培养平台的有机结合。平台由产学研各方组建研究机构，以科技研发为目标，如共建科研基地等，通常侧重应用基础研究的研发平台主要设在高校，侧重产品技术开发的研发平台建在企业。在科技研发的过程中，将科研成果与人才培养相结合，将先进技术融入课程体系中，形成寓教于研的培养模式。平台互助模式是校企合作育人关系中较为紧密，合作层次较高的一种模式，是校企协同培养人才的有效途径，但企业参与人才培养的深度、广度不够，特别是在培养学生的工程实践能力方面不足。

三是战略联盟模式。战略联盟模式是以人才培养为核心，高校、企业和科研院所为主体，政府、行业部门为辅助，长期合作、优势互补、共同发展、合作共赢的战略联盟，形成"共商人才需求、共享优势资源、共研领先技术、共建学科专业、共管人才培养"的"五共一体"工作局面。战略联盟模式具有战略长期性的特点，各合作方进行的是长期的、全方位的提高人才培养质量为目的的紧密合作，而不是短期、松散、单项的合作；此外，这种模式是在政府和行业部门调控下的合作，突破了其他模式单项合作创新的范围，由于各部门的广泛参与和资源的高度集中，合作层次也得到了很大提升；最为重要的是这种模式将各方资源优势进行了整合，并将形成的合力聚集在人才培养上，使校企合作育人真正落到实处。

四、构建校企协同育人评价指标体系

学校和企业是产教融合的两个主体之一，校企合作是当前高校技能型人才培养的重要模式，是一种注重在校学习与企业实践，注重学校与企业资源、信息共享的"双赢"模式,是地方高校产教融合、协同育人的一个实践基础。为实现校企合作模式可持续发展,通过构建科学合理有效的校企合作评价指标体系,对校企合作进行评价尤为重要。

（一）指标体系选取原则

"校企合作"评价指标的选取要具有代表性、易获取性、可操作性和科学完备性,除此之外还应遵循以下原则:

1. 目标导向原则。校企合作评价目标主要是为培养学生的综合职业能力,同时不断更新校企合作观念,加大校企合作力度,构建校企合作模式,创新校企合作机制与体制,丰富校企合作内涵,使校企合作上一个台阶。以校企合作评价目标为导向建立评价指标体系,从事实出发获取更突出、更具有针对性的信息。

2. 问题导向原则。近几年学者们探究的校企合作中存在的问题如表5.1所示,通过分析校企合作中存在的问题和产生原因,围绕主要问题和问题的主要矛盾选取评价指标,使理论研究与实际需求紧密结合。

近年来校企合作中存在的问题　　　　　　　　　表5.1

存在问题
1. 政府对校企合作的支持力度不够,相关激励政策较少。
2. 政府、高校、企业之间缺乏畅通高效交流的平台和渠道。
3. 校企合作制度尚不完善、不健全。
4. 校企合作利益驱动力度不大,企业积极性不高。
5. 学校和企业对校企合作认知模糊,动力不足。
6. 应用型师资匮乏导致服务地方区域经济发展能力不足。
7. 地方本科高校的专业设置、人才培养、科研创新仍然与区域社会经济发展需求有一定的距离

3. 动态性原则。对校企合作进行评价是一个动态的过程,指标的选取既要能静态地反映校企合作的现状,如企业与学校之间的空间距离;也要能动态地考察校企合作的发展状态,如学生技术等级考试合格率等,动态指标可以衡量不同时段校企合作的情况,并在一段时间内都具有实际意义。

（二）准则层指标确定

评价指标的设计是校企合作目标的具体化过程,借助平衡记分卡理论,确定校企合作评价指标体系的5个一级指标。从校企合作基础、校企合作投入、校企合作过程、校企合作产出和校企合作效果5个维度,得到校企合作评价指标体系子准则层的相互作用关系,如图5.1所示。A部分包括校企合作基础、校企合作投入和校企合作过程3

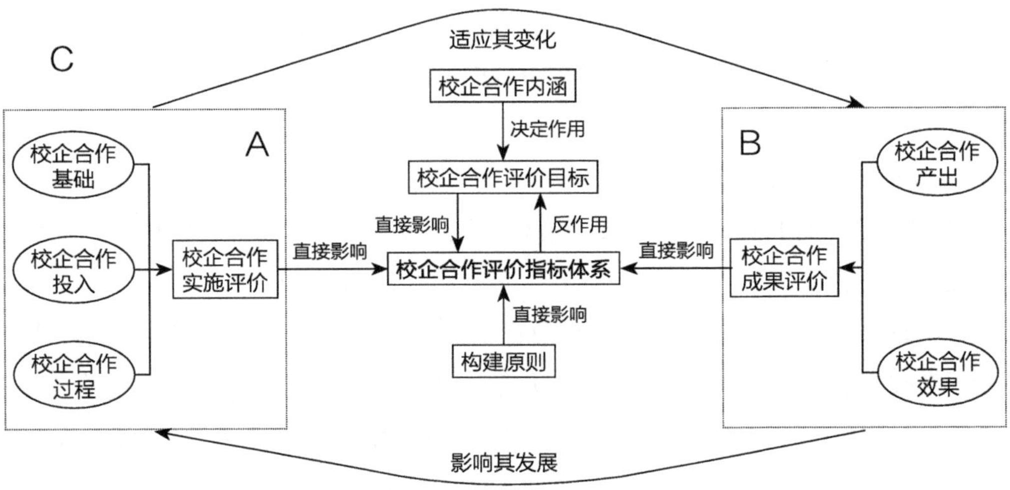

图5.1　校企合作评价指标体系准则层指标相互作用图

个一级指标，对校企合作实施的全过程进行评价，本部分内容直接影响校企合作评价指标体系。B部分涵盖校企合作产出和校企合作效果这2个一级指标，面对校企合作最终产生的成果进行评价，该部分对校企合作评价指标体系也有直接影响作用。其中A部分的内容主要从校企合作的投入端进行指标设计，而B部分则主要是从校企合作的产出端进行指标设计，A、B两部分之间也有一定的影响关系，A部分内容需要适应B部分内容变化，B部分内容影响A部分内容的改进与发展。C部分中，除了A、B两部分对校企合作评价指标体系有直接影响以外，指标体系构建原则也对校企合作评价指标体系产生直接影响。校企合作内涵对校企合作评价目标起到了决定作用，校企合作评价目标直接影响校企合作评价指标体系，且校企合作评价指标体系反作用于校企合作评价目标。

（三）方案层指标确定

1. 校企合作基础。该指标表示校企合作具备的一些条件，有高校管理、企业管理、客观条件、配套措施和学生综合情况5个二级指标。其中，高校管理包括校内培养计划和督导考核制度；企业管理包括企业培养方案和监督考核制度，学校和企业为学生制定科学合理的培养计划和监督考核制度对学生的成长至关重要；客观条件有学校专业与企业的对口程度、校企之间的空间距离以及校企取得的职业资格证书情况；配套措施含校企合作相关的政策法规与奖励措施、校企制定的合作规章制度和签订的合作协议；学生综合情况包括学生的思想政治觉悟与社会责任感、学生的身心素质和专业水平等。

2. 校企合作投入。该指标体现了学校和企业在校企合作方面提供的财力、物力和人力支持，涵盖资产投入、人力投入、基地建设和组织机构4个二级指标。资产投入从政府、企业和学校三方角度设置6个三级指标，有政府财政拨款、企业投入的资金、企业提供的教学设备与厂房、学校投入资金、学校提供的教学设备与厂房和学生实践教学经费；人力投入指标为考察企业员工和学校教师对学生的指导情况，包括企业员工在学校进行教学的人数占员工人数比例、企业兼职教师的课时占专业总课时的比例、企业员工参与指导学生实训的人数占员工人数比例、教师在企业挂职人数占专业教师总人数的比例和双师型教师占该专业教师总数的比例；基地建设将从校企共建的校内外实验基地数量、校企共建的校内外实训基地数量和校外实习及就业基地数量来进行考量；组织机构包括校企合作服务机构的数量、校企联合设立的研发机构数量和校企合作相关管理部门人员与设备的配置3个三级指标。

3. 校企合作过程。该指标主要聚焦校企合作的实施过程阶段，从人员培养、专业建设、课程建设和合作交流三个方面设置指标。其中人员培养下设7个三级指标，到企业参加实训的学生占该专业在校生比例、顶岗实习学生数量占实习生人数的比例、学生实习实训的平均时间、学生实训期间获企业津贴情况、企业接收学校专业教师实训人数、企业人员来校上课人次以及企业人员来校上课时数，该指标对企业员工、学校教师和学生的培养情况进行评价。专业建设包括校企合作设置专业及专业建设、校企共同制定人才培养方案和企业参与教学指导委员会专业数；课程建设包括校企合作开发专业课程体系、校企合作提出所需的理论及实践课程以及校企合作编制教材及实训指导书；合作交流包括校企合作举办研讨会议次数和校企合作举办企业技术讲座次数。

4. 校企合作产出。该指标对校企合作的产出情况进行评价，包括育人质量和合作效益两个方面，育人质量考察了学生参加校企合作实训中的收获情况，包括学生参与相关竞赛及奖项、学生技术等级考试合格率、学生留在合作企业工作的就业率和学生适应工作岗位的综合素质情况；合作效益包括校企合作申请专利数量、校企合作的企业合作收益、学校为企业技术服务的年收入和学校科技成果在企业转化产生的效益。

5. 校企合作效果。该指标主要反映校企合作带来的效益，如合作满意度和社会贡献等。合作满意度包括学生对实训期间经历的满意度和企业对学生进企实习情况的满意度，对学生与企业双方进行满意度评价，对不足之处进行改进，增强后续校企合作的程度；社会贡献包括学校与企业的知名度、校企合作的示范带动作用以及教育教学改革的提升情况。

（四）评价指标体系建立

根据上述分析，最终确定5个一级指标，17个二级指标和58个三级指标，指标体系建立情况如表5.2所示。

在理解58个方案层指标的基础上，将指标划分为控制项（用"○"表示，黑色圆圈"●"代表该项指标属于控制项，白色圆圈"○"表示该项指标不属于控制项）、分值项（用"△"表示，黑色三角形"▲"表示该项指标属于分值项，白色三角形"△"表示该项指标不属于分值项）和等级项（用"□"表示，黑色方块"■"表示该项指标属于等级项，白色方块"□"表示该项指标不属于等级项）。

"校企合作"评价指标体系　　　　　　　　　　表5.2

目标层	准则层（一级指标）	子准则层（二级指标）	方案层（三级指标）	控制项	分值项	等级项
校企合作评价指标体系	校企合作基础	高校管理	校内培养计划	●	▲	□
			校内督导与考核制度	●	▲	□
		企业管理	企业培养方案	●	▲	□
			企业监督与考核制度	●	▲	□
		客观条件	学校专业与企业的对口程度	○	▲	□
			学校与企业相关职业资格证书取得情况	○	▲	□
			学校与企业的空间距离	○	▲	□
		配套措施	校企合作的相关政策法规与奖励措施	○	▲	□
			校企共同制定的合作规章制度	○	▲	□
			校企合作协议的签订	○	▲	□
		学生综合情况	学生的思想政治觉悟与社会责任感	●	▲	□
			学生的身心素质	●	▲	□
			学生的专业水平	●	▲	□
	校企合作投入	资产投入	政府财政拨款	○	▲	□
			企业直接投入资金	○	▲	□
			企业提供的教学设备与厂房	○	▲	□
			学校专项投入资金	○	▲	□
			学校提供的教学设备与厂房	○	▲	□
			学生实践教学的专项经费	○	▲	□

续表

目标层	准则层 （一级指标）	子准则层 （二级指标）	方案层（三级指标）	控制项	分值项	等级项
校企合作 评价指标 体系	校企合作 投入	人力投入	企业员工在学校进行教学的人数占员工人数比例	○	△	■
			企业兼职教师的课时占专业总课时的比例	○	△	■
			企业员工参与指导学生实训的人数占员工人数比例	○	△	■
			教师在企业挂职人数占专业教师总人数的比例	○	△	■
			双师型教师占该专业教师总数的比例	●	△	■
		基地建设	校企共建的校内外实验基地数量	○	△	■
			校企共建的校内外实训基地数量	○	△	■
			校外实习及就业基地数量	○	△	■
		组织机构	校企合作服务机构的数量	○	△	■
			校企联合设立的研发机构数量	○	△	■
			校企合作相关管理部门人员与设备的配置	○	▲	□
	校企合作 过程	人员培养	到企业参加实训的学生占该专业在校生比例	●	▲	□
			顶岗实习学生数量占实习生人数的比例	○	▲	□
			学生实习实训的平均时间	●	▲	□
			学生实训期间获企业津贴情况	○	▲	□
			企业接收学校专业教师实训人数	○	▲	□
			企业人员来校上课人次	○	▲	□
			企业人员来校上课时数	○	▲	□
		专业建设	校企合作设置专业及专业建设	○	▲	□
			校企共同制订人才培养方案	○	▲	□
			企业参与教学指导委员会专业数	○	△	■
		课程建设	校企合作开发专业课程体系	○	▲	□
			校企合作提出所需的理论及实践课程	○	▲	□
			校企合作编制教材及实训指导书	○	▲	□
		合作交流	校企合作举办研讨会议次数	○	▲	□
			校企合作举办企业技术讲座次数	○	▲	□
	校企合作 产出	育人质量	学生参与相关竞赛及奖项	○	▲	□
			学生技术等级考试合格率	○	▲	□
			学生留在合作企业工作的就业率	○	▲	□
			学生适应工作岗位的综合素质情况	○	▲	□

续表

目标层	准则层 （一级指标）	子准则层 （二级指标）	方案层（三级指标）	控制项	分值项	等级项
校企合作 评价指标 体系	校企合作 产出	合作效益	校企合作申请专利数量	○	▲	□
			校企合作的企业合作收益	○	▲	□
			学校为企业技术服务的年收入	○	▲	□
			学校科技成果在企业转化产生的效益	○	▲	□
	校企合作 效果	合作满意度	学生对实训期间经历的满意度	●	▲	□
			企业对学生进企实习情况的满意度	●	▲	□
		社会贡献	学校与企业的知名度	○	▲	□
			校企合作的示范带动作用	○	▲	□
			教育教学改革的提升情况	○	▲	□

控制项代表该指标是非常重要指标，起到控制作用，如果在进行校企合作评价时，只要有一项属于控制项的指标不符合规定要求，说明该评价对象达不到校企合作评价的要求，当所有的控制项指标达到要求时才可进行下一步评价；

分值项主要针对难以量化的各项指标，根据指标内涵记取分数，一般通过业内专家根据实际情况对其进行打分；

等级项是指考察该指标属于何种等级，根据指标所处的等级进行赋分。

属于控制项的指标首先要看该指标是否达到规定的控制项要求，达到要求才可以进行下一步评价，否则就要取消其评价资格，而不属于控制项的指标可以直接对指标进行赋分。通常情况下，一个指标不能既属于分值项又属于等级项，指标只有一个赋分途径。例如，"校内培养计划"这个指标属于控制项，同时也是以分值项来记取分数的，如果某个被评价对象中的"校内培养计划"指标未达到预先设定的基本要求，那么该对象就没有被后续评价的资格，如果该指标达到了控制项的要求，那么接下来将会采取分值项的赋分原则来记取该项指标的分数，一般可以选择一定数量的业内专家来实际考察，并由专家根据考察结果进行打分。而"校外实习及就业基地数量"指标不属于控制项，对该项指标不做控制要求，可以直接对其进行赋分，同时该项指标属于等级项，那么采用等级项的赋分方式为"校外实习及就业基地数量"指标记取分数。等级项赋分方式就是提前对一些可以量化的指标进行等级划分，规定好某一等级对应的分数，确定该指标所处的等级，最后根据等级情况得到指标分数。

（五）评价方法与评价等级

目前国内学者在对校企合作进行评价时，主要采用层次分析法、熵权法以及模糊综合评价法等。传统层次分析法和模糊综合评价法确定指标权重的主观性较强，为了克服这一缺点，增强指标系数的客观性，采用层次分析-熵权法来进行评价，具体步骤为：（1）分析指标间关系，建立递阶层次结构；（2）对同一层次各指标重要程度两两比较，构造判断矩阵，计算被比较指标权重；（3）判断矩阵一致性CR，当CR＜0.1时，认为矩阵通过一致性检验；（4）计算各指标熵权，再利用熵权权重进行指标修正，得到客观指标权重。

通过上述提出的校企合作评价指标体系和评价方法进行评价研究，根据综合评价分数Y确定评价对象的校企合作，评价等级对照表见表5.3。

评价等级对照表

表5.3

等级	综合得分	措施
优秀	Y≥95	能起到示范作用，予以资金鼓励
良好	95＞Y≥80	具有一定影响力，继续完善得分不够高的指标内容
一般	80＞Y≥60	存在一定不足，需要进行改进
较差	Y＜60	存在重大问题，急需整改

5.3 以内涵式发展助推产教融合的实施策略

一、树立应用型人才培养目标定位

当前，许多地方高校对产教融合的理念认知方面，还存在着不到位、不充分、不重视的现象，许多地方高校即便响应国家号召开始使用产教融合人才培养的途径，但是在教学的模式和方法上也过于依赖传统教育教学模式，并没有认识到产教融合的教学要求需要将传统的教学要求与技术能力上升到平等重视的层面上，这种认知意识无疑会影响地方高校产教融合的实施过程和推进进程。地方本科高校在开展产教融合的过程中，应该不断提高自身对产教融合的认识程度。面对地方经济社会发展和行业需求积极地与各大企业展开合作项目，进行开放式办学，将产教融合培养人才的模式上升到地方本科高校的办学特色和办学优势方面，让学校的管理制度和办学政策能够依靠地方市场经济发展趋势和行业企业发展需求，开拓出更多的实训基地与岗位培训机会，让高校的学生还没有走出学校就适应社会和地方经济发展的需求，具备工作岗位的适应能力和竞争能力，让地方高校真正走上以市场为导向的产教融合发展道路。

地方高校首先应该根据行业和地方经济社会发展的程度、需要来对学生进行科学合理的人才培养定位，在就业形势非常严峻的今天，地方高校只有根据经济社会发展的切身需求来培养目标人才，才能够让学生得到充分就业。总的来说，地方高校还是要以服务社会，培养应用型人才为主，在人才培养的目标上始终要考虑到地方高校的地方属性和行业属性，确保培养出来的人才是地方需要的，是符合行业企业发展需要的，是符合经济发展规律的，能够尽快适应社会发展需要。

二、加强"双师双能型"教师队伍构建

转变教师的育人观念和教学观念，就是为地方本科高校的产教融合教育模式，创造出一条高效科学的途径。这是因为产教融合培养的选择、更新以及传递等工作都需要教师来完成。地方本科高校的教师们应该从以下方面开展培养学生的工作。一是地方本科高校的教师应该主动积极地深入到行业企业等用人单位和组织中探索出它们的就业需求和就业特点。然后根据这些需求和特点直接转换成在课堂上讲授的内容，以提高地方本科高校学生群体就业和创业为出发点，培养学生对知识的运用能力和实际操作能力，有针对性地明确教学方向，培养出企业行业单位所需要的毕业生。二是地方高校的教师在理论教学的过程中，还需要有意识地将教学内容进行有效整合。尽管我们一直在加强实践教学的力度，但并不是说地方高校的老师可以将理论教学内容进行不断地压缩和减少。教师们应该转变好自己的教学理念，根据地方行业企业需求将相关的学科知识，整合、精简成适合学生就业发展趋势的理论教学内容，从而让学生在将来就业过程中能够具备足够的素质技能和理论知识，适应多个相关工作岗位。

产教融合在教育方面的目标是加强应用型人才的培养，那么与传统教育对教师的要求相比也提出了新的要求，教师在具备扎实的理论知识的同时要有较强的实践应用能力。地方高校要根据产教融合发展的动向，强化双师型教师队伍的建设，通过"走出去引进来"的政策，积极引进兼职教师，最终建立充满活力的教师管理队伍。

高校的教育属性决定了其师资队伍能力方面的特殊性。在地方本科高校中，教师们除了要具备一定的教学技能，还需要具备一定的生产实践能力。如果同时拥有这两项技能，对产教融合培养模式的开展无疑是非常有帮助的。因此，地方高校应该从师

资队伍的建设上，强化地方高校中"双师双能型"教师队伍建设，在强化"双师双能型"教师队伍建设的过程中，要强化对教师的培训力度，制定一系列师资队伍建设政策，引领提高学校"双师双能型"教师队伍整体水平。同时，在"双师双能型"教师队伍建设过程中，不能片面地追求双职称或者双证书，而是应该要求教师要有深厚的理论知识水平和熟练的生产操作经验。地方高校要为教师提高实践能力提供培训平台、时间和物质保障，让教师队伍的整体素质能力得以提高，从而提高整体"双师双能型"教师队伍的素养。

在"双师双能型"教师队伍建设过程中，要不断完善配套机制，特别是激励制度和制约制度。在激励制度方面，高校可以通过物资激励和精神激励两种办法对教师队伍的教学技能、生产技术等熟练程度进行考核，以激励教师积极参与到产教融合、协同育人工作中去。在制约制度方面，要以破"五唯"为契机，通过专业技术评聘为导向，对教师投入产教融合的教学活动、教学研究和教学质量进行标准评定，重视实践环节和应用能力方面的评定工作。在"双师双能型"教师队伍管理过程中，要不断完善工作考核制度，持续推动教师在产教融合教学改革过程中不断在教学实践和教学能力上发力，让教师在教学、科研中有章可循、有规可循，带动提高地方高校产教融合、协同育人质量。

在"双师双能型"教师队伍建设中必须坚持走出去、引进来政策并用。产教融合是地方高校改革的指挥棒和方法论，是时不待我的战略选择，一支高素质的"双师双能型"教师队伍是检验产教融合效果的标志和关键，但是，当前地方高校教师队伍整体上还是以传统的理论教师多，具备实践应用能力的教师不足。这一现象不可能在短时期得到有效缓解，对产教融合的开展无疑起着阻滞作用。因此，在"双师双能型"教师队伍建设上，要积极地从社会上、企业中、行业内引进实践能力较高的兼职教师，以弥补教师队伍实践能力方面的不足。这样可以有效地帮助学生了解生产一线实践所需具备的技能知识，还能让教师及时了解技术前沿和企业的人力资源需求，反过来及时调整教学内容。

三、构建多方资源共享体系

（一）以市场需求为导向的专业布局

专业是人才培养的平台，反映人才培养特色和办学定位。地方高校在布局专业时要充分考虑自身发展水平，行业企业人才需求和学生就业环境，因此，地方高校产教融合的基础是要合理规划专业布局与设置。

首先，专业布局要与地方经济社会发展需求相匹配。地方高校的人才培养定位和培养目标决定了其人才培养规划和发展战略，首先要明确专业是否与地方经济社会发展对口衔接。因此，学校要采取相应的专业设置预警机制，设置专业要看是否以市场需求为导向，是否从社会需求出发，要灵活设置专业或专业方向，使高校专业布局与地方经济社会发展和产业结构形成合力对接，避免出现高校专业结构与地方产业结构发展不均衡、比例不协调的局面。

其次，专业布局要充分挖掘行业特色。地方高校很大一部分都是从行业划转而来，一些非划转院校在长期服务地方经济社会发展过程中也形成了具有地方产业特色的发展定位和人才培养特色。因此，产教融合要深挖地方高校的专业特色，大力发展具有特色和优势的专业，打造专业聚集群。只有这样才能培养好本校的特色人才，培养出更多符合行业发展需要和地方经济社会发展的毕业生。同时，地方高校在适应产业发展和地方需求的过程中还要注重自身特色的凝练，切忌随波逐流和盲目追求跨越式发展，要以特色、优势专业为基础打造符合自身实际的专业特色群。

同时，专业建构要形成均衡的人才供需结构，避免行业企业对人才的需求出现供不应求或者供大于求的情况。这就要求地方高校在规划专业的过程中要及时调整招生规模，确保学校在专业设置和产业结构方面处于协调状态，从而保证地方高校毕业生的就业率和就业质量。

（二）突出实践的教学体系

地方高校要从完善教学体系入手，积极探索出适合产教融合、协同育人的教学模式。

实践是产教融合战略实施的有效途径，要继续巩固卓越工程师教育培养计划实施以来的成效，在教学模式上正确处理好理论课和实践课的关系，不断完善理论课授课方式与方法，加大实践课和实训课的比重，在实践和实训中传授理论知识，处理好理论课和实践课的衔接；要建立专业的校企联合参与的组织指导机构，参与学校人才培养方案制定和教学模式的完善，结合行业企业对人才需求，结合专业标准不断调整人才培养目标、课程体系、实践体系和考核制度等，以此促进完善学生的知识技能；要探索比较弹性化的学习机制，在学分制的教育教学机制下，打造模块化的选修课程体系，从而为学生提供更多选择。

课程体系是产教融合、协同育人的关键环节，是产教融合能否取得实效的基础因素。地方高校的办学宗旨是为地方经济社会发展和行业企业发展服务，这就要求地方高校树立培养应用型人才的课程建设理念，开设课程首先要深入了解行业企业、地方发展需求，把握行业发展所需人才的技能、素质、知识等，以市场需求开设课程，培养出社会发展需要的应用型人才；坚持以学生为本，构建针对学生个体身心发展，以学生能力为参考依据的课程体系；在课程体系建设过程中，要从整体上进行优化，明确选修课、必修课的关系，注意课程承接功能，把握好课程的设计目标和整体育人作用，避免学生无法掌握课程之间的逻辑关系，无法掌握知识之间的衔接。在产教融合过程中，要改变传统的教学模式，做好教师、学生与企业工程师、生产一线需求相对接，提高课程有效度。

（三）提高社会参与程度

企业参与是产教融合的最大优势，要保证企业在产教融合的主体作用和能动性，保障企业持久参与的积极性，保障产教融合人才培养的无缝连接。

企业在参与产教融合的过程中，需要找到自己对人才的切实需要，然后根据这种需要与地方高校产教融合相关教师一起制定产教融合的制度、章程、内容等，从而让学校培养出来的学生能够满足企业需求；同时，企业在参与产教融合的过程中，还应该建立各种学习型组织机构，企业可以为学校产教融合的教师、学生提供更多的实习岗位和适应市场的机会，让教师在教学过程中能够宏观地把握应用型人才培养方向，让学生能够没出校门就拥有足够的生产实践经历，从而在未来更好地为其服务。企业在参与产教融合的过程中，还可以多开设一些产教融合的研讨会、总结会议，让企业的员工、管理人员也能够从中学到更多企业生产所需的理论知识，拓宽企业员工的知识面。

企业作为产教融合的重要参与者，在为高校人才培养贡献力量的同时，还能为企业自身打下良好的人才储备基础，更能提高企业的社会形象，树立企业在市场中的威望。因此，企业在校企融合中转变观念至关重要。企业应在产教融合中将管理制度、经营理念、竞争意识等纳入到地方高校产教融合的教学内容中，促进地方高校产教融合培养机制能够与企业正式对接，也有利于产教融合在企业的支持下进步发展；企业在参与产教融合的过程中，还应该树立自己的品牌文化，培养整个企业的文化素养氛围，企业的员工积极地参与到产教融合培养中去，主动到地方高校学习深造，可以促进企业形成浓厚的学习氛围。在参与产教融合过程中，企业还应该为地方本科高校提供资金、技术等方面的支持，使地方高校与企业之间的产教融合模式能够在双方共赢的良性互动中开展起来。

（四）建立健全政府保障体系

政府的积极参与与引导可以确保地方本科高校教学质量的稳定增长，以保障产教融合的顺利实施。政府的保障体系包括保障与投入、制度保障体系和监督管理制度三方面。

经费保障是产教融合实行的基本动力。政府部门应该意识到经费在产教融合培养过程中的地位，加大产教融合经费投入比重，改善长期以来地方高校资金投入相对拮据的现状，使地方高校能够有足够的经费来构建多样化的产教融合培养途径，保障产教融合培养模式的可持续性；地方政府还应该出台相关的优惠政策和资金资助政策，对产教融合培养模式做得比较好的学校，可给予适当的奖励和经费鼓励，表彰其在服务地方经济社会发展中做出的贡献；同时，在为地方高校提供教育经费的手段上，政府部门还可以通过建立专项资金支付、财政支付转移、银行贷款免息等手段来实现。

良好的制度保障对促进地方高校和企业产教融合顺利开展具有积极的促进作用。制度的建立不仅可以保护企业和地方高校的合法权益，还能提高企业参与产教融合的积极性。地方政府和相关部门可以在借鉴国外产教融合的模式基础上，从地方高校和地方经济社会发展水平入手，研究制定地方高校产教融合政策细则，引导地方高校产教融合培养应用型人才向深层次发展；在产教融合制度体系方面，要积极引导好产教融合各方面的合作关系，做好利益分配、知识产权共享、职称评聘等方面的工作，保证产教融合的各个组成机构积极、有序地开展产教融合人才培养模式。

政府监督管理可以有效化解产教融合过程中出现的矛盾和问题。只有政府的监督与管理，才能促进地方高校和企业在公平、正义的环境中发展产教融合实施路径，让产教融合各方保障自身合法权益。政府部门应该利用产教融合中有效的行政手段，成立行业协会、教育协会和产教融合协会，由政府部门牵头组成产教融合指导委员会，有效地促进产教融合的发展；在产教融合过程中出现的问题，政府应该提供相关的指导、咨询和协调工作，从而让产教融合模式具备导向性。

四、完善产教融合评价体系

评估体系是提高地方高校产教融合，培养应用型人才不可或缺的组成部分，是促进产教融合取得成效的有效手段。在评估产教融合工作中，要采取多样化的评估手段，注重过程评价，发挥评价的导向作用。

要坚持过程取向评价与主体取向评价相结合的原则。从美国教育学家克隆巴赫开始，教学评估学便将形成性评价作为教育评估方法不断推广应用，试图改变以往的终结性评价。形成性评价是"对学生日常学习过程中的表现、所取得的成绩以及所反映出的情感、态度、策略等方面的发展"做出的评价，是基于对学生学习全过程的持续观察、记录、反思而做出的发展性评价。其目的是激励学生学习，帮助学生有效调控自己的学习过程，使学生获得成就感，增强自信心，培养合作精神。形成性评价使学生"从被动接受评价转变成为评价的主体和积极参与者"。过程取向的教育评价把教育过程的全部情况纳入到教育评估范围，强调评估过程本身的价值。因此，教学过程的评估，主要在教研室层面进行，教学过程包括专业培养计划的执行、课堂教学的组织与管理、考试与考核形式的改革、教学大纲的制定与执行、能力培养与专业建设、实习实训教学等环节。

在产教融合过程中，严格遵循高等教育的质量标准，强化实践教学，通过提高教学过程质量来保障人才培养目标的实现。主体取向的教育评估，强调评估不是依靠外部力量的控制和推动，而是每个主体通过对自己行为的反省获得主动发展，主体的发展由自己主导，主体是自主与责任的统一。在产教融合过程中，教师承担产品生产者的角色，是教学过程和教学计划的最后执行者，教师教学能力决定学校教学质量和发展水平。地方高校教师的教学工作评估体系，应该以教师的素质水平、工作质量、工作成果作为最主要的评估指标。主体取向的教育评估在本质上受"解放理性"观点支配，倡导对评价情景的理解而不是控制，以人的自由解放作为评估的根本目的，主体取向的教育评估，主要用于对教学主体即教师的评估。过程取向评估的优点是关注过程的变化，寻找变化的原因，过程取向评估的评估指标覆盖教学过程的方方面面，强调教研室是组织教学活动，落实各项教学管理制度、规范，保障教学质量的基本单位。

在产教融合过程中，还要坚持形成性评估和终结性评估相结合的原则。形成性评估包括考勤、作业、测验、测评和实训等考核形式。终结性评估，采用教考分离的形式进行。形成性评估要全面化、多元化，评估内容和评估方式应发挥想象力和创造力，要将注意力转移到学生发展过程中，关注学生成长。不仅要有教师对学生的评估，还可以采取学生的自我评估和合作评估。通常来说，可采用的评估方式有学生自评、学生互评、教师评价、企业评价等，在评估结果中各占相应的比例。通过多元化的评估方式，可以帮助学生更全面地认识自己，提高学习动力，树立学习目标与信心，实现多元化的自主发展。

评估方式的改变会直接导致教学形式的改变，在注重形成性评估的体系下，教师会主动开发丰富多样的教学内容，采取生动有效的教学形式，而学生也会充分参与到日常学习中来，以积极的态度完成各项任务。这样的评估方式运用到产教融合教学模式，才能真正地促进实践能力提升，促进校企真正成为实训交流的重要场所。

第6章

沈阳建筑大学产教融合的
探索与实践

沈阳建筑大学成立于1948年，由老一辈革命家、跟随毛泽东同志创建井冈山根据地的何长工同志亲手缔造的东北兵工专发展而来，具有鲜艳的红色基因和浓厚的红色血脉。1949年，学校迁至沈阳。学校原隶属建设部，2000年，学校划转辽宁省，实施"中央与地方共建，以地方管理为主"的办学管理体制。2004年，经教育部批准更名为沈阳建筑大学。2010年辽宁省政府与住房和城乡建设部共同签署共建沈阳建筑大学的协议，成为省部合作共建的高校，是国内土建类本科专业齐全、办学规模较大、办学层次完整、办学特色鲜明的高校之一。作为划转院校的典型代表，我校长期以来坚持以邓小平理论、"三个代表"重要思想、科学发展观、习近平新时代中国特色社会主义思想为指导，全面贯彻党和国家的教育方针，坚持社会主义办学方向，始终秉承服务建设行业办学传统，坚持以建筑、土木、机械为主，理、工、文、法、农、管、艺术等学科门类交叉渗透、协调发展，以服务行业建设和社会发展为原则，以教学为中心，以培养具有创新精神和实践能力的高素质的复合型、应用型人才为定位，取得了良好的办学业绩。学校的发展几经变迁，但一代代建大人始终秉承红色基因，筚路蓝缕，爱校荣校，许党报国，与共和国同发展、共命运。73年来，学校始终坚守为党育人，为国育才，共培养了12万余名优秀毕业生，为民族解放和社会主义现代化建设贡献了力量。

近年来，学校注重依托行业资源优势，抓住省部共建战略机遇，围绕建设行业和地方社会经济发展需要，不断加强校企合作、产教融合，在校企协同育人和服务建设行业、辽宁经济社会发展方面做出了突出贡献，积累了一系列经验做法，为地方高校产教融合改革起到了引领示范作用。

6.1 加强产教融合顶层设计

一、学校对产教融合认识不断深化

2000年，学校划转辽宁省，实施"中央与地方共建，以地方管理为主"的办学管理体制。学校通过分析行业划转院校划转地方后的机遇和挑战，推动划转校可持续发展的内部保障机制和外部保障条件，研判划转院校的优势与存在的问题，明确行业划转院校的发展战略与办学策略选择，用以指导行业划转院校开展应用型人才培养的研究与实践。学校对产教融合的认识是一个不断深化的过程。

（一）深刻分析办学形势，明确办学目标定位

深刻分析学校的办学历史和办学优势，明确为建设行业培养人才的目标定位。我校于2000年由建设部划转辽宁省，学校深刻分析划转地方后的机遇和挑战以及推动我校可持续发展的内部保障机制和外部保障条件，现存的优势与问题，明确了学校的发展战略与办学策略选择。从学校的发展史上看，建筑已然成为学校发展的灵魂。特别是改革开放后，学校划归建设部管理，成为七个建设部部属高校之一，更加突出了学校作为行业院校的特色，并且一直延续至今。在长期隶属建设部时期，建设部对学校提供了大量的资金、政策支持，学校的办学规模、办学层次、办学水平都有了较大的发展和提高，为学校培养城市建设、工程建设、村镇建设、建筑业、房地产业、城市公用事业和城乡规划勘察设计等大批高级建设人才提供了强有力的支持和保障。2010年，辽宁省政府同住房和城乡建设部签署了共建沈阳建筑大学的协议，我校成为当时国内唯一一所住房和城乡建设部与省级地方政府合作共建的高校，为创建有特色、高水平建筑大学进一步奠定了坚实的基础；历史将学校同全行业紧紧联系在一起，学校取得的成绩与全行业的推动和支持紧密相连，学校的办学历史，赋予了我校服务建设领域全行业的光荣使命，也决定了学校必须坚持面向地方经济建设和国家建设行业，立足于为基层一线培养"稳定、好用、有为"的高级应用型人才。

深刻分析经济社会发展形势，明确建设行业转型升级和辽宁经济社会发展服务。随着我国城镇化建设不断加快，建设行业得到了前所未有的发展，直到今天仍有着广阔的可持续发展前景。城市建设、工程建设、社会主义新农村建设、东北老工业基地振兴的基本建设都离不开建设人才新的贡献。建设新建筑、改造老建筑，这是不停的事业，这些都为建设人才提供了用武之地。与建设行业迅猛发展相比，目前，我国建筑从业人员的知识面、文化程度远远不能适应建设行业日新月异的发展需要，建设人才匮乏已是不争的事实。这些更加坚定了学校面向建设行业培养高质量应用型人才的办学目标。

作为辽宁高校，辽宁区域经济发展为我校人才培养注入了新的活力。从中央进一步实施东北振兴战略、辽宁沿海经济带开发开放上升为国家战略以及沈阳经济区被确定为国家新型工业化综合配套改革试验区，到做好改造提升"老字号"、深度开发"原字号"、培育壮大"新字号"三篇大文章都标志着辽宁正处于老工业基地全面振兴的关键时期。沈阳市也出台了《沈阳市现代建筑产业发展规划》，明确提出要把沈阳建设成为国内一流、世界知名的现代建筑产业之都的目标。这些都为学校发展提供了难得的历史机遇。

学校全面树立主动服务行业和辽宁工业产业集群发展需要的理念，抓住历史机遇，积极参与到行业发展和区域创新体系当中，主动为国家建设行业和地方经济社会发展服务，在服务中求支持、做贡献，在贡献中求发展、勇创新。学校自觉以民生科技发展、地方经济建设和社会发展需求为导向，坚持以服务求支持，以贡献求发展，以为"三建四业"，即"工程建设、城市建设、村镇建设和建筑业、住宅房地产业、勘察设计咨询业、市政公用事业"提供智力支持、技术服务为基点，不断完善创新科技体制和运行机制，改革管理模式，科学研究实力迅速增强。这也决定了我校培养应用型人才的定位。

深刻分析我国高等教育发展的机遇与挑战，明确了以研究应用型大学的发展定位。进入21世纪以后，我国高等教育规模先后超过俄罗斯、印度、美国，成为规模最大的高等教育大国，在2002年进入国际公认的大众化发展阶段。在高等教育大众化推动下，我国高等教育取得了巨大的发展成就，为建设教育强国和人力资源强国打下了基础。但是高等教育的发展是量与质的统一，是办学规模扩展和办学结构优化的统一。随着我国高等教育规模不断扩大，落后的人才质量观、缺乏合理准确定位的办学方向、行政权力凌驾学术权力的管理制度等，都严重影响了我国高等教育质量，特别是地方高校，在盲目扩张之后，反而失去了原有的优势，同质化倾向严重，制约了教育进步的同时也造成了大量的资源浪费。党的十八大以来，习近平总书记多次提出推动高教内涵式发展，并为我国教育事业的改革发展指明了方向。深化产教融合、产学研结合、校企合作是高等教育，特别是应用型高等教育发展的必由之路。高校特别是地方高校要坚持以经济社会发展需要为导向，主动服务"中国制造2025"等国家战略，紧密对接经济带、城市群、产业链布局，全面深化综合改革，推进产学研合作办学、合作育人、合作就业、合作发展，促进人才培养供给侧和产业需求侧结构要素的全方位融合，加快培养各类卓越拔尖人才。因此，学校不断夯实学科实力和专业建设，为高质量应用型人才培养奠定坚实基础，并且提出以研究应用型大学作为发展定位，在引领建设行业转型升级的过程中培养更多杰出人才，以高水平研究推动高质量应用型大学建设。

（二）以实施卓越计划为契机，构建校企合作新模式

2010年，国家启动实施卓越工程师教育培养计划。卓越工程师教育培养计划是适应我国工业化发展进程，培养和造就一大批创新能力强、适应我国经济社会发展需要的工程技术人才的重要举措，是增强我国核心竞争力、建设创新型国家、走新型工业化道路的必然选择。学校按照"面向工业界、面向未来、面向世界"的工程教育理念，以社会需求为导向，以实际工程为背景，以工程技术为主线，以着力培养和提高工科学生的工程意识、工程素质和工程实践能力为指导思想，深入推进我校工程教育教学改革，创建与沈阳建筑大学办学传统、办学定位和办学特色相适应的多样化的卓越工程师培养体系，建立健全相关政策、措施、管理制度、体制和机制，不断提高我校工程教育人才培养质量，为建设创新型国家、实现工业化和现代化提供坚实的人力资源支撑，全力实施卓越工程师教育培养计划。

2012年教育部正式批准我校为国家级卓越工程师教育培养计划实施高校，也正式开启学校探索校企合作、协同育人之路。近年来，学校深刻分析经济发展新常态对建设行业人才需求的新趋势，以提高人才培养质量为核心，以促进内涵发展为主线，以体制机制改革为重点，以实施卓越工程师教育培养计划为抓手，深入推进工程教育改革，取得了一定的成效。

实施卓越计划以来，学校以深入开展校企协同育人的体制机制研究与实践为重点，全面改革和创新工程人才培养模式，在校企合作育人体制机制的理论研究和实践检验方面取得了丰硕成果，为进一步提高学生的工程实践能力和自主创新能力打下了坚实基础。特别是在校企合作方面，注重健全同行业、企业、科研院所联合培养人才的体制机制，构建了多样化的校企联合培养人才的模式。作为具有鲜明行业背景的建筑类高校，十分注重寻求同行业、企业、科研院所的合作，通过优选合作单位、完善合作机制、拓展合作领域和健全合作保障等方面，建立健全了合作机制，形成了学校同行业、企业、科研院所的利益共同体。学校确定了共谋发展前景、共建学科专业、共享优势资源、共研领先技术、共管人才培养的"五共一体"的合作宗旨，全面推进双方合作。开创了"一个平台、两个重点、三个适应、四个转变"的学校同行业、企业、科研院所合作新局面，使得行业、企业、科研院所深度参与到了学校人才培养的全过程。学校与中国建筑工程总公司下属的八大工程局分别签署共建框架协议，依托深厚行业实力，发挥学校学科优势，在建筑、土木、机械等相关领域开展人才培养与输送、建设科研平台与基地、构建产学研一体化战略合作关系，每年有千名毕业生到中国建筑工程总公司系统就业。

通过实施卓越计划，成立了指导校企联合培养的组织领导机构，调整学位计划、培养方案、课程设置，建设学生实践平台，提供高质量的实习机会，推动了学校人才培养模式改革与创新，极大地提高了学生实践应用能力。为适应建设行业企业需求，学校建立了与行业执业资格制度相衔接的专业人才培养模式；以建筑信息模型

（BIM）课程为突破口，实现了卓越计划专业的相互联通；进一步凝练了建筑类相关专业的办学特色；有计划地推进工程教育师资队伍建设；学校同中国建筑工程总公司下属的八大工程局、中铁九局集团有限公司、沈阳机床股份有限公司、北方重工集团有限公司、中国建筑东北设计研究院、辽宁省环境科学研究院等60多个行业规模大、技术领先、管理规范的国有大型企业、科研院所签署了联合培养人才的合作协议，为人才培养搭建了平台。

（三）以产教融合为突破口，推动学校内涵式发展

通过全方位实施卓越工程师教育培养计划，学校搭建了校企协同育人平台，在专业集群建设、校企合作平台、科学研究平台、人才培养模式等方面进行了系统改革与提升，企业深入参与工程人才培养方案制定、课程设置与讲授、实习、毕业设计等环节，并扮演重要的培养者角色，对于培养工科学生的创新能力、实践能力、解决问题的能力起到了关键性的推动作用。但是，我们在反思卓越工程师教育培养计划时仍然发现了很多问题，比如企业参与人才培养的主动性不够，目前的校企合作培养人才更多依赖校友情结、师生关系和领导交往等非组织因素，在企业利益无法得到有效保障的情况下，校企合作培养人才很难持续下去；教师指导学生参与企业实习的积极性不够，因为在目前的教师评价体系中，相对于指导学生企业实习而言，学校更加关注教师的教学量、论文发表量、申请课题数量，在职称评审中也更多考虑这些因素；同时，不同学位阶段跨校衔接尚未得到有效解决。

因此，学校从2018年开始，就在反思改进卓越工程师教育培养计划基础上，探索实施产教融合，协同育人。全校经过教育思想大讨论，明确了树立融合发展理念，坚守立德树人根本，以实施产教融合战略为契机，以转型发展推进内涵式发展，基于产教融合全面推进本科教育教学改革。学校明确了服务建设行业和辽宁老工业基地振兴的办学定位和培养符合行业发展需求的高素质应用型人才的办学目标，以"校企合作、产教融合"为突破口，探索形成了校企协同育人的体制机制，创新了高校与行业、企业、科研院所协同育人模式，把行业需求融入人才培养各环节，推动了全局性教育教学改革，让建大学子成为具备学习实践能力、创新创业能力、团队协作能力的建设行业一流人才。以"校企合作、产教融合"为突破口，全面推进培养人才符合行业需求，全面推进行业企业参与人才培养，形成了地方本科高校产教融合"123456"工作体系：一是树立融合战略的办学理念；二是构建了"双主体办学"和"双核心培养"的运行体系；三是将"思想政治教育、职业资格标准、工程伦理"三方面内容与"产教融合、校企合作"相结合；四是以产教融合凝聚了学校办学的建筑行业特色、人才培养特色、校园文化特色和思想政治特色等四个特色；五是探索实施"人才需求行业化、学科专业导向化、课程建设标准化、队伍建设双师化和人才培养协同化"的"五化"运行机制；六是打造了组织管理平台、产业联盟平台、实践实训平台、素质发展平台、人文引领平台和质量监控平台六大平台保障产教融合顺利开展。

经过几年的探索实践，学校本科、硕士、博士教育在产教融合方面实现了五个方面的突破：以建设行业需求为导向，形成了建筑土木学科下的特色专业集群，专业建设整体水平处在辽宁前列；学校治理体系由传统的封闭的行政主导向校企联合的开放的学术主导转变，进一步激发了办学活力；教学模式从注重知识灌输的"以教为中心"向"知识+实践+应用"并重的"以学为中心"转变；教师从知识传播者向"工程师+教师"的"双师型"角色转变；课程建设、教材建设聚焦建设行业转型升级，教学内容不断更新。形成了学校、行业、企业、教师和学生融合互动的良好氛围，为地方本科高校教育教学改革提供了可复制、可推广的新模式，产生了一定的引领和示范作用。

二、构建了产教融合育人平台

（一）学科专业平台

学科建设方面。经过几代建大人的不懈奋斗，学校于2011年获得博士授权立项建设单位，学校学科建设进入了发展的快车道。学校现有建筑学、土木工程、机械工程、城乡规划学、风景园林学5个博士学位授权一级学科，土木工程、机械工程、建筑学3个博士后科研流动站，16个硕士学位授权一级学科，14个硕士专业学位授权点。在全国第四轮一级学科评估中，5个博士一级学科及学校总体排名均位列辽宁省属理工类高校第一名。土木工程博士一级学科评估结果为B+，位列全国前20%；建筑学、城乡规划学和机械工程3个博士一级学科评估结果为B，位列全国前30%；风景园林学博士一级学科评估结果为B−，位列全国前40%；计算机科学与技术硕士一级学科评估结果为C+，位列全国前50%；材料科学与工程硕士一级学科评估结果为C−，位列全国前70%。

一流学科建设成效显著。在辽宁省高校一流学科建设中，5个博士一级学科，建筑学、土木工程、城乡规划学、机械工程、风景园林学学科，全部入选辽宁省一流特色学科。获批教育部学科平台2个，辽宁省学科平台10个，辽宁省高端智库3个，辽宁省社科联人文社科基地3个，省部级重点实验室（工程技术研究中心）达到40个；博士后科研流动站建设再获突破。获批建筑学博士后科研流动站，博士后科研流动站达到3个。土木工程博士后科研流动站评估等级为优秀。建筑学、土木工程、机械工程博士后科研流动站累计招收106人，获批"香江学者计划"1人，获得中国博士后科学基金特别资助1次，获得中国博士后科学基金面上资助23次；学科体系进一步完善。获批测绘科学与技术一级学科硕士学位授权点，获批会计和图书情报专业硕士学位授权点，有效支撑土木工程、城乡规划学等一流学科。

专业建设方面。专业是人才培养的平台和载体，学校将提升专业建设水平作为提高人才培养质量的基础和关键，并将专业建设作为反映学校办学水平和体现学校办学特色的重要标志。学校本科教育包括7个门类下25个专业类，共53种专业。学校遵循"以社会需求为导向、依托建设行业，建设大土木、大建筑学科专业群"的专业建设战略思路，构建有特色的专业体系，学校在发挥传统优势学科带动、辐射作用的基础上，积极发展特色专业，改造传统专业，较好地满足了社会发展，特别是建设行业发展的需要。

1. 依托学科优势，以行业发展为导向，构建特色专业体系

在优势专业方面，学校以建筑设计及其理论学科为依托，以地域和地区性建筑理论及设计研究为特色，建设建筑学、城市规划专业；以结构工程学科为依托，以对结构震动与控制的教学科研为特色，建设土木工程专业；以机械设计制造及其自动化学科为依托，以建筑机械为特色，建设机械设计制造及其自动化专业、工程机械专业；以市政工程学科为依托，以关系人类社会可持续发展的水环境的治理、保护为特色，建设建筑环境与设备工程、给水排水工程专业；以材料学学科为依托，以新型、环保建筑材料开发与利用为特色，建设无机非金属材料工程专业；以控制理论与控制工程学科为依托，以智能建筑为特色，建设自动化、电气工程及其自动化专业，从而构成了具有自身特色的建筑土木机械学科主干专业群。

在通用专业方面，基于建设领域法律关系不断多样化发展、而建设法律专门人才缺少的实际，学校开办了法学专业，其确定的专业方向为建设法规方向，培养有扎实的法律基础，同时具有较丰富建设法规知识和相关建筑专业知识的高级应用型人才。充分利用学校建筑土木学科专业的优势，将建筑土木类相关课程融于其他专业人才培养体系，学校开设了英语专业，专业培养方向为：着力培养以建筑英语见长的英语专业高级应用型人才，使学生既了解一般建筑知识，又熟练掌握英语语言，以适应建设行业进行国际工程合作、跨国作业的需要。依据目前我国城乡一体化、城市管理科学化对建设管理人才的大量需求，学校加强了管理学科专业的建设发展，开设了建筑管

理工程专业、房地产专业、城市管理专业等。这样，以建筑、土木、机械优势学科的特色专业群为核心主体、以对建设行业特色强化发展的通用专业为扩展平台，目前，我校已初步构建了"以社会需求为导向、依托建设行业，建设大土木、大建筑学科专业群"的特色专业体系建设发展的整体格局。

2. 以行业标准为导向，以专业教育评估为载体，强化专业内涵建设

明确专业人才培养目标，着力形成专业特色。建筑学、城乡规划、土木工程、机械设计制造及其自动化、建筑环境与设备工程、给水排水工程、工程管理均是我校传统优势专业，在长期建设发展过程中，各专业已经形成了自身专业办学特色：建筑学专业建立专业"大"平台、实现专业"互"支撑；构建开放式教学体系、实现全方位的建筑教育；注重创新精神、培养应用型人才；突出地域性内容、服务地区建设；中外联合办学、获取双学位。城市规划专业依照全国城市规划专业教育评估标准，教学中有意识地选择与小城镇有关的课题，凝练小城镇建设特色性；利用与中国科学院沈阳应用生态研究所联合共建的优势，在教学活动中突出生态学特色；充分利用模型手段，加强学生对空间形态与功能组织的感性认识与理性分析，提高规划设计构思与方案表达能力，形成建筑模型特色；突出学生工程意识与实践能力的培养，促进教学内容、科研方向、工程实践的有机结合，强化工程实践特色。土木工程专业依照国家规定的申请参加注册师考试的教育标准，加强学生工程师基本训练，培养能适应多种工作岗位需要的应用型人才；注重教学、科研和生产实践相结合；重视学生创新精神和动手能力的培养，建立了比较完善的实践教学体系。机械设计制造及其自动化专业的培养特色定位于以建筑机械为特色的应用型人才培养，坚持以现代机械设计制造知识为主线，注重机、电、液技术结合，突出建筑机械产品的设计制造与运行管理。工程管理专业特色突出"三明治"教学模式、系列课程与精品课程建设、教学基地建设、网络化开放式教学。给水排水工程专业特色面向地方建设，突出地域性专业特点；注重工程实践能力的培养；注重创新能力的培养。建筑环境与设备工程专业注重综合能力的培养；学生的在校教育与注册工程师制度相统一。

强化专业特色，以行业标准为导向，开展专业教育评估。专业教育评估是针对行业性工程教育的特点，由国家行业性评估机构对高校某专业的办学条件、教学过程、教学成果进行的专项评价，是国家执业注册制度的重要组成部分，旨在保证专业教育质量达到执业实践的要求。中国专业教育评估在土建类专业率先开展，目前住房和城乡建设部的专业教育评估已经覆盖了所有土建类专业，土建类也成为中国第一个拥有完整的高等教育评估体系的专业类别。参与土建类评估的专业分别是建筑学、城乡规

划、土木工程、给水排水工程、建筑环境与设备工程和工程管理。专业评估认证工作，在提高专业教学质量，加强学校专业教学与工程实践相结合，改革教学内容、方式方法和考核考试标准，使其与相关专业执业注册要求的内容和标准相互衔接一致，确保学校的人才培养与执业资格要求相匹配，促进国际互认，保障注册师制度的建立和注册师水平等方面，具有重要意义。

作为建设行业高校，学校高度重视专业教育评估工作，明确专业评估对专业建设的促进作用，正确把握专业评估与专业建设的关系，积极组织土建类专业参与专业教育评估。在"以评促建、评建结合、重在建设"的原则指导下，学校不断对教学条件加大投入，改善师资队伍结构和水平，完善、优化专业课程体系，促进了专业特色的建设发展。在全国第一轮专业教育评估中，我校土木工程、建筑学两个专业分别于1997年和1999年顺利通过了评估，工程管理、给水排水工程和建筑环境与设备工程三个专业于2007年通过第一轮评估，城乡规划专业于2008年也顺利通过了第一轮专业教育评估。至此，我校上述6个土建类专业，已对口参加并全部通过了国家至今已开展的6个土建类专业教育评估。目前，全国共有11所高校6个专业全部通过评估。学校以建设行业标准为指导，深入开展专业教育评估，强化专业特色，加强内涵建设，稳步推进教学改革，从而进一步提高教学和人才培养质量。目前，6个专业连续三轮以最长有效期通过住房和城乡建设部评估，4个专业通过工程教育专业认证。

3. 以优质专业建设为牵引，专业建设成效显著

学校将一流本科专业建设同本科教学工作有机地结合起来，提出以一流本科专业为牵引，坚持立项建设以特色专业为引领的"质量工程"体系，全面提升专业建设质量的工作思路，有力地促进了以专业教学质量和专业人才培养质量为内涵的专业建设质量的提升。"十三五"以来，学校共获得国家级教学改革建设项目12项，省级立项43项，现已建成国家、省、校三级全覆盖的优质专业体系。体现在专业教学质量上，我校建筑学、土木工程、工程管理、建筑环境与能源应用工程、给排水科学与工程、无机非金属材料工程、机械设计制造及其自动化、计算机科学与技术、机械工程、城乡规划、风景园林、工程造价等12个专业被认定为国家级一流本科专业建设点；通信工程、自动化、环境工程、动画、环境设计、建筑电气与智能化、道路桥梁与渡河工程、测绘工程、安全工程等9个专业被认定为省级一流本科专业建设点。21个专业获批辽宁省普通高等学校一流本科教育示范专业。我校与中国建筑第二工程局有限公司合作建立的"建筑产业化示范工程实践教育中心"，获省级工程实践教育中心称号。

（二）科学研究平台

在发挥建筑、土木、机械等优势学科带动、辐射作用的基础上，坚持创新在现代化建设全局中的核心地位，紧紧围绕智能建造、建筑工业化、建筑节能等领域开展前沿技术研究，优化科技平台，培育重大科技成果，加快技术转移和成果转化体制建设，创新多学科交叉融合的科研组织模式。我校成立了地铁研究院、村镇规划研究院、地域性建筑研究中心、建筑节能研究院、辽河治理研究院、沿海基础工程研究院等一批集研发、工程设计、人才培养于一体的研发机构，承担或参与了大量有关城市建设、新农村建设、东北老工业基地振兴等方面研究、规划、设计、检测、监理与建设项目。学校在小城镇及村镇建设领域的科学研究水平已经位于全国前列。这些办学优势，为我校培养适应建设行业需要的应用型人才奠定了基础。

在服务辽宁经济发展方面，学校坚持以"立足沈阳、服务辽宁"为发展主线，以助推沈阳建设国家级中心城市为指导，依托平台资源和人才队伍，积极投身于辽沈地区建设。学校成立了村镇规划建设研究院、现代建筑产业技术研究院、天作建筑研究院、建筑节能研究院、辽河流域水污染防治研究院、BIM工程中心等16个科研平台，并组建了两个辽宁省协同创新中心，承担或参与了大量有关城市建设、新农村建设、东北老工业基地振兴等方面研究、规划、设计、检测、监理与建设项目，特别是在小城镇及村镇建设领域的科学研究水平已经位于全国前列。学校与本溪市、盘锦市、营口市、铁岭市、阜新市、朝阳市签订市校战略合作协议，同时又走进沈阳市铁西区、北镇、庄河、大石桥、法库、葫芦岛连山、锦州凌河、朝阳建昌、北票、喀左等县区，将服务地方经济建设工作纵向延伸至县区。近年来，累计完成服务地方经济建设项目近千项，横向课题研究经费近3亿元。以我校建筑学院为主完成的盘锦辽滨水城规划研究、以土木学院为主完成的沈阳装配式建筑关键技术研究、以机械学院为主完成的异型石材车铣加工中心、地域建筑研究所为主完成的沈阳方城历史遗产保护等一批服务地方和企业的项目已成为学校参与地方经济建设的标志性成果，得到有关政府和专家的高度好评。

（三）实践育人平台

打铁还需自身硬，学校深挖办学潜力与学科优势，以学科优势为支撑，搭建了学校同行业、企业、科研院所合作平台。学校现已同中国建筑工程总公司下属的八大工程局、中铁九局集团有限公司、沈阳机床股份有限公司、北方重工集团有限公司、中国建筑东北设计研究院、辽宁省环境科学研究院等60多个行业规模大、技术领先、管理规范的国有大型企业、科研院所签署了联合培养人才的合作协议，为人才培养搭建了平台。学校还同中建一局、中铁九局、东北建筑设计研究院合作共建了建筑产业化示范工程实践教育中心、轨道交通工程实践教育中心和建筑学科工程实践教育中心，这三个中心已被评为国家级工程实践教育中心。学校举办了全国专业技术人员低碳城市与建筑技能高级研修班，被全国市长研修学院批准为其教学培训基地。此外，为发挥我校学科专业优势，学校建立了全国首家建筑安全警示教育基地，旨在依托我校相关学科专业的办学优势，开展高等学校建设类专业学生的安全生产教育培训及实践教学活动，组织开展建筑安全生产法律法规、政策制度、标准规范、先进技术等宣传活动。

优化教育资源配置的另一个重要问题就是硬件办学条件的改善。我校校园置换和新校区的成功搬迁，极大地改善了办学条件，为学校不断扩大办学规模、提高办学层次提供了崭新的发展平台。学校始终把改善办学条件作为实现学校职能和提高人才培养质量的基础工程来抓。主校区规划设计体现了以人为本、与自然和谐共生的理念，规划布局合理，建筑形式现代、质朴、简练，功能设施齐全。教学区为网格式、具有东方文化底蕴的庭院组合，有利于资源共享和学科交流。一座长廊将教学区、图书馆、实验区、办公区、生活区等巧妙地连接在一起，形成校园一道独特的风景。建设拥有长廊文化展示区、校史馆、雷锋庭院、古建筑保护区、稻田生态区等校园景观，建设了国内唯一的建筑综合类博物馆。在庆祝中国共产党成立100周年之际，学校结合党史学习教育，建设了"何长工事迹陈列馆"。红色文化、建筑文化、榜样文化、生态文化等景观遍布校园、交相呼应，形成了独特的校园文化特色和"精、气、神"，学生可时时刻刻触摸历史，感知文化。同时，学校注重条件改善与加强管理的结合，优化配置与资源共享的统一，使教学设施和条件均得到了最大限度的利用。

6.2 基于产教融合培养应用型人才的实践

一、以产教融合理念统领学校教育教学改革创新

学校深刻分析了后扩招时代地方工科高校面临的机遇与挑战，明确了将"产教融合、校企合作"作为新时代全面深化教学改革、提高人才培养质量的基本原则，强化行业企业在学校办学中的主体作用，突出校企协同育人，推进企业参与人才培养全过程，以此作为在人才培养层面落实产教融合的有效途径。学校制定了《沈阳建筑大学关于推进产教融合协同育人工作的指导意见》，全面推进产教融合实施。

学校提出产教融合的四项工作原则：一是坚持深度融合，促进共同发展。以市场和社会需求作为校企共谋发展的着力点，在专业建设、人才培养、课程改革、实习实训、技术服务等方面开展全方位、宽口径、多渠道、深层次的合作，充分发挥学校建筑、土木、机械学科专业优势，充分利用企业工作环境、先进设备、人才资源，实现学校教育教学质量与企业人才素质的同步提高。二是坚持积极合作，多方协同参与。要立足学校发展，主动寻求政府部门的支持协调、行业组织的指导评价、企业的参与融合，打通多主体共同参与的通道，加快探索不同专业校政、校地、校企合作新形式，加强产教融合组织机构和对接平台建设，构建立足高校、政府支持、行业指导、企业参与的协同育人机制。三是坚持因地制宜，注重取得实效。立足服务沈阳经济社会发展，紧扣行业企业人才素质及能力要求，找准专业发展和企业需求的切入点，推动专业设置与产业需求对接，课程内容与职业标准对接，教学过程与生产过程对接，毕业证书与职业资格证书对接，打造育人为本、就业导向、注重实效的产教融合、协同育人的特色。四是坚持试点先行，实施分类推进。积极支持有条件的专业先行启动产教融合协同育人推进计划，按照试点先行、示范引领、分类推进、协同发展的工作要求，确定不同专业的产教融合形式，制订产教融合分类推进实施方案，激发合作培养内生动力，创新人才培养模式。

学校围绕产教融合提出了五项主要工作：

一是构建多元化产教融合协同育人机制。

实践教学平台共建机制。产教融合以培养创新和实践能力为主导，强调在教育的过程中融入生产环节的要素，与企业对人才的需求对接。因此，需要逐步打破学校原有培养毕业生的教学框架，着力整合政府、行业企业资源以及学校自身的实践资源，多方协同组建新的实践教学平台，理论与实践并重，既提升学生的综合能力又达到企业对毕业生所具备能力的需求。要达到这种程度，需要做到教学管理环节的多样化，多方合作共建、合作研发、合作协商；需要拓展实践教学平台的适应性，使其多样化，丰富教学内容，以适应多种不同实践活动的开展。

产教融合项目合作机制。依托教育部产教融合协同育人项目，将企业真实研发项目引进实践实训课程，将项目实施变成企业课程内容。学院与企业联合申报课题，鼓励教师承担企业技术开发项目，形成一批科技成果，并将这些成果转换成教学资源。学校科研成果转移转化与企业产品技术更新的同步发展，实现产教研深度融合。联合培训企业员工，根据行业企业需要对企业管理人员、技术人员和一线工人进行技术管理知识和专业理论培训，对需要进行学历提升的企业员工给予学历继续教育提升服务，提高企业员工业务能力和文化素质。

师资联合交流培养机制。在产教融合背景下，第一，通过聘请知名企业的职业规划专家、人力资源发展主管、企业家等到校给任课教师授课，授课频次视课程进度可以适当增加，帮助"双师双能型"教师提升实践教学水平；第二，可在校内安排对专任教师的培训，提高该类教师的职业规划理论知识和策划技能；第三，完善对此类教师的激励和考核机制，吸引校内外高水平教师加入到以职业生涯发展规划课程为代表的创新创业课程中。增加"双师型"教师在此类课程授课教师的比重，组织教师之间开展创新实践教学能力竞赛，开展互评互助，敦促此类教师稳步提升创新实践教学水平，保证达到职业生涯规划课程对师资的要求。此外，企业优秀人才也是高校创新培养毕业生所需要的人才，可以考虑与企业合作，引进全职或兼职的企业工程师进入学校担任实践课程教师，将企业当前先进的技术、理念与高校的教育体系相融合；在校外导师遴选方面，也应重点考虑引进企业工程师，在一线的实践环节指导毕业生实习、项目研发能力，以提升毕业生的综合能力。

实验实训共建共享机制。通过与企业共建实验室、实训室的方式，将企业的工作环境、企业文化、项目案例引入到学校，双方以共建、共享、共用的形式来完成对学生的专业培养。同时，企业可以利用该共建实训室为企业自己或合作伙伴的员工进行业务培训。该机制不仅让学生提前体会企业文化和工作流程，还更好地发挥了实训室的社会服务价值。

二是探索产教深度融合，创新本科人才培养模式。

学校将促进产教深度融合和校企深度合作，探索与知名企业联合创立学院，科学评价、动态调整并不断优化专业结构，申办开设新工科相关专业，发展前沿交叉学科专业，服务"双一流"建设，与企业、产业、行业深度合作，改革教育教学方式方法，强化实习实践环节，创新人才培养模式，培养研究应用型人才，服务辽宁"一带五基地"和五大区域发展战略。

三是促进多元主体协同育人，实施新版人才培养方案。

课程体系建设对学科的发展至关重要，影响到学科专业的发展，也影响到高校育人的层次水平。在学科专业培养方案的制定中，调研相应行业对该类人才的理论知识、实践能力及综合素质的要求，建立由专任教师、教学研究者、企业人力资源主管等组成的协调小组，探讨本学科专业人才培养方案存在的问题，展开大范围的讨论，提出修改建议并形成新的人才培养方案。后续可在教学实践环节或者对毕业生就业质量的跟踪调查中不断修正或完善。促进学生的培养目标与社会、行业发展、具体企业需求相适应。大力支持线上课程、线上线下混合式课程等一流"金课"建设，培育一批省级和国家级一流"金课"。

四是实施项目牵引，深化教育教学改革。

产教融合是高校培养高素质应用型人才的必由之路。学校将加大对产教融合协同育人项目的经费投入，鼓励教师和教学管理人员积极参与协同育人，撰写相关方向研究论文，申报研究课题和产学合作协同育人项目。支持各学院相关专业教师开展新工科建设、教学体系改革、课程建设、教材建设、校企联合培养、国际化培养、实习实训基地建设等人才培养环节的改革与创新，全面提高学生的实践能力和创新能力。

五是以本科学科竞赛为舞台，为企业收纳人才开辟绿色通道。

广泛宣传并组织学生参加"互联网+"大学生创新创业大赛、"挑战杯"大学生课外学术科技作品竞赛、"创青春"大学生创业大赛、数学建模竞赛、电子设计大赛、机械创新设计大赛、结构力学设计竞赛等各级各类学科及创新创业竞赛，对优秀竞赛项目和获奖选手、指导教师等给予奖励。对在竞赛和活动中取得重大标志性成果或历史突破性成绩的学生和指导教师进行大力宣传，浓厚校园创新文化氛围。

二、构建了"双主体办学"和"双核心培养"的育人体系

学校加强校企合作的顶层设计，整合多种资源搭建校企合作平台，同众多国内知名企业、科研院所建立了长期、稳定、全面的人才培养合作关系。在此基础上，学校实施"双主体办学"，强调企业也是办学的主体，应承担规定的、相应的办学任务。每个专业都有不少于10个紧密型合作企业，企业参与制定招生计划、设计培养方案、优化课程体系和保障实习实践，全方位深入参与人才培养全过程，形成了核心职业素质和核心职业技能全面培养的"双核心"人才培养模式，构建"知识+技能+素质+经验"分阶递进、分层培养、分块选修的课程体系，鼓励学生个性发展。

通过"双主体办学"，学校人才培养方案不断修订完善，构建新的课程体系，压缩必修课学时，加大选修课、实践课比例，给学生以更充裕的自主学习空间，为学生创新精神和实践能力培养提供更有利的条件。学校始终将建设行业作为主要服务领域，将为辽宁老工业基地振兴、为地方经济建设服务作为主要服务面向，以满足社会需求、具有自身特色的高级应用型人才培养为专业培养目标。各专业根据学校人才培

养定位，加大了教学内容的调整力度。例如，建筑学专业将本地区的建筑发展、城市建设、寒地建筑环境和建筑设计、地域性建筑设计及理论的研究与实践的内容纳入专业培养方案之中。土木工程专业依照国家规定的申请参加注册师考试的教育标准，加强学生工程师基本训练，培养能从事土木工程设计、施工与管理和初步的项目规划、科学研究与开发工作，能适应多种工作岗位需要的应用型人才。艺术设计专业充分利用学校建筑学专业的优势资源，开设建筑设计、规划设计、建筑设计原理、建筑史等课程，强化学生对空间、结构及建筑规范等的认识，充分体现建筑院校艺术设计专业的特色。法学、英语等专业充分利用学校建筑土木优势，将建筑土木类相关课程融入专业人才培养体系，着力培养既了解工程又精通建设法律法规和以建筑英语见长的应用型人才。

学校教学内容和课程体系的改革，坚持以学校人才培养目标为依据，从学生培养的知识、能力目标出发，优化课程体系，更新教学内容，加强优秀课和精品课建设，达到提高教学质量的目的。学校重视围绕教学内容和课程体系的改革进行教改立项，积极推进课程建设的研究和研究成果的应用，探索行之有效的教学内容和课程体系改革新路子。近年来，教学研究、教学改革立项及取得的成果数量逐年增加，质量稳步上升。学校在培养方案制定工作中，注重结合专业特点，优化课程体系，加强系列课程建设。在课程设置时，纵向兼顾相关课程的前后衔接，横向兼顾理论、实验、实习、设计环节的安排，构建"知识+技能+素质+经验"分阶递进、分层培养、分块选修的课程体系。学校始终将构建高质量的基础课程教学平台视为教学建设的重点工作来抓。加强主要基础课程的建设工作，基础课平台建设紧密结合人才培养实际。

三、将"思想政治教育、职业资格标准、工程伦理"三方面内容与"产教融合、校企合作"相结合

1. 学校始终明确为谁培养人、培养什么人、怎么培养人，以"专业思政、课程思政"为抓手，开展立项建设活动，通过项目推进理想信念、职业道德、工匠精神、奉献社会等思想政治教育核心元素贯穿工程教育全过程，将思想政治教育与"产教融合"有机结合。

学校加强党建领航，构建"大思政"工作格局，打通育人最后一公里。

加强学校、学院思想政治工作的顶层设计。要坚持校院两级领导班子成员"一岗双责"制度，坚持领导干部上讲台开展思想政治教育，坚持集体备课制度。加强基层

党组织建设，推进各级党组织对思政工作的政治领导和思想领导。坚持强化理论武装，用党的十九大精神和习近平新时代中国特色社会主义思想引领学校新发展，不断活化形式、突出实效，提高基层组织做好思想政治工作的能力。加强党支部特别是教工党支部的规范化建设，探索建立基层党组织和学术团队协同建设机制。扎实推进"双带头人"培育工程。

坚持用习近平新时代中国特色社会主义思想为统领，落实和完成立德树人根本任务。坚持把"立德树人"融入人才培养各个环节，积极构建"三全育人"工作机制和有效载体。要建立"大思政"工作格局，形成党委宣传部牵头抓总，党委教师工作部、党委学工部、党委研工部、马克思主义学院分类指导，各职能部门、各基层党委全面组织实施。以党建育人为引领，把立德树人内化到大学建设和管理各领域、各方面、各环节。要明确全员育人全过程育人全方位育人的工作思路和改革方向，进一步细化学校"三全育人综合改革建设工作方案"，方案中明确的"十个育人"已经分别设立了十个工作组，各牵头单位要协调好参与建设单位，拿出每个育人的具体工作方案和改革内容，制定完成目标和时间表。

强化思想政治理论课的主渠道作用。积极推进专题教学，深挖教学资源，丰富教材内容。通过慕课、微课线上学习，多渠道丰富学习内容。开展案例讨论、实践教学促进理论知识运用。加强教工和学生，包括校友的典型选树和宣传，坚持大学生思想政治教育与学生日常行为管理相结合，注重过程检查与考核评比，建立长效机制。切实做好网络育人工作，利用好易班平台，做出学校网络思政工作品牌，学校获得2020年度全国优秀易班共建高校。坚定文化自信，传承弘扬和创新发展革命文化和社会主义先进文化。沈阳建筑大学是一所有着红色基因的学校，名誉校长是何长工、第一任校长是赵品三，校园的"十大文化"，广义上讲都是红色文化，都是教育引导大学生爱党、爱国，自觉践行社会主义核心价值观的文化精神。要将弘扬与传承特色文化内化成一种办学理念，外化为一种自觉行动，坚持以文化人，教育引导广大师生牢记党的宗旨，自觉做共产主义远大理想和中国特色社会主义共同理想的坚定信仰者和忠实实践者。

2. 学校突出人才培养鲜明的行业性特征和应用型特点，突出学生个人职业能力的夯实，开展了学生"1+X"职业资格证书的培训教育，将国家职业资格考试与人才培养方案相结合，建设行业实践需求的人才标准进一步内化为学校专业人才培养的标准，极大地增强了学生毕业后的社会竞争力。

建设行业职业资格制度涵盖专业教育评估、资格考试、注册执业、继续教育等环节，通过发挥执业资格制度中的专业教育评估的作用，推动高校专业教学水平的不断提高，提升学科建设、办学水平和人才培养质量。学校实施与执业资格相适应的建设行业专业人才培养模式，主要是在教学内容上密切跟踪建设行业专业工程实践的发展要求，紧密与现行执业资格注册要求相衔接。执业资格注册制度是指从事一些责任较大、社会通用性强、关系公共利益的专业技术工作人员应当具备执业资格，对其实行市场准入的管理方式。目前，注册建筑师、一级结构工程师、造价工程师、监理工程师、一级建造师、房地产估价师等6项职业资格已开展执业；勘察设计注册工程师中的注册公用设备工程师、注册电气工程师、注册化工工程师已开展注册，尚未开展执业；勘察设计注册工程师中的注册土木工程师（水利水电工程）、注册土木工程师（港口与航道工程）、注册土木工程师（道路工程）、注册环保工程师已开展考试尚未开展注册。一般来说，作为一名申请执业注册师资格的专业人员，对其专业水平的要求，根据其取得的学位是否是由已获得专业评估通过的专业点所授予，即：专业教育评估是执业注册制度的前提条件。自觉适应并主动以这种人才市场的需求为导向，我校大力创新专业培养模式，积极申请参加住房和城乡建设部组织的土建类专业教育评估。在教育教学研究、教改立项方面，先后承担二十余项有关的国家、省、部级项目；在课堂教学、实践教学等方面，将"执业注册师考试"内容引入教学活动中，使学生潜移默化地接受专业技术工作人员应具备的知识结构。从教育教学研究、教改立项到课堂教学、实践教学的各个方面，开展了一系列的研究探索。目前，已初步形成了突出工程能力培养的"五结合"〔即人才培养方案与国家职业资格考试要求相结合、理论教学与实践教学相结合、校内与校外（境外）相结合、工程能力与创新意识相结合、专业教育与素质教育相结合〕、总体上与职业资格制度相适应的土建类（建设行业）专业人才培养模式。申请评估的6个专业全部以优秀成绩通过，就是基本标志。这一方面，提升了学校专业教育的社会化开放度，建设行业实践需求的人才标准进一步内化为学校专业人才培养的标准；另一方面，极大地增强了学生毕业后的社会竞争力。

3. 学校注重强化学生工程伦理教育，将《工程伦理》设定为工科学生必修课程，培养学生精益求精的大国工匠精神，激发学生科技报国的家国情怀和使命担当。

培养什么人、怎样培养人、为谁培养人是教育的根本问题，立德树人成效是检验高校一切工作的根本标准。落实立德树人根本任务，必须将价值塑造、知识传授和能力培养三者融为一体、不可割裂。全面推进课程思政建设，就是要寓价值观引导于知识传授和能力培养之中，帮助学生塑造正确的世界观、人生观、价值观，这是人才培养的应有之义，更是必备内容。这一战略举措，影响甚至决定着接班人问题，影响甚至决定着国家长治久安，影响甚至决定着民族复兴和国家崛起。要紧紧抓住教师队伍"主力军"、课程建设"主战场"、课堂教学"主渠道"，让所有高校、所有教师、所有课程都承担好育人责任，守好一段渠、种好责任田，使各类课程与思政课程同向同行，将显性教育和隐性教育相统一，形成协同效应，构建全员全程全方位育人大格局。

学校印发了《沈阳建筑大学课程思政实施方案》，提出根据不同学科性质特点，把握好所要挖掘拓展的重点。哲学社会科学类通识课程要突出体现马克思主义中国化的最新理论成果，重视价值引导和优秀传统文化的传承，引导学生自觉弘扬和践行社会主义核心价值观，不断增强"四个自信"。自然科学类通识课程要突出培育科学精神、探索创新精神，注重把辩证唯物主义、历史唯物主义贯穿渗透到专业课教学中，引导学生增强人与自然和谐共生意识，明确人类共同发展进步的历史担当。人文艺术类通识课程要突出培育高尚的文化素养、健康的审美情趣、乐观的生活态度，注重把爱国主义、民族情怀贯穿渗透到课程教学中，帮助学生树立起文化自觉和文化自信。体育类课程要主动与德育相融合，改革体育教学模式，引导学生养成运动习惯，掌握运动技能，发展健全人格，弘扬体育精神。学校课程思政建设取得积极成效，机械工程学院的费烨教授及其教学团队获得国家级课程思政教学名师及教学团队荣誉称号，所授课程《流体力学与液压传动》通过国家级思政示范课程认定。

四、围绕产教融合，形成四大办学特色

（一）建设行业特色

校如其名，学校从隶属建设部到如今住房和城乡建设部与辽宁省合作共建，始终立足建设行业、依托建设行业、服务建设行业。学校坚持聚焦北方城市建设与发展，强化"建筑"特色，以建筑、土木类专业为核心调整优化学科专业结构，形成了多个实力强、水平高、特色鲜明的科研领域与方向。学校坚持产学研结合，加强同建设行业企业协同育人，增强学生服务建设行业的能力，为国家城乡建设事业做出了突出贡献。

2020年9月，习近平主席在第七十五届联合国大会一般性辩论上阐明，应对气候变化《巴黎协定》代表了全球绿色低碳转型的大方向，是保护地球家园需要采取的最低限度行动，各国必须迈出决定性步伐。同时宣布，中国将提高国家自主贡献力度，

采取更加有力的政策和措施，二氧化碳排放力争于2030年前达到峰值，努力争取2060年前实现碳中和。"双碳"目标与中国建造整体水平紧密相关，中国建造的优化升级直接决定着建筑业实现"双碳"目标的进程。因此，必须大力发展以绿色化、智慧化、工业化为代表的新型建造方式，推动中国建造优化升级，助力建筑行业高质量发展，为实现"双碳"目标助力。学校积极响应国家低碳减排的号召，围绕需求减量、超高能效、能源替代三个方面开展建筑碳中和相关技术研发，主要有装配式近零能耗建筑技术、光伏建筑一体化、光伏材料建材化、轻型装配式建筑和建筑节能减排等。同时，结合城镇老旧小区改造、海绵城市建设等工作，推动既有居住建筑节能节水改造；推动超低能耗建筑、近零能耗建筑发展，推广可再生能源应用和再生水利用。为建设行业助力"双碳"目标贡献了"建大"理论，并进一步彰显了学校的建设行业特色。

（二）人才培养特色

学校以培养建设行业人才为己任，注重校企协同育人，强化学生实践能力培养，规定每名本科生在读期间都要接受为期1~4周的工程训练。学校实施了"三明治"人才培养模式、与职业资格相适应的建设行业专业人才培养模式、卓越工程师班定向培养模式等一系列教学改革，形成了人才培养方案与国家职业资格考试要求相结合、理论教学与实践教学相结合、校内与校外（境外）相结合、工程能力与创新意识相结合、专业教育与素质教育相结合，总体上与职业资格制度相适应的建设行业专业人才培养特色。

1. 课内外、校内外结合，努力构建科学合理的实践教学体系。目前实践教学已形成了分层次、全方位、立体化的有机体系，这个体系充分体现了对人才培养目标的落实。实践教学体系分为3个层次，一是基础层，注重基础技能训练，设置了军训、金工实习、基础实验、社会调查、外语集中周、计算机集中周等内容。二是拓展层，注重专业技能训练，设置了课程设计、专业实验、专业实习、专业素质训练等内容。三是综合层，注重综合素质训练，设置了毕业设计（毕业论文）、社会实践、科技竞赛等内容。

学校通过规范实习和实训的教学过程，加强实践教学改革，更新实践教学内容，积极创造条件增加综合性、设计性实验的数量，推进实验室的开放，不断提高实习和实训的质量等手段构建科学合理的实践教学体系。特别是把大学生的社会实践、科技创新活动和相关部门的工作纳入到了实践教学体系之中，如结合不同年级学生的不同特点，组织学生开展社会实践考察；制定鼓励学生开展创新发明政策，组织学生科技创新活动；组织学生参加各级各类学习竞赛等，使有组织的课外实践活动有机地融入人才培养工作中。不同学科的实践教学体系有所不同，但对实践教学的要求并不减弱。目前，实践教学已形成了课内重基础，课外重实践，校内重技能，校外重应用，课内课外、校内校外相结合的立体化的网络。

2. 创造条件完善机制，培养学生创新精神和实践能力。强化实践教学环节，构建多层次、多类型的实践教学体系，鼓励学生自主设计，主动学习；将开设综合性、设计性实验作为培养学生创新思维的主要内容，扩大实验室开放范围，为学生进行创新实验创造条件；设立创新学分，学生在公开刊物上发表论文，获得国家专利，竞赛获奖等均可获得创新学分，并可用以作为任选课学分记载；创新实践教学模式，实习、课程设计、毕业设计（论文）紧密结合生产实际，实习与课程教学相结合、毕业设计（论文）与就业去向（已与用人单位签订就业协议的）相结合；设立"大学生创新成果奖励基金""大学生专利奖励基金"等，对全日制学生申请专利予以奖励。同时，追求实践教学与理论教学的统筹协调，实践教学与理论教学既有机结合又相对独立，实现从应试教育向素质教育的转变，培养既有坚实的理论基础又有创新意识的新型人才。注重将科研成果和工程实践知识纳入教学内容，吸收学生参加科研项目和社会调查，引导学生及时跟踪学科发展前沿，通过高水平的科学研究来提升高质量的本科教学，将科研的优势转化成为教学优势，从而形成人才培养优势，提高学生的创新精神和实践能力。

3. 紧密结合专业教学需要，组织学生深入开展社会实践活动、鼓励学生积极参与校园文化设计、吸收学生参与教师科研活动，将文化素质教育嵌入创新人才培养。高度重视学生课外科技文化活动的开展，将科技创新、校园文化、社团建设、社会实践等作为促进学生全面发展的重要途径，激发学生科技创新的热情，提高学生的文化素养，陶冶高尚的道德情操，强化团队合作意识，培养学生的实践能力，使课外科技文化活动成为学生第一课堂的有益补充。

开展形式多样的科技创新活动及社会实践活动，鼓励学生通过自行设计、自行组织、自主选题、自我管理，培养创新精神和实践能力。每年坚持开展大学生创新成果评选、创业计划大赛及网页制作、编程大赛、机械设计竞赛等各类竞赛。设立工程训练中心和大学生创新基地，建立"学生网络工作室"。学校还把大学生俱乐部的装修任务交给学生去做，从设计到预算，从购料到施工，都由学生组织进行。学校内的许多景观由学生创作完成，使学生得到了极大的锻炼。

（三）校园文化特色

学校利用新校区长756m的亚洲第一文化长廊和网格式建筑结构，打造了建筑文化、红色文化和榜样文化三大模块，将专业教育、思政教育、双创教育与校园文化建设有机融合。为营造"产教融合、校企合作"良好氛围，学校有意识地将与现代建筑产业发展相关技术、材料和相关设施设计成学生时刻能感受到的认识实习环境，打造建筑土木类专业学生学习的立体"教科书"。

突出德育文化。面对高校为人民服务，为中国共产党治国理政服务，为巩固和发展中国特色社会主义制度服务，为改革开放和社会主义现代化建设服务，培养社会主要建设者和接班人这一不变的培养目标和新形势下已经变化的培养对象，学校明确提出以学习雷锋为主线，建设以弘扬社会主义核心价值体系为根本宗旨的新校园德育文化。通过建设雷锋庭院、成立校园雷锋班，组织雷锋精神研究会，邀请"雷锋班"历任班长与大学生面对面，设立雷锋班班长奖助基金，评选了雷锋式的优秀大学生和创建雷锋团支部等，引导学生立足本职学雷锋，勤奋学习比雷锋，在提高学生思想道德素质方面产生了重要的影响。同时，注重新校园德育文化的可感知、实施效果的潜移默化。如利用分布在祖国各地的学生在假期带回的家乡石汇成中国地图——我的祖国，去时刻感受祖国的元素和构成；在校园长廊中开辟开放式的由老校区的旧木头做成的"书满校园"书架，这里无人看守书报，培养学生道德自律意识。类似这样一系列彰显校园德育文化的景观和活动，使新校园真正成为学生积极向上的精神家园。

突出专业文化。在现行教育办学体制下，理工科大学生的专业不平衡问题尤为突出。建设以培养学生专业意识和创新意识为主要内容的新校园专业文化，是新校园文化建设的又一特色。如通过设立专业旗广场，建立由1700名两院院士肖像组成的院士墙等，营造校园专业氛围；通过有意识地将校区建筑的规划、结构、材料及相关设施设计成学生时刻能感受到的认识实习环境，打造建筑土木类专业学生学习的立体"教科书"；通过制定鼓励政策，引导学生利用所学专业知识开展科技创新活动，培养专业创新能力等，构建校园专业文化与课堂主渠道培养的立体组合，提升学生的专业素质。学校在校园西部建设了古建筑群，其原型是位于沈阳中街的十王府后巷，学校采用异地复建的方法，在其拆迁之际从沈阳中街古城将其整体搬迁，等比例复建移入校园，在建设过程中尽可能多地采用原材料、结构将十王府院落复建在沈阳建筑大学校园内，为古建筑保护献力。

突出景观文化。学校坚持人文校园、生态校园的建设理念，注重富有启迪意义的历史和自然景观建设，精心设计和提高新校园景观的文化品位，营造学生成才的文化环境，全面提升学生文化素质。如将老校门整体迁移到新校区，保留二十亩稻田地作为校园景观，"保留"建于明代的沈阳八王寺古建筑，保留老校区压操场的铁磙子做成雕塑《滚滚向前》等，与校园中激昂优美的校歌、寓意深刻的校训、耳熟能详的校风、代表建大人品格的建大精神一起，"随风潜入夜、润物细无声"，使生活其中的大学生时刻处在文化与艺术的氛围中，实现思想的提高与知识的长进同步，身心的享受与精神的陶冶相融。在学校北侧，打造了稻田景观，这是学校建设新校区时特别保留下来的一片原始稻田，学校每年10月举办一届水稻收获节，将稻田景观打造成劳动教育的实践平台，让大家共同体味"春种一粒粟、秋收万颗子"的丰收喜悦，感受劳动的光荣与伟大。

突出主题文化。围绕新校园环境的变化，精心设计载体并赋予和完善新校园的主题文化，如悬挂题有"警钟不想人常想，警钟不鸣人长鸣，常想常明"的警钟长鸣古钟，成立"耐力、体力、毅力、精力、生命力"为主题的王军霞健康跑俱乐部，在《沈阳建筑大学校报》上开辟"心灵导航"专栏，举办心理健康节等主题鲜明的活动，开拓大学生的视野，锻炼大学生的体魄，疏导大学生的心理，大大地提升了学生的身心素质。在庆祝中国共产党成立100周年之际，学校充分发挥校园文化的育人功能，在广泛征求师生校友意见的基础上，经学校研究确定主要道路、广场命名方案，道路、广场以建校者、革命者、改革开放建设者，校训等与学校发展历史相关的人物命名，让学生时刻感知中国革命史、建设史和学校发展史。

（四）管理服务特色

学校将现代大学制度建设与"产教融合、校企合作"相结合，双轨并进，相互提高，充分发挥管理在产教融合中的基础性、保障性作用。学校成立了理事会，组建了专业教学指导委员会和校企课程开发小组，校友和企业代表占比超过一半，制定了《沈阳建筑大学关于推进产教融合协同育人工作的指导意见》，将企业管理员工的理念、思路、模式、方法与教学管理、学生日常管理相结合，营造学生时刻感知企业文化的氛围。

学校将管理服务作为三全育人的重要内容，进一步明确管理育人要求。在大学章程、岗位聘任、人员招聘、职称评审、年度考核、财务管理等文件中明确管理育人要求。进一步明确管理育人的岗位职责，提升自律意识。创新管理育人形式，推进"校领导接待日"工作机制，搭建多样化的管理育人平台，拓宽管理育人渠道。进一步推进依法治校，实施管理育人考核。优化绩效考核指标体系。推动管理重心下移，不断优化校院两级管理机构职能。建立干部队伍年度考核制度，努力形成学校中层领导干部抓育人工作的考核评价及促进激励体系。建立学生参与的管理机制，在研究生学生群体中设立"三助一辅"岗位、"研行合一"志愿服务岗位，在本科学生中设立勤工助学岗位、学生党团组织、社团组织、学生会机制。扩大学生参与重大决策、参加重要会议和重要活动的覆盖面和主体参与度，增强重要活动中学生的获得感。

五、形成了"产教融合、校企合作"的"五化"运行机制

学校将"产教融合、校企合作"的"五化"运行机制运用于人才培养的目标、过程、标准、职责、方法、评价的全过程，形成了各方相互作用、合理制约的良性循环。

1. 人才需求行业化。学校以培养符合行业发展需求的高素质应用型人才为办学目标，以建设行业职业标准带动制订学校人才培养方案。学校为适应建筑产业转型发展的教育教学改革，出台了《沈阳建筑大学现代建筑产业化人才培养教学改革工作意见》，提出以BIM技术为重点，加快构建与之相适应的产、学、研、教一体的教学科研、人才培养体系。

现代建筑产业化，是在运用现代化技术方法的现代建筑工业化基础上，以信息化引领工业化发展、突出建筑技术与经济和市场结合特点的建筑产业现代化发展的过程；对全面提升建筑品质、促进传统建筑产业升级、转变城镇化建设模式，具有重要意义。学校以加快培养一批适应现代建筑产业化急需的领军和后备人才为目标，推进产教融合、校企合作，成立现代建筑产业技术研究院，依托辽宁省建筑结构工程实验室、北方地区现代民用建筑产业化工程研究中心等省部级重点科研平台，加快推动智能建造与建筑工业化协同发展，集成5G、人工智能、物联网等新技术，形成涵盖科研、设计、生产加工、施工装配、运营维护等全产业链融合一体的智能建造产业体系。在技术研发同时，编写《现代建筑产业概论》《装配式建筑技术概论》等"现代建筑产业化系列教材"，填补国内空白，抢占相关教育教学研究制高点。并在人才培养方面，有组织、有计划地逐步建立起相对有所区别的新的培养方案、课程体系、专业方向、学科建设新的增长点，以及对外教育培训系统、科研攻关方向，推动包括研究生教育、继续教育、职业培训在内的建筑类教育整体上协同创新的改革、转型和发展。形成了专业联通、协同创新重在落实"三点（课程开发、教材建设、项目研究）一线协同（即课程—教材—项目协同）"载体的建设。

2. 学科专业导向化。服务社会是学校生存和发展的条件之一，学校始终通过服务社会发展战略提升学校的综合实力，解决学校生存与发展的长远重大问题。学校面向经济社会主战场，面向社会一线需求调整学科专业方向，特别是瞄准国家城乡建设

行业发展和技术升级的趋势，积极优化和调整本科专业布局结构，形成以建筑、土木学科为特色的专业体系，学科专业建设整体水平不断提高。在全国第四轮一级学科评估中，5个博士一级学科及学校总体排名均位列辽宁省属理工类高校第一名。2017年学校入选省一流大学建设高校，5个学科入选省一流特色学科重点建设学科。建筑学、土木工程、工程管理、建筑环境与能源应用工程、给排水科学与工程、无机非金属材料工程、机械设计制造及其自动化、计算机科学与技术、机械工程、城乡规划、风景园林、工程造价等12个专业被认定为国家级一流本科专业建设点；以行业标准为导向，积极参加行业专业评估和工程教育认证，建筑学、城乡规划、土木工程、建筑环境与能源应用工程、给排水科学与工程和工程管理6个专业全部通过国家专业教育评估，并获得最高评估等级，机械设计制造及其自动化专业、无机非金属材料工程、测绘工程和土木工程专业通过中国工程教育专业认证，有效提高了专业建设和人才培养与相关产业的适应性，得到企业高度认可。

3. 课程建设项目化。学校组建了校企课程开发小组，对照《普通高等学校本科专业类教学质量国家标准》调整优化课程体系，企业全程参与课程设计。学校要求每个工科专业主干课都要基于实际应用的案例教学和项目教学，鼓励采用虚拟现实技术应用，专业课程运用实际工程项目、真实案例教学比例达到100%，用人单位参与主干专业课程设计比率达到100%。

以我校与中建总公司合作的经典案例为例。针对我国海外工程扩展迅速，而从事海外工程项目管理的人才匮乏的实际，我校同中建总公司商议开办了土木工程专业（海外工程方向）实验班。这个班实行小班型授课，个性化培养，注重团队协作，强化英语教学，加强国际工程相关知识的培养。学校与中建总公司联合制订了人才培养方案，中建总公司派出有关专家与我校教师共同为实验班上课，学生在完成理论课学习之后，由中建总公司负责安排学生到本公司海内外有关项目进行实习，完成专业实践和毕业设计，其专业课程运用实际工程项目、真实案例教学比例达到100%。学生毕业后，由中建总公司负责推荐学生到国内或国外项目参加工作。

4. 队伍建设双师化。学校积极建设兼具教育教学能力和专业实践指导能力的"双师双能型"教师队伍，成立"双师双能型"教师认定工作领导小组，制定了《沈阳建筑大学"双师双能型"教师资格认定办法（试行）》和考核标准。加强"双师双能型"教师培养，"请进来"，教师与专家面对面，学课程设计，学信息化技术，学项目（产品）生产，学技能教学；"走出去"，教师走向企业，深化认知，强化技能，提升能力，积极推荐教师赴企业、政府和科研院所挂职锻炼。

学校以提高教师的实践、实验教学能力和应用创新为宗旨，以培养学生的实践能力和创新精神为目标，以促进学生就业创业为导向，完善师资队伍管理运行机制，优化队伍结构，提高应用型师资队伍建设水平，积极引导教师取得双师资格，从而促进产教融合顺利开展。学校成立"双师双能型"教师认定工作领导小组，统筹全校"双师双能型"教师的认定工作。办公室设在人力资源处，负责"双师双能型"教师认定的日常工作。各教学单位成立本单位"双师双能型"教师认定工作小组，全面负责与本单位有关的认定工作。截至2021年6月，全校已有476人获得了双师资格，累计获得教育部产学研协同育人项目70余项，为产教融合顺利实施提供了保障。

5. 人才培养"协同化"。我校与中建一局、沈阳万科等单位联合组建了"北方地区现代民用建筑产业化协同创新中心"，与中国科学院沈阳自动化研究所、北方重工集团有限公司、沈阳机床（集团）有限责任公司等30余家单位组建了"现代建筑工程装备协同创新中心"，协同创新中心在科技研发的过程中，将科研成果与人才培养相结合，将先进技术融入课程体系中，形成寓教于研的培养模式。这些中心不仅成为推进辽宁现代建筑产业化的技术中枢，同时更加便捷地成为我校学生实习实践基地。

我校积极探索产学研相结合的办学思路，注重将科研成果与人才培养相结合，人才培养与行业、区域经济社会发展相结合。如机械设计制造及其自动化专业将获得国家科技进步二等奖的"高精度热压氮化硅陶瓷球轴承"项目积极转化到教学中去，纳入教材《机械设计基础》中，并且在机械设计、机械设计基础、机械制造基础课程中予以体现，此外学院教师将科研成果与教学相结合，使本学科的前沿知识无形地融入教学之中，培养了学生的兴趣，提高了学生的能力；建筑学专业在突出建筑设计主干课地位的基础上，注重地域性建筑设计及理论的研究与实践，关注北方地区的建筑发展、城市建设、建筑环境和建筑设计实践，本专业学生的毕业设计与地方建筑实践紧密结合，使学生在学习与研究过程中更深入地了解本地区的建筑特点，其成果也为地区建设做出了贡献。

六、通过打造六大平台保障产教融合顺利实施

1. 组织管理平台。为推进"产教融合、校企合作"有效开展，学校组建了理事会；各学院以专业为单位成立了专业教学指导委员会，企业代表担任主任；成立课程开发小组，开展课程设计，编写校本教材，学校老师负责体系构建，企业专家负责案例教学。一系列组织构架在密切学校与社会联系、扩大决策民主、争取社会支持、接

受社会监督等方面发挥了积极作用。

学校不断完善现代大学内部治理结构，健全决策、执行、监督机制和社会参与机制，提高教育教学质量、科学研究水平和社会服务能力，依照《普通高等学校理事会规程》，成立沈阳建筑大学校理事会，理事会的主要职责是通过校企共同制订人才培养方案，共同实施教育教学改革和课程开发，共建共管实训基地，共同培训学生职业能力，提升学生综合素质，最终实现"人才共育、过程共管、责任共担、成果共享"的合作共赢局面，达到高质量应用型人才培养的基本要求。

2. 产业联盟平台。学校牵头组建了辽宁省被动式低能耗绿色建筑产业技术创新战略联盟、辽宁省现代建筑工程装备与技术校企协同创新联盟、辽宁省建筑信息模型全产业技术创新战略联盟、辽宁省建材产业校企联盟、辽宁省养老建筑工程与服务产业校企联盟、辽宁省紫砂陶瓷制品校企技术创新联盟等6个辽宁省校企产学研联盟。同时，学校积极参与构建由企业做"盟主"、利益为纽带、有明确市场目标的实质性产学研联盟，目前参与组建了"辽宁固废产业产学研联盟"等13个省级实质性产学研联盟。为贯彻落实"带土移植"机制，积极引育人才团队，进一步支持企业技术创新能力提升，促进科技成果转移转化，为服务"三篇大文章"提供创新活力。产业联盟积极开展多角度、多样化、多层次的产学研育人模式，深度推进教育供给侧结构性改革，促进供需双侧人才链、创新链、产业链深度融合，助力产教融合创新发展。

3. 实践实训平台。学校与中建二局、中国建筑东北设计研究院、中铁九局联合建设了3个国家级工程实践教育中心；建设国家级实验实践教学科研平台3个，省级实验实践教学科研平台57个，校办企业14个；建设校外学生实习实训基地300余个、稳定的就业基地500余家。

4. 素质发展平台。学校是国家级大学生创新创业训练计划实施高校，成立大学生创新创业中心，每年投入300余万元鼓励学校开展创新创业项目，创新创业孵化基地由科学技术部确定为国家备案众创空间单位。学校积极支持学生参加各级各类学科竞赛，制定了《沈阳建筑大学学生参加学科竞赛资助及奖励办法》，每年参加各级各类学科竞赛学生数占全校学生总数的50%以上。

5. 人文引领平台。学校注重人文精神对工程教育的涵养作用，以特色校园景观为依托打造"十大文化"育人体系，增强师生文化自信；设立名家、名师、名人的"三名讲坛"，提升学生身心素质；积极搭建校友与学生全方位互动平台，持续引导和协助校友以多种方式参与学校的人才培养工作，主动将长期积累形成的校友资源优势转化为不断提高人才培养质量的优势。

6. 质量监控平台。学校通过理事会、教学指导委员会定期对各单位产教融合的科研成果和人才培养质量进行评估，强化督导检查，将评估结果作为考核奖惩的重要依据。

6.3 产教融合研究生培养的创新与实践

专业学位是针对国家及社会特定领域的需要，为培养具有较强专业能力和职业素养，能够创造性地从事特定岗位工作的高层次人才而设置的一种新型研究生学位类型。2011年，国家开始大力推行研究生教育政策调整，从以培养学术型研究生为主向以培养应用型为主转变，并逐年减缩学术型研究生的招生规模、稳步扩大专业学位研究生招生比例，专业学位研究生教育得到了快速发展。2020年，教育部印发的《专业学位研究生教育发展方案（2020—2025）》中指出，发展专业学位研究生教育是经济社会高质量发展的必然选择和主动服务创新型国家建设的重要路径，到2025年，将硕士专业学位研究生招生规模扩大到硕士研究生招生总规模的三分之二左右。随着中国特色社会主义进入新时代，我国专业学位研究生教育开始进入了注重内涵、提质增效的新阶段，专业学位研究生培养模式的完善及水平的提高面临新的需求和挑战。

一、制约专业学位研究生培养产教深度融合的瓶颈和因素

现阶段我国产教融合发展面临不少瓶颈和制约因素，教育人才培养和产业需求存在着"两张皮"问题。对于专业学位研究生培养，产教深度融合是重要途径，这里将制约专业学位研究生培养产教深度融合的瓶颈归结为"五化"难题，具体为：

（一）专业学位与学术学位培养"同质化"

专业学位是为培养特定职业高层次专门人才而设置的，但在实际培养中，一些高校对专业学位研究生目标定位认识不够准确，培养模式与学术学位并没有太大区别，大部分校内导师缺少在行业、企业的实践和工作经历，在指导专业学位研究生过程中仍以指导学术学位研究生的惯性思维进行指导，没有真正体现专业学位的培养特色。

（二）课程设置与行业发展"脱节化"

课程学习是开展科学研究和应用的首要环节，对研究生构建知识架构、创新学术

思维、提升应用能力具有举足轻重的作用。目前,多数高校专业学位研究生课程设置参考学术学位研究生课程设置,没有构成系统化、科学合理的"应用能力+创新精神"培养的知识链和训练过程,没有凸显专业学位的先天定位优势,课程内容与行业企业发展不同步,缺少行业企业市场新鲜血液补给,学生知识面窄。授课教师偏理论化,教学模式重知识传授,学生知识综合应用能力、实践能力、团队合作及沟通能力亟待提高。

(三)专业实践过程与管理"形式化"

专业实践是专业学位研究生培养的重要环节,是专业学位研究生了解行业需求和提升职业素养的重要途径。高校普遍明确要求专业实践时间不少于半年,很多高校通过校企共建联合培养基地,作为专业学位研究生开展专业实践的重要平台,但在大体量的学生数和企业有限的容纳能力之间、人才培养的长周期和企业要求立竿见影的经济利益之间的矛盾日渐凸显。同时,对研究生在企业的实习阶段设计不够细致,管理与考评机制不合理,使得高校与企业对研究生的专业实践过程与管理存在一定程度上的形式化问题。

(四)双导师制度"虚名化"

双导师制是专业学位研究生培养的重要举措。高校导师普遍在思想教育、理论研究、行为规范等方面有着非常丰富的经验;校外导师在实践经验、职业素养、解决实际问题及沟通能力方面有着较强优势,若能将二者有机结合,对培养专业学位研究生成长成才将发挥重要作用。但多数高校缺少有效的激励机制,校外导师基本上是进行无偿劳动,只有责任,没有权利,加之校外导师本职工作较为繁忙,无精力指导研究生,只是在培养过程中签一下字或者在答辩时出席一下,走走过场,大多数校外导师有名无实,并没有发挥出太大作用。

(五)校企合作"碎片化"

各高校与很多行业企业、科研院所通过合作建立了专业学位研究生联合培养基地,为专业学位研究生搭建了实践锻炼的平台。但由于校企合作机制不完善、不系统,对于合作产生的成果与知识产权的归属双方都产生顾虑,部分合作单位只注重眼前利益,不愿意管理或不清楚如何管理进入基地实践的研究生,缺少政府有效引导和监督约束,导致双方合作碎片化、不可持续化,特别是仅依靠校友或个人关系建立的合作基地,还存在"人走政息""虎头蛇尾"的风险。

二、学校专业学位研究生教育探索与实践

从1985年教育部批准我校为硕士研究生招生单位、开始招收培养硕士研究生至今，我校学位与研究生教育已经走过了三十余年的发展历程，在办学规模、办学层次和教育质量等方面均取得了突出成绩。1993年，国务院学位委员会批准我校为硕士学位授予单位；2000年、2002年，国务院学位委员会办公室先后批准我校为开展同等学力人员申请硕士学位授予工作单位和工程硕士专业学位培养单位；2003年，教育部批准我校为开展联合培养博士研究生工作单位；2009年开始招收全日制专业学位硕士研究生；2010年，教育部批准我校为推荐优秀应届本科毕业生免试攻读硕士学位研究生工作单位；2013年，国务院学位委员会批准我校为博士学位授予单位；2017年，我校入选辽宁省一流大学重点建设高校。

三十余年来，在几代建大人薪火相传、不懈奋斗下，学校学位与研究生教育的层次、规模、结构、质量和效益等各个方面均取得了显著成就，从无到有地建立起了硕士、博士到博士后完整的学位授权和人才培养体系，各类研究生在校规模已从个位数发展到4000余人。学校现有5个博士学位授权一级学科，16个硕士学位授权一级学科，14个硕士专业学位授权类别（领域），现有研究生导师637人，其中博士生导师85人，形成了一支德才兼备、结构合理、学术精湛、富有活力的高水平创新型导师队伍。

学校学位与研究生教育事业始终坚持以立德树人、科学发展为根本宗旨，以提升质量、深化内涵为核心目标，紧密结合研究生教育特点和规律，不断创新研究生培养和管理模式，深化研究生教育和教学改革，健全研究生教育和管理制度。同时，学校积极构建了"四位一体"的研究生育人体系，打造形成了"研行合一""V博闪硕""百花争妍"等一系列研究生党建、学术文化和校园文化品牌。研究生教育规模逐步扩大，学位授权体系日益完善，研究生教育培养质量稳步提高，获辽宁省百篇优秀硕士学位论文数量连续七年居省内同类院校前茅，研究生在各类国家级高水平学科竞赛中的获奖数量和等级不断取得新的突破。学校先后获评为"辽宁省研究生课程体系建设改革试点单位""辽宁省深化专业学位研究生教育综合改革试点单位"。2017年，经辽宁省人民政府学位委员会、辽宁省教育厅批准，辽宁省建筑类专业学位研究生教育指导委员会秘书处设在我校。学校先后当选为中国学位与研究生教育学会理事单位、辽宁省学位与研究生教育学会常务理事单位、辽宁省研究生招生工作研究会会长单位和秘书长单位，连续九年被评为"辽宁省学位与研究生教育先进单位"，并先后荣获"全国高等教育学籍学历管理工作先进集体""辽宁省研究生招生工作先进集

体""辽宁省实施研究生教育创新计划工作先进单位""辽宁省学位信息报送先进工作单位"等多项荣誉称号。

近年来，学校全面贯彻党的教育方针，把立德树人作为研究生教育的根本任务，坚持走内涵式发展道路，以深入推进专业学位研究生教育综合改革为契机，立足专业学位研究生教育特点，面向行业、突出应用，以"服务需求、提高质量、内涵发展"为宗旨，以提升职业能力为导向，以提高研究生教育质量为主线，大力加强专业学位研究生培养模式、课程教学、实践基地等各培养环节供给侧改革，进一步突出产教融合、强化知识迁移力、实践创新力和职业胜任力的培养，强化学位论文应用导向，推进考核体系与职业资格衔接，完善质量保障体系建设，不断提升专业学位研究生培养质量。

通过多年探索与实践，学校围绕专业学位研究生教育的职业导向，以产教融合为切入点，将政府、高校、行业企业及科研院所形成一个高层次应用型人才培养有机整体，在政府教育政策指导与协调监督下，高校与行业企业、科研院所密切配合，构建产教协同发展的专业学位研究生培养体系。

在分析我国现阶段专业学位研究生培养现状和新时代国家对专业学位研究生培养目标及需求基础上，突出"校企双主体办学"理念，将政府、高校、行业企业、科研院所合力形成有机整体，进一步推进产教融合，凝练提出了"一体化设计（Unify-design）、双导师组队（Double-tutors-pairs）、三阶段融合（Three-section-fusion）、四平台协同（Four-party-coordination）、全过程保障（Whole-process-ensures）"的创新型专业学位研究生培养模式（UDTFW）。创新型专业学位研究生培养的"UDTFW"培养模式详述如下（图6.1）。

（一）一体化设计——"学校+教指委+行业协会+知名企业"联合制定专业学位研究生培养方案

培养方案是研究生培养工作的纲领性、指导性文件，培养方案的科学性，直接关系到高层次人才的培养质量。高校专业学位研究生培养方案依据行业发展和社会需求进行定期修订，培养方案采取"学校+教指委+行业协会+知名企业"四方联合参与制定。学校以全国专业学位研究生指导性培养方案为基本框架，结合自身特点和学科特色，邀请行业协会和知名企业专家共同参与专业学位研究生培养方案制定工作。

培养方案中所涵盖的课程设置、学位论文要求等内容，紧紧围绕行业需求和专业学位研究生实践创新能力培养进行一体化设计。其中，课程设置坚持以实际应用为导向，以职业需求为目标，以职业胜任能力培养为核心，打造专业基础前沿课程，设置职业资格认证课程，增加实际工程案例教学类课程，同时，面向工程项目开设工程技

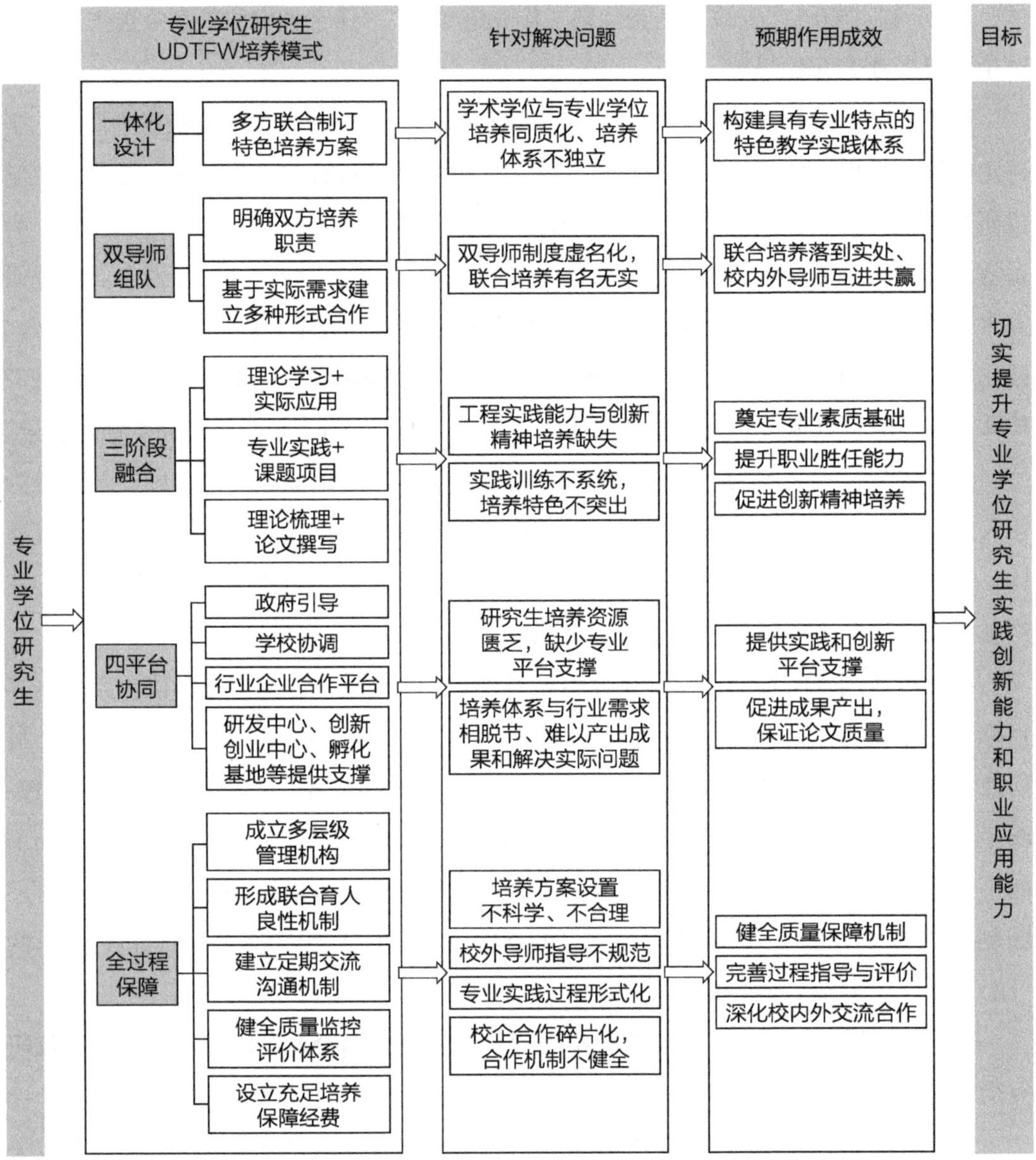

图6.1　专业学位研究生培养模式（UDTFW）架构图

术、设计类课程，面向行业需求开设职业资格认证相关课程，面向企业需求灵活设置菜单式课程，面向创新创业开设创新创业教育课程，面向研究生综合素质培养开设工程伦理、艺术、人文和社会科学类课程；学位论文要求强化应用导向，灵活学位申请标准，提出相应形式的学位论文质量要求。

（二）双导师组队——建立"志同道合"的专业学位研究生双导师队伍

导师的指导水平直接决定研究生的培养质量，如能将校内校外导师组合优势作用最大化，将极大保证高层次人才培养质量。为充分发挥双导师制优势，学校聘请行业知名企业具有丰富实践经验的专业技术人员担任研究生校外联合指导教师，与校内导师组成"双导师"团队，共同指导研究生各环节培养工作，明确双方职责，校内导师主要负责课程学习和校内指导，参与和协助指导研究生在实践基地期间的实践任务；校外企业导师除了参与指导研究生进行学位论文选题、完成学位论文撰写工作外，主要负责研究生在基地实践期间的全部实践任务指导工作。

在校内导师与校外导师正式组队前，优先支持曾有过良好项目合作经历或互为熟悉的校内外导师组队，对互不相识的校内外导师，通过介绍及公示自身研究方向、在研课题、参与项目、专业特长、兴趣爱好等，进行自愿组合配对，使双方在共同指导研究生的同时，能够彼此促进，共同获益，从而进一步调动和激发双方合作的兴趣与动力，并进一步共同提高研究生联合培养质量。另外，通过制定校外导师的奖励办法，向校外导师赋权增能，为其学习进修、职称评定等提供便利，使校外导师有获得感、荣誉感、成就感。

（三）三阶段融合——理论学习与实际应用融合+实践与项目融合+成果梳理与论文撰写全过程融合

设计专门面向专业学位的理论与应用教学体系，重构专业核心类课程内容。专业学位研究生的培养更加注重应用性与实践性，通过优化课程体系，创新课程教学模式，加大专业核心类课程案例教学在教学中的比例，丰富课程类别，包括专业基础前沿课程、职业资格认证课程、工程案例教学课程、工程技术和设计类课程、创新创业教育课程等，创建专业学位课程教学案例库。教学形式上更加注重探究式教学、启发式教学、参与式教学、讨论式教学等，提高研究生认识问题、分析问题和解决问题能力。并邀请联合培养企业具有丰富实践经验的专家进校举办讲座和授课，鼓励校内教师与校外专家组建教学团队，深入开展专业课程案例教学，帮助研究生在课程学习阶段跳出理论、走进实践，实现理论学习与应用的深度融合。

建立合理的专业实践过程管理与评价机制，引导实践内容与行业企业课题项目深度融合。科学、合理、有效的实践过程管理与考核评价机制，是保证专业学位研究生专业实践实质开展和良性运行的重要手段。学校在每年初，与研究生联合培养基地企业联合制定年度工作计划和实践任务安排，校内导师、校外导师、研究生共同制订专业实践工作计划，明确参与企业课题、项目研究的主要任务和预期实现目标，将实践内容与课题项目深度融合，实习期间，校外导师全程指导研究生的实践环节，同时校内外导师定期交流，对研究生的日常表现、思想动态、实践完成情况给予评价。

总结梳理理论学习与实践成果，系统融入学位论文撰写各环节。研究生按照校内外导师制定的培养计划和研究方向，对标学校专业研究生学位论文开题、中期检查、预答辩、答辩及学术成果发布等各环节时间节点和工作要求，对近两年的课程理论学习和专业实践成果加以梳理、规划和总结，鼓励研究生依托实践课题或项目作为学位论文选题和重点研究内容，并通过学位论文答辩各环节要求反向引导专业实践工作有的放矢，使各阶段的学习、研究和实践成果更好地融入学位论文答辩全过程中，从而进一步提高学位论文质量。

（四）四平台协同——"政府+高校+行业企业+科研院所"四平台协同培养

专业学位研究生培养的职业目标导向，决定了需要整合高校、政府主管部门、行业企业与科研院所等客观网络结构的条件与资源，合力形成一个人才培养的有机整体。通过理顺外部关系，打通合作各方体制机制壁垒，推进学校与政府、行业企业、科研院所四方联动，构建"资源互补、风险共担、互利共赢"的联合育人共同体。

政府发挥引导激励作用。专业学位研究生教育涉及教育、科技、财政及人事等政策，需要政府各主管部门积极通力配合，通过制定一系列鼓励性、优惠性政策，调动和吸引各方力量主动参与专业学位研究生教育，努力建立符合专业学位研究生教育的资源配置机制，从战略上引导，政策上扶持，资源上保障，着力破解专业学位研究生教育发展的体制机制障碍。

学校发挥组织协调作用。学校牵头成立由政府代表、学校领导、校内专家和行业企业专家等各方代表组织的教育指导委员会，加强对专业学位研究生培养的顶层设计，明确各参与主体权责和利益分配，通过"请进来，走出去"等途径，选派优秀青年教师到政府和企业挂职锻炼，吸收富有育人情怀的优秀行业企业专家，充实学校专业学位研究生教师队伍。

行业企业发挥平台作用。学校通过与行业企业共建专业学位研究生联合培养基地，为研究生专业实践提供平台，并以平台为基础，联合制订培养方案和研究生培养计划，设立研究生实践岗位，提供职业化技术指导和研究经费，将专业学位研究生实践与企业技术需求紧密衔接，共同提高导师队伍建设水平，协同评价人才培养效果和人才培养质量。

科研院所发挥技术支撑作用。围绕行业企业发展的热点、难点以及成果转化等存在的困难和问题，整合学校科研所、重点实验室、校企联盟、双创中心优势资源，与国家、行业高水平科研院所开展密切合作，成立项目研发工作小组，带领研究生全程参与相关课题项目攻关，为培养和提高专业学位研究生创新能力和解决实际应用问题，提供技术支撑和创造条件。

（五）全过程保障——构建多角度、立体式质量保障体系

成立不同层级联合培养管理机构。学校分别成立由学校领导、政府主管部门领导、行业协会及企业领导、科研院所领导组成的专业学位研究生联合培养理事会和由校内职能部门、资深导师、知名行业企业专家、科研院所代表组成的工作指导委员会，对培养方案的总体设计与论证、规章制度的起草与制定、联合培养基地建设、项目研发与成果分配、研究生实践管理与监督、各方合作沟通与协调等发挥领导和组织作用。

合力形成联合育人良性运行机制。学校联合政府、企业制定并完善校企合作的政策法规体系，以重点项目研发和联合培养为纽带，推进学校与企业科研实战攻关人才培养良性运行机制的构建，加大政府和企业对学校专业学位研究生培养的参与度，明确不同主体利益诉求、职责内容和奖惩措施，破解校企合作难题，保证合作的有效开展和契约承诺，在合作中除维护共同利益外，更加注重人才培养和情感交流，建立患难与共、同舟共济的合作关系。

建立校企定期交流沟通机制。学校每年定期邀请政府主管部门领导、合作行业企业领导、校外导师、科研院所专家举行研究生联合培养工作交流会议，总结联合培养经验，了解合作单位存在的困难与不足，促进各培养主体之间的深入交流，共同探索和创新联合培养方法和途径，制定基地建设和联合培养规划，表彰在联合培养过程中表现突出的企业和导师，不断激励和提升研究生培养质量。同时，组织开展导师集中培训，使广大校外导师能够进一步了解国家及学校关于研究生培养的相关政策和规章制度，不断提高指导水平。

构建完整质量监控与评价体系。细化专业学位研究生培养各阶段、各环节质量考核与评价体系，制定联合培养基地建设标准，采用多元化的评价指标，更加重视对研究生的专业知识、技术应用、实践成果、创新能力等方面考评。对实践期满的研究生进行多方位考核，学校、企业、校内外导师联合成立专业实践考核组，对照计划完成情况，研究生除要求提交详细的实践报告外，还要以公开汇报答辩的形式进行严格考核，执行严格的考核结果奖惩机制，确保研究生实践质量。

设立充足的专业学位研究生培养保障经费。在专业学位研究生培养经费投入方面，学校每年设立多项专项培养经费，用于研究生实践补助、基地建设、联合培养导师指导和奖励等。对于建设成效显著的联合培养基地、联合培养导师及实践成果丰富的专业学位研究生，学校均给予不同额度的专项奖励。同时，联合培养基地为实践研究生提供必要的生活补助，为研究生提供必需的办公场所、实践空间和食宿条件等。

三、取得成效

（一）面向建筑行业需求侧，全面修订研究生培养方案

沈阳建筑大学持续深入推进研究生分类培养工作，2017年启动研究生培养方案修订工作，从培养目标、研究方向、基本学制和学习年限、培养方式、课程设置、学位论文工作等方面对学校14个专业类别（领域）和18个学术硕士学位授权点的研究生培养方案进行了修订。通过近5年的实施，逐渐形成了培养目标和定位更加明确、课程设置更加合理、学分要求更加侧重实践应用的专业学位研究生培养模式。2021年，学校围绕"十四五"发展规划目标，着眼国家战略发展需要和经济社会需求，再次组织对研究生培养方案的全面修订，强调深入推进人才培养模式改革，突出创新创造能力的培养和推进课程改革创新，为新时期探索深化研究生分类培养机制改革的有效途径提供了积极实践。

（二）衔接职业能力全要素，全面建设模块化课程体系

沈阳建筑大学简化课程类别设置，实施模块化课程管理，对专业学位研究生开设"基础通用课""专业技能课""行业前沿课""素质提升课"四个课程模块，其中，在"专业技能课"模块中开设了155门针对不同专业学位类别（领域）职业能力或执业资格的核心课程；在"行业前沿课"模块中进一步加大了实践课程、职业技能类课程的开发与建设力度，并开设了"新型建筑材料的生产与应用""市政工程项目实践及案例分析""工程应用技术专题""行业发展与科技前沿"等邀请行业专家任课的短期实践或应用类课程；在"素质提升课"模块中，面向全校研究生开设了职业伦理（工程伦理）课程，2017年、2018年先后选派9名骨干教师参加全国工程专业学位《工程伦理》课程师资培训班，通过专门课程教学提升专业学位研究生的职业素养。

（三）强化能力培养不打折，严格规范实践教学考核管理

专业实践是专业学位研究生重要的教学环节，近年来，沈阳建筑大学不断对专业学位研究生专业实践的全过程管理和考核，出台了《全日制专业学位研究生专业实践管理办法》，加强了研究生专业实践过程管理，细化考核标准，校内外导师密切合作，共同指导专业学位研究生的学习实践，及时沟通反馈学生实习进展，学校通过实践基地走访、过程材料抽检等方式实施监督管理，努力提升实践效果，建立产教融合常态化机制。

专业学位研究生专业实践须结合职业能力和学位论文工作需要，在校内外导师共同指导下，制订专业实践计划，并提交《专业学位研究生专业实践计划表》，经培养单

位组织审核通过后实施。专业实践结束后，研究生须提交一份书面的专业实践报告，由学院以公开答辩或学术交流的形式统一组织专业实践考核，考核合格后，计6学分。

（四）立足培养需求目标，强化校内外导师紧密联系

沈阳建筑大学定期组织召开专业学位研究生联合培养基地建设和校内外导师培养经验交流会，总结基地建设和研究生联合培养经验，促进各基地与学校、联合培养与校内导师之间的沟通交流，共同探索和创新联合培养方法和途径，不断提高研究生联合培养质量。

（五）拓宽人才培养新渠道，大力加强联合培养基地建设

按照"优势互补、资源共享、互利共赢、协同创新"的原则，通过出台《沈阳建筑大学研究生联合培养基地建设及管理办法》，积极推进学校与科研院所、行业企事业单位战略合作和联合共建研究生培养、实践基地工作，构建人才培养、科学研究、社会服务等多元一体的合作培养模式。学校先后建立了48个校级专业学位研究生联合培养基地，其中，12个基地先后获批为辽宁省专业学位研究生联合培养示范基地，与辽宁省建筑设计研究院联合建立的建筑与土木工程领域"现代建筑产业化专业学位研究生联合培养基地"获批为第二批"全国示范性工程专业学位研究生联合培养基地"，为专业学位研究生开展专业实践、提高职业胜任能力奠定了坚实基础。

（六）加强专业学位研究生教育质量保障体系建设

1. 紧密结合行业发展，不断优化人才培养类型结构

2017年，沈阳建筑大学出台了《博士、硕士学位授权点动态调整办法》，对学位授权点的调整原则、撤销与增列程序等作出了明确规定，建立了学校学位授权点动态调整机制。动态调整坚持优化布局、服务需求、突出特色、提高质量的原则，主动撤销需求不足、水平不高的学位授权点，自主增列优势突出、特色鲜明、符合经济社会和行业发展需求的学位授权点，以进一步加强学校学位授权点内涵建设，优化人才培养类型和结构布局，推动研究生教育主动服务经济社会发展需求，不断提高研究生培养质量和学位授予水平。

2. 明确学术评价新内涵，切实突出学位论文应用导向

从2017级研究生起，沈阳建筑大学明确要求专业学位研究生论文选题应来源于应用课题或现实问题，要有明确的职业背景或行业应用价值，突出反映研究生综合运用知识技能解决实际问题的能力和水平，可将研究报告、规划设计、产品开发、案例分析、管理方案、发明专利、文学艺术作品等作为主要内容，以论文形式表现。

2018年，学校全面修订了研究生学位论文撰写规范，并从内容与形式上进一步突

出了专业学位与学术学位研究生不同的学术成果要求，专业学位研究生不再硬性规定发表学术论文，在实践过程中参与技术改造、项目设计与开发等方面所取得的成果，高水平学科竞赛获奖，实用新型和外观设计专利，软件著作权，研究成果转化证明等均可作为申请学位的成果。

6.4 以产教融合提升社会服务水平

一、总体工作情况

学校深入学习贯彻习近平总书记关于新时代东北振兴重要讲话和指示批示精神，自上而下形成滚石上山、真抓实干的浓厚氛围，在不断思考，积极行动中推动学校改革发展。同时结合辽宁省委、省政府关于"五大区域发展战略"和"一带五基地"建设工作的统筹部署，始终以"立足辽宁、服务行业"为基本任务，以服务县域经济发展为着力点，加强校地、校企合作，积极打造"政—产—学—研—用"融合发展的科技成果转化和辐射平台，充分发挥全省优势教育资源在地区经济社会发展中的服务保障和支撑引领作用。

（一）以制度建设为保障

以国家及辽宁省出台的一系列科技创新改革政策为依据，学校组织修订《沈阳建筑大学科研项目管理办法（试行）》《沈阳建筑大学科研经费管理办法（试行）》《沈阳建筑大学科学技术奖励实施细则（试行）》等，完善现有制度；制定《沈阳建筑大学重点研发计划项目管理办法（试行）》《沈阳建筑大学知识产权管理办法（试行）》《沈阳建筑大学科研诚信管理办法》《沈阳建筑大学促进科技成果转化和先进技术转移实施意见（试行）》《沈阳建筑大学哲学社会科学研究成果管理办法（试行）》，推进符合我校的科技管理与配套措施改革；制定《沈阳建筑大学科研机构管理办法》《沈阳建筑大学科研平台管理办法》等科研机构和平台管理办法，进一步完善学校科研机构（平台）建设管理的规范化、科学化；制定发布《沈阳建筑大学纵向科研项目立项工作流程》《沈阳建筑大学纵向项目预算分配办理流程》《沈阳建筑大学纵向项目经费调整办理流程》等14个科研管理与服务工作流程，进一步规范学校科研管理工作，提高科研服务水平；编制《科技政策汇编》，积极宣传国家、省市科技政策最新变化，组织撰写《关于优化科研管理提升科研绩效若干措施的通知》征求意见稿。

（二）以服务中心工作为重点

学校注重发挥区域专业优势和行业服务特色，积极参与国家和地方经济建设，在产教深度融合中进一步提升学校办学能力和人才培养水平。学校依托3个国家级科研平台，40个省部级科研平台，19个直属科研机构和直属科研平台，牵头6个省级校企合作联盟，积极做好各项服务对接工作。"十三五"以来学校共签订"四技"合同2000余项，合同额近5亿元，横向科研进款近3亿元，成果转化情况位列辽宁省省属高校前茅。学校在中国高校产学研实力排行榜中排名第13名。2016年，学校荣获"中国技术市场协会科技服务诚信机构"。2018年，学校荣获第九届中国技术市场协会金桥奖先进集体奖。2019年，新华社在中国政府网上刊文报道我校科技成果转化工作。2021年，在国家发布的"中国高校专利转让排行榜（TOP100）"中，我校以486件专利转让数位居全国高校第34位、全省高校第1位。学校积极搭建对接合作平台，在2018年、2019年连续两年举办了辽宁省"民营企业院所行"暨沈阳建筑大学专场对接会，与东北科技大市场合作共建辽宁省首家工作站，同时连续参加九届中国（沈阳）国际"建博会（城博会）"，在装配式建筑、建筑BIM信息化、建筑节能、智慧建筑、建筑装备、智能建造与建筑工业化、建筑新材料等领域，拥有丰富的科技成果。

（三）以平台建设为依托

学校科研平台和校办产业管理进一步规范，产业规模优势凸显。完成了学校经营性资产监督管理委员会以及资产经营公司董事会、监事会的组建，出台了相应议事规则。修订了《校办产业管理暂行办法》《对外投资管理办法》等多项管理制度，努力规范校办产业全过程管理。进一步梳理了校办企业的发展优势，确定了围绕学校教学与学科建设需要做好产业工作的发展定位，进一步明晰了校办企业的发展方向。规划建筑设计院、建设项目管理公司等主要企业重视重点工程、精品工程的打造，部分项目产生了区域影响力，提升了企业形象，扩大了学校的社会影响力。在"十三五"期间，校办产业实现经营总收入3.6亿元，实现净利润760余万元。

二、主要成效

（一）以培育壮大新动能为重点，激发创新驱动内生动力

学校认真贯彻落实习近平总书记在为东北振兴把脉定向时重要讲话精神，把"科技创新能力强"作为新时代东北全面振兴的重要标志之一，将"以培育壮大新动能为

重点，激发创新驱动内生动力"作为新时代东北全面振兴的六项重点工作之一，提出"要依靠创新把实体经济做实、做强、做优，坚持凤凰涅槃、腾笼换鸟，积极扶持新兴产业加快发展，尽快形成多点支撑、多业并举、多元发展的产业发展格局"。学校始终以习近平新时代中国特色社会主义思想为指导，坚决贯彻省委、省政府决策部署，把培育壮大新动能，促进科技成果转化作为推动科技创新的重要任务，不断打通科技成果转化的"堵点"和"难点"，工作成效显著。

1. 坚持系统观念，深耕城市更新与设计

学校围绕建筑与规划学院、建筑研究所（地域性建筑研究中心）、天作建筑研究院、滨水城市研究院、建筑设计研究院等科研院所，依托"辽宁省光伏新材料与节能建筑重点实验室"等省部级重点科研平台，坚持系统观念，研究调整城市的空间结构、优化城市空间布局、完善城市功能；加快信息技术融合发展，大力推广BIM技术、大数据技术和物联网技术；推进城市生态修复功能完善工程；加快推进海绵城市建设；推进光伏+应用发展；着力构建以沈阳、大连"双核"为牵引的"一圈一带两区"的区域发展新格局。近年来，主要完成了辽东湾新区规划设计、北京冬奥会太子城冰雪小镇国宾山庄、鞍山师范学院改扩建规划设计，沈阳一河两岸城市更新、沈阳抗美援朝烈士陵园景观工程设计等，为城市转型及更新提供了生态环境与经济活力共轭发展的新模型。其中，辽东湾城市设计项目荣获"纪念建国70周年中国建筑学会2009—2019建筑创作大奖"，是唯一入选的城市设计项目，也是辽宁省唯一入选项目。学校成果转化示范工程——大连理工大学辽东湾校区项目获得"全国优秀工程勘察设计行业奖"一等奖，成为寒地绿色建筑的典型案例。盘锦城市文化展示馆获得全国建筑设计领域最高荣誉——"建筑创作金奖"。与鞍山、盘锦、辽阳等市合作，近三年在城市创新设计领域完成转化项目100余项，合同金额5000余万元。

2. 聚焦绿色建筑与建筑节能，为实现碳中和贡献建大智慧

学校积极响应国家低碳减排的号召，围绕市政与环境工程学院、严寒地区建筑节能技术研究中心、建筑节能研究院等科研院所，依托辽宁省建筑节能与室内环境控制实验室、辽宁省超低能耗绿色建筑技术工程研究中心等重大科研平台，从需求减量、超高能效、能源替代三个方面开展建筑碳中和相关技术研发，主要有装配式近零能耗建筑技术、光伏建筑一体化、光伏材料建材化、轻型装配式建筑和建筑节能减排等。同时，结合城镇老旧小区改造、海绵城市建设等工作，推动既有居住建筑节能节水改造；推动超低能耗建筑、近零能耗建筑发展，推广可再生能源应用和再生水利用。近年来，完成了雄安新区（安新县）征迁安置工作指挥部办公室多功能厅项目、丹东市

宽甸县虎山镇南岭外村便民服务中心示范项目、沈阳万博材料研究中心（国家级实验室）分布式光伏电站项目、大连海岛系列项目、浑南区农村卫生站项目、光伏扶贫帐篷项目等20余个示范项目，合同总额超1亿元。其中，严寒地区清洁能源与蓄能耦合供暖技术研究成果已经在东北三省、山东、内蒙古等地进行了推广应用，从2016—2019年为50余项工程提供了不同形式的耦合供热系统，清洁供暖面积超过100余万平方米，销售收入超过5000万元，对国内可再生能源供热技术进步起到了示范带头作用，为实现中国的能源生产和消费革命战略实施提供了有利的技术支撑。学校在新能源、新材料、现代建筑和节能环保的交叉领域取得了显著成效，为实现我国提出的"二氧化碳排放力争2030年前达到峰值、努力争取2060年前实现碳中和"的重大战略目标贡献建大力量。

3. 大力推广现代建筑工业化，推动智能建造与建筑工业化协同发展

学校围绕建筑工业化研究院、现代建筑产业技术研究院、土木工程学院、材料科学与工程学院、BIM与计算技术研究中心等科研院所，依托辽宁省建筑结构工程实验室、北方地区现代民用建筑产业化工程研究中心等省部级重点科研平台，加快推动智能建造与建筑工业化协同发展，集成5G、人工智能、物联网等新技术，形成涵盖科研、设计、生产加工、施工装配、运营维护等全产业链融合一体的智能建造产业体系。近年来，学校结合我省实际，在装配式建筑–结构–装修–BIM应用研究领域，完成了多项地方标准研究，成果处于国内先进水平，并与省内中辰钢构、亚泰集团、万融集团等企业合作，在装配式建筑领域完成转化项目200余项，合同金额3000余万元，相关技术应用于沈阳市城市档案馆新馆、辽宁安佑生物科技有限公司新建厂区办公楼、辽宁省食品检验检测院检验业务用房等多项建设工程中，取得了良好的经济效益和社会效益。其中，"高性能组合结构的创新、关键技术与工程应用"成功入选"首届辽宁省高等学校十大科技进展"。

4. 全面贯彻落实推进乡村振兴，服务新型城镇化与新农村建设

学校围绕城镇化与村镇建设研究院、生态规划与绿色建筑研究院、建筑与规划学院、建筑设计研究院等科研院所，依托辽宁省城乡规划信息技术与生态预警实验室、辽宁省城镇区域生态构建与管控工程技术研究中心等省部级重点科研平台，以县城为重要载体，加快小城镇发展，完善基础设施和公共服务，发挥小城镇连接城市、服务乡村作用；加强村庄风貌引导，保护传统村落、传统民居和历史文化名村名镇；加大农村地区文化遗产遗迹保护力度；加强乡村公共基础设施建设，推进农村厕所革命。近年来，学校科研团队发挥专业优势，完成了北票市国土空间总体规划编制，对沈阳

经开区2000余公顷的乡村用地进行了更新服务；开展了我国24个少数民族的特色村寨民居建筑研究，完成北镇、清源、朝阳等多个县域古村落保护、美丽乡村、宜居乡村建设规划，总计完成的新农村、小城镇和特色小镇规划设计数百个。其中，为锦州市300余公顷的产业园区、旧城空间提供了城市双修服务，因独具的"乡愁"魅力成为城市的重点示范工程。

5. 围绕建筑施工机械与装备，加快重大装备数字化、智能化建设进程

学校围绕机械工程学院、石材数控加工装备与机床主轴技术研究中心、沈阳建科机械责任有限公司（校办工厂）等科研院所，依托高档石材数控加工装备与技术国家地方联合工程实验室、辽宁省异型石材数控加工中心等重大科研平台，加大盾构机、混凝土预制生产设备、空中施工设备等重大装备和数字化、智能化工程建设装备研发力度，全面提升工程装备技术水平。由我校牵头，联合省内北方重工集团、沈阳三洋重工集团、抚顺永茂建筑机械有限公司等大中型企业以及省外高校、科研院所，共同组建了"现代建筑工程装备协同创新中心"，通过开展协同创新完成的"超高异形建筑用施工平台关键技术与装备研发""大型工业建筑设备安装无脚手架施工装备技术与产业化开发"等项目，为企业创造了较大的经济效益，并分获辽宁省科技进步一等奖、二等奖。同时，联合起草了全断面隧道掘进机的国家标准和行业标准8项，其中4项国家标准和一项行业标准即将发布，稳固了北方重工集团在生产盾构机企业的领军地位。

6. 专注环境保护与污染治理，提升综合治理与生态修复能力

学校围绕辽河流域水污染防治研究院、海绵城市研究院、市政与环境工程学院、交通工程学院等科研院所，依托辽宁省饮用水水质安全保障实验室等省部级重点科研平台，统筹开展城镇饮用水资源保护技术和水生态修复技术研发，大力开展农村改厕和污水、黑臭水体治理技术攻关，因地制宜建设污水处理设施；形成成熟的河湖管理、监测预警预报体系，推进水源地保护、地下水压采和产业转型升级。近年来，学校制定了《辽宁省城市供水用水管理办法》，经辽宁省第十三届人民政府第28次常委会审议通过，正式施行；承担了辽西北供水配套净水厂总体规划和设计工作，该工程是辽宁省为解决辽宁西部地区水资源短缺的重大项目；开展了"厕所革命"转化项目实施，学校积极组织团队，就习近平总书记提出的"厕所革命"，针对辽宁开展寒区新型城市、景区、乡村厕所关键技术研究和成果转化，制定了4套方案和10项攻关技术，编制了辽宁省"厕所革命"实施建设技术指南等10个标准和规范。

7. 开展新型建筑材料研究，助力建材工业智能制造数字转型

学校围绕材料科学与工程学院、土木工程学院、机械工程学院等科研院所，依托

辽宁省新型建筑材料制备技术实验室等重大科研平台，开展新型建筑材料、绿色节能材料、新型防火材料、外墙保温材料、尾矿资源高效利用、节能环保路面材料、特殊环境工程施工材料等领域基础理论和关键技术研发，以及新工业、新方法开发。近三年，累计签署横向项目52项，服务辽宁省内企业35家，主编及参编辽宁省地方标准17部。围绕企业提出的防腐（防水）涂料、水泥基快速修补材料、聚合物水泥防水砂浆、高性能陶粒轻骨料建材制品、早强型高强度水泥基灌浆料等合成、制备及性能提升关键技术需求，开展联合开发或技术攻关，为辽宁女娲防水建材科技集团有限公司、辽宁超强防火保温科技有限公司、辽宁天宝华瑞建材有限公司等省内企业解决技术难题。

（二）实施创新驱动发展战略，校企共建研究中心

在国家着力实施创新驱动发展战略、建设创新型国家的背景下，为更好发挥校企在技术和产业领域的协同创新优势，深化"产、学、研、创、用"合作，本着"资源共享、优势互补、务求实效、合作共赢"的原则，沈阳建筑大学抓住机遇，于2018年3月与国家能源集团正式签订校企合作协议，共同建设"绿色能源与建筑研究中心"。合作以铜铟镓硒光伏建筑一体化技术为依托，针对节能环保、新能源、绿色建筑、智慧建筑等领域攻关关键核心技术、加强原始创新，满足绿色能源建筑产业从技术研究、设计应用、产品研发到建筑施工等全产业链发展需求，提升新能源产业和现代建筑产业的创新发展和产业落地能力。

目前，我省新能源相关产业较为薄弱，本校企合作项目，对我省引入国家最先进的光伏技术、提高新能源与建筑产业结合的创新能力、拓展全国市场有重大意义。国家能源集团已经投入了100亿元科研资金，收购德国光伏研发机构，在北京和重庆建设铜铟镓硒光伏组件的生产基地。校企合作项目将在辽宁省建立铜铟镓硒绿色能源建筑产业关键技术的研发中心、技术中心和产业孵化中心，突破光伏建筑一体化集成技术、光伏建筑装配式技术、多能互补协同利用技术、建筑能源智慧控制技术等一系列关键技术，填补我省的产业空白。光伏建筑一体化产业，将形成装配式光伏墙体产品、热能利用设备制造、大数据平台打造等一系列相关产业，未来会形成万亿级别的产业链，助力我省经济高质量的绿色发展，更可以为辽宁东北老工业基地经济发展与绿色能源产业布局，提供前沿的技术支撑与广阔的成果转化空间。

（三）探索产学研合作新模式，建立产业技术研究院

为贯彻落实《国务院关于深入推进实施新一轮东北振兴战略 加快推动东北地区经济企稳向好若干重要举措的意见》中提出的组织辽宁与江苏开展对口合作，及《国务院办公厅关于印发东北地区与东部地区部分省市对口合作工作方案的通知》，进一步明确对口合作的4个方面18项重点任务，实现主动对接，全力推动，认真学习借鉴江苏的好经验、好做法，进一步激发扎实推进辽宁振兴发展的内生动力，加快辽宁老工业基地振兴，经沈阳建筑大学与江苏省南通市海门市政府协商，共建沈阳建筑大学南通建筑产业技术研究院，推动沈阳建筑大学与南通市海门市在建筑产业相关领域深度融合，结合产业未来发展方向和潜力，以促进实体经济高质量发展为目标，以建筑产业高端化、绿色化、智能化发展为方向，以数字赋能和技术创新为动力，加速构建龙头引领、专业配套、区域联动、智慧互通、产供销一体的链式化产业格局，打造以科技创新为引擎的区域经济发展模式，构建智慧建筑新业态，构筑建筑产业新优势，促进建筑产业绿色可持续发展，推动"建筑大市"向"建筑强市"转变，为江苏南通勇当"两争一前列"排头兵提供重要支撑。

1. 与辽宁省住房和城乡建设厅科技创新战略合作

根据《辽宁省建筑行业"十四五"发展规划纲要》《辽宁省新型城市基础设施建设实施方案》《辽宁省建设城市更新先导区"十四五"期间项目建设方案》等文件精神，为充分发挥辽宁省住房和城乡建设厅城市建设指挥棒作用和沈阳建筑大学科技资源与人才资源优势，共同提升我省建筑产业发展和技术创新，我校开展六个方面合作：一是城市更新领域。二是建筑碳中和领域。三是城市信息模型（CIM）平台建设。四是新型城市基础设施建设。五是地方标准（规范）制定与修订。六是科技攻关与科技服务。这次合作可以说给学校打开了一个全方位服务辽宁建筑行业的平台和窗口。在后续落实过程中，我们将尽快列出合作任务清单，整合相关学科资源，做好协同，按照合作任务组织开展对接省住房和城乡建设厅各对口部门，进而推进学校科技成果转化和技术向示范性方向发展。

2. 与沈阳市法库县人民政府战略合作

双方开展多形式、多层次的交流与合作，充分利用沈阳建筑大学在城乡规划、旅游规划、城市更新、建筑设计、景观设计等领域的学科优势和智库资源，结合法库县在旅游规划、城市更新、城市建设等方面的需求共同开展合作。进一步加强校地合作，推进高校科技与地方经济的融合，引导科技政策、高校成果、科技人才等创新资源要素向地方集聚，全面提升法库县旅游开发能力和水平。

3. 与沈阳市沈河区人民政府战略合作

根据《辽宁省人民政府办公厅关于印发辽宁省建设城市更新先导区"十四五"期间项目建设方案的通知》等文件精神，充分发挥我校在城市更新、建筑节能、市政工程、老旧小区改造等领域的学科优势和智库资源，结合沈河区在城市更新、城市建设等方面的需求共同开展合作。主要有六个方面的合作：一是开展城市双修，建设宜居沈河。二是开展城市体检，建好海绵沈河。三是开展城市修复，建设生态沈河。四是开展城市节能，建设低碳沈河。五是开展城市智能，建设智慧沈河。六是开展社区规划师，建设幸福沈河。进一步加强校地合作，推进高校科技与地方经济的融合，引导科技政策、高校成果、科技人才等创新资源要素向地方集聚，全面提升沈阳市沈河区城市更新建设能力和水平。

4. 与大连金普新区光伏建筑一体化技术转化合作协议

受大连金普新区邀请，拟在金普新区开展一系列光伏建筑一体化技术的科研工作和实际项目落地，开展多形式、多层次的交流与合作，充分利用我校在光伏建筑一体化等领域的学科优势和智库资源与乙方在建筑、产业等方面的资源优势，共同开展合作。加速光伏建筑一体化成果应用与产业化，促进学校与企业实质性、高水平、可持续的科技合作，助力大连金普新区打造碳中和示范区和"双碳"目标的实现。

5. 与锦州新阳光光伏应用有限公司共建光伏建筑研究院合作协议

双方以"光伏建筑研究院"为平台，以课题和项目为载体开展合作，施行人员双向交流互动机制。课题和项目实施过程中，在双方具备资源条件的领域，同等条件下优先采用对方技术和产品，共同研发晶体硅光伏建筑一体化集成技术，加速晶体硅BIPV产品的产业化进程。一是联合成立光伏建筑研究院。二是联合承担国家及地方课题。三是联合开展关键技术攻关。四是联合开展人才培养。推动国际领先的光伏建筑一体化集成技术原始创新，加速光伏建筑一体化成果应用与产业化，促进学校与企业实质性、高水平、可持续的科技合作。

6. 沈阳中辰钢结构工程有限公司战略合作

紧密结合"十四五"发展规划、党的十九届五中全会精神、省委十二届十四次全会及省政府相关工作部署、《辽宁省建设实质性产学研联盟工作指引（暂行）》《关于推荐首批典型实质性产学研联盟的通知》（辽科办发〔2021〕3号）等相关政策，依托辽宁省装配式建筑产学研用联盟，双方基于良好的信任，出于长远发展战略上的考虑，均同意构建互信双赢的核心战略合作关系。一是建设技术创新共享平台，结合重大项目实施、国家科技专项资助，逐步建成高水平技术平台和试验基地。二是建立新的技术转移和成果产业化机制，通过建立和完善合作攻关机制，加速创新成果产业化，提高装配式建筑行业竞争力和自主创新能力，推动装配式建筑产业的健康可持续发展。三是形成合理的人才交流和培养机制，通过建立合理的人才培养机制，实现科技人才的联合聘任、人才培养和人才交流，发挥大学优势为企业、行业培养并输送建筑产业化方向的本、硕、博毕业生。双方面向装配式建筑产业，联合攻克"卡脖子"的关键核心技术，加强产学研深度融合，促进科技成果转化，提升产业创新能力。

7. 与都市发展设计集团有限公司战略合作

为深入贯彻落实习近平总书记关于碳达峰、碳中和的重要指示要求以及对住房城乡建设工作的一系列重要指示精神，开展多形式、多层次的交流与合作，充分利用沈阳建筑大学在零能耗建筑等领域的学科优势和智库资源与都市发展设计集团有限公司在建筑、产业、康养等方面的资源优势，共同开展合作。一是科技合作创新。二是科技成果转化。三是科技平台共享。四是共建零耗能建筑产业研发中心。五是人才培养。六是专家聘用。共同推进零能耗建筑产业发展，大力开展创新研发、推广应用和教育培训工作，进一步激发扎实推进辽宁振兴发展的内生动力，加快辽宁老工业基地振兴。

8. 与辽宁省水利水电勘测设计研究院有限责任公司校企合作

我校与辽宁省水利水电勘测设计研究院有限责任公司有着深厚的合作基础，双方合作多年，本着"优势互补、资源共享、互惠双赢、共同发展"的原则，双方建立长期、紧密的合作关系。一是共建实习实训基地。二是科研与技术合作。三是合作办学与毕业生就业。四是专业技术合作方向与要求。五是定期交流。充分发挥校企双方优势，提高人才培养质量和企业竞争力，为企业培养更多高素质人才，为学校提供更广泛的科研和成果推广应用平台。

9. 与国家电投集团东北电力有限公司、锦州阳光能源有限公司战略合作

贯彻新发展理念，深度融入国家"3060"和"双碳"战略，为建立长期友好合作，三方愿意在城市更新、清洁能源产业、乡村振兴等领域积极开展广泛和深入合作。一是综合智慧能源和"三新"产业项目开发。二是科技创新与成果转化。三是科技平台共享。四是深化产教融合。五是高层次人才互聘。在新能源设备研发、制造、服务、项目资源获取和设计施工建设等方面充分发挥各自优势，使资源优势转化为经济优势，进一步巩固深化三方合作关系，共同履行高校、企业的社会责任和义务，实现三方互利共赢。

（四）牵头组建校企联盟，参与组建实质性产学研联盟

学校牵头组建了辽宁省被动式低能耗绿色建筑产业技术创新战略联盟、辽宁省现代建筑工程装备与技术校企协同创新联盟、辽宁省建筑信息模型全产业技术创新战略联盟、辽宁省建材产业校企联盟、辽宁省养老建筑工程与服务产业校企联盟、辽宁省紫砂陶瓷制品校企技术创新联盟等6个辽宁省校企产学研联盟。同时，以企业为主体，

参与组建实质性产学研联盟。学校积极参与构建由企业做"盟主"、利益为纽带、有明确市场目标的实质性产学研联盟，目前参与组建了"辽宁固废产业产学研联盟"等13个省级实质性产学研联盟，并依托实质性产学研联盟，积极参与"揭榜挂帅"科技攻关项目，攻克关键技术。同时，贯彻落实"带土移植"机制，积极引育人才团队，进一步支持企业技术创新能力提升，促进科技成果转移转化，为服务"三篇大文章"提供创新活力。

6.5　校企联盟案例

一、辽宁省"现代建筑工程装备与技术"校企协同创新联盟

辽宁省"现代建筑工程装备与技术"校企协同创新联盟立足行业创新发展内在要求和合作各方共同利益，建立有法律效力的联盟契约关系；遵照国家宪法、法律、法令和政策开展各项活动，维护国家的根本利益，促进经济发展和社会进步。

围绕产业技术创新的关键问题，开展技术合作，突破产业发展与核心技术，形成产业技术标准；建立公共技术平台，实现创新资源的有效分工与合理衔接，实行知识产权共享；实施技术转移，加速科技成果的商业化运用，提升产业整体竞争力；联合培养人才，加强人员的交流互动，有效地提升现代建筑工程装备与技术的相关产业核心竞争力。

（一）联盟的主要任务

1. 战略研究和平台搭建

组织制定现代建筑工程装备与技术相关产业创新发展规划，提出领域技术路线图和产业技术路线图；搭建公共信息平台，汇总建立技术库、产品库、人才库和需求库，推动各类创新资源的整合对接；凝聚一批具有创新优势的产学研单位，形成高效率的产学研合作新机制，推进联盟内各方的沟通互动，提高资源配置效率。

2. 创新推进

根据现代建筑工程装备与技术相关产业发展需要，集聚创新资源和要素，设立一批联盟项目，积极组织和推进相关关键技术和重点产品的自主创新，提高国产装备制造业产品的设计水平和质量。推进相关领域共性技术平台的建立，实现技术创新要素

的优化组合、有效分工、合理衔接以及科技资源共享，完善产业创新链。

3. 产业推进

根据现代建筑工程装备与技术相关产业发展的需求，加强与关联产业领域的对接，推进现代建筑工程装备与技术相关产业服务平台的建设，完善产业链；积极推进相关优势区域建立产业基地，形成一批具有国际竞争力、特色鲜明的创新产业化基地。

4. 应用推进

紧密结合各级政府机构的实际需要，组织开展现代建筑工程装备与技术相关产业趋势研究和示范设计等工作，促进辽宁及东北地区现代建筑工程装备与技术相关产业的规模化推广和良性发展。

5. 行业人才培养

通过联盟搭建的平台，推动联盟成员单位科技人才的联合培养和交流互动，使联盟成为培养高层次人才的重要基地，成为吸引留学人才和海外人才的重要基地，不断增强产业的持续创新能力。

（二）联盟组织机构

联盟共有30家从事现代建筑工程装备与技术相关技术研发、现代建筑工程装备与技术应用、生产、科研、设计、教学等相关的企事业单位，包括：沈阳建筑大学、大连理工大学、东北大学、北方重工集团有限公司、华晨汽车集团控股有限公司、沈阳机床（集团）有限责任公司、沈阳北方交通重工集团有限公司、沈阳三洋重工集团有限公司、大连三川建筑科技有限公司、抚顺永茂建筑机械有限公司、中国科学院沈阳自动化研究所、中国科学院金属研究所、中国科学院沈阳计算技术研究所有限公司、辽宁省机械研究院有限公司、沈阳工业大学、沈阳航空航天大学、沈阳化工大学、辽宁抚挖重工机械股份有限公司、辽宁强风铝业工程有限公司、沈阳捷迅电梯有限公司、沈阳学龙金属装饰工程有限公司、沈阳佳誉真空科技有限公司、沈阳高精数控智能技术股份有限公司、辽宁连云建筑机械制造有限公司、辽宁三三工业有限公司、亚泰集团沈阳现代建筑工业有限公司、沈阳中正特种设备检测有限公司、鞍山中正特种设备检测有限公司、大连中赫特种设备检测有限公司、大连金帝建设工程有限公司。

联盟设立理事会、常务理事会、专家委员会和秘书处。理事会和常务理事会为联盟决策机构；秘书处为联盟常设执行机构。

理事会的组成、任期、职责和议事规则如下：

1. 理事会的组成

理事会由联盟成员选举产生，理事由具备独立法人主体资格的现任法定代表人担任，不具备法人代表资格的应有法人的授权委托书。理事会每届任期三年，可以连任。

理事会设理事长一名、副理事长若干名。理事长和副理事长由理事会选举产生。首届理事会由全体发起单位法定代表人或授权人组成。理事长单位为联盟的依托单位。

2．理事会的职责

审议和表决提交理事会的各项议案、推举和改选常务理事会成员、审议常务理事会工作报告、审议联盟章程修改案、审议专家委员会职责和组成、审议联盟技术发展方向与重点工作任务、审议联盟经费的筹措和使用等事宜、决定联盟的终止和解散、批准联盟管理制度、审议其他重大事项。

3．理事会会议规则

理事会全体会议每年至少召开一次，可采用书面/通讯形式召开；会议由超过三分之二的理事参加生效；必要时经三名以上理事会成员提议，半数以上理事会成员同意，可以召开理事会临时会议；会议表决有三分之二以上参会成员通过有效。

4．常务理事会的组成和职责

（1）常务理事会的组成

联盟设立常务理事会，由理事会推荐产生。常务理事会成员必须是理事会成员。常务理事单位总数为单数，总数不低于9人，不超过15人。首届常务理事长由理事长兼任。在理事会休会期间，常务理事会代行理事会委托的事项。除需要理事大会表决议题外，常务理事会可以代为表决日常决定。常务理事会所形成的决议需要有超过三分之二常务理事出席常务理事会会议，并差额投票多数通过。常务理事会每年形成一份工作报告提交年度理事大会审议通过。

（2）常务理事会的职责

筹备年度理事大会、提交理事会表决议程、提请召开临时理事大会审议重大事项、遴选和聘任专家委员会成员、审定联盟成员的吸收、退出或除名、组织修订联盟章程并提出章程修改案、审查联盟管理制度并提交理事大会审议、提交联盟技术发展方向与重点工作任务落实，批准联盟经费的筹措和使用并向理事会提交年度报告。指导联盟秘书处的工作、落实领导小组交付的任务、落实完成理事会委托的其他事宜。

（3）专家委员会的组成和职责

1）专家委员会的组成

专家委员会由国内外专家、学者与管理人员组成。

2）专家委员会的职责

受理事会或常务理事会委托，提供咨询、建议，提出安全可靠的现代建筑工程装备与技术相关产业领域技术发展方向与重点，提出重大项目的建议，审议战略研究总体规划和分规划，遴选确定联盟项目。

（4）秘书处的组成和职责

秘书处设秘书长一名，副秘书长若干名。秘书长负责制定联盟管理制度，由常务理事会审议并提请理事会批准、按联盟工作计划组织开展各项工作、在理事会（常务理事会）的领导下，负责联盟日常工作、承办指导小组和理事会（常务）交办的其他事项、指导和监督各子联盟的运行和管理。对严重违反联盟协议或管理制度规定的，可以向联盟理事会（常务）建议，并经过联盟理事会会议做出纠正或解散子联盟秘书处设专职人员，可由理事单位推荐或由社会公开招聘，由秘书长聘任。

（三）主要工作

联盟成立后，建立了《辽宁省"现代建筑工程装备与技术"校企协同创新联盟章程》《辽宁省"现代建筑工程装备与技术"校企协同创新联盟协议》《辽宁省"现代建筑工程装备与技术"校企协同创新联盟项目管理办法》《辽宁省"现代建筑工程装备与技术"校企协同创新联盟经费管理办法》《辽宁省"现代建筑工程装备与技术"校企协同创新联盟知识产权管理办法》等规章制度。

1. 对接服务省内县域经济情况

联盟积极对接服务辽宁县域经济社会发展，开展卓有成效的工作，千方百计助力各地上项目，为区域振兴发展开展工作，并取得了优异的成绩，获得了显著的服务成效。

2. 产学研合作情况

沈阳建筑大学与沈阳机床（集团）设计研究院有限公司联合开发了GMC2010s石材锯铣加工中心，双方一起为福建省泉州市凌然石材有限公司开发了"异型石材锯铣加工中心"；与沈阳三洋建筑机械有限公司开展"大型现代建筑施工专用起重设备关键技术和产品研制"合作，解决了生产和技术改造过程中遇到的技术难题；与北方重工集团有限公司、亚泰集团沈阳现代建筑工业有限公司、大连三川建筑科技有限公司等联合申报了国家"十三五"重大研发项目、国家自然科学基金等科研项目，共同开展合作研究；与抚顺永茂建筑机械有限公司开展了新型塔式起重机的设计与相关技术开发；与辽宁抚挖重工机械股份有限公司开展了履带强夯机总体参数设计软件开发；与沈阳三洋重工集团有限公司开展了"一种机械式立体停车库的车辆停车姿态自动识别方法""一种装配式建筑预制构件精准装配装置及方法""一种基于光电开关的混凝土布料机自动预标定方法"等技术研究。

东北大学与北方重工集团有限公司积极开展合作，升级"老字号"产品。北方重工集团有限公司产品结构与研发目标和东北大学学科方向具有深度的契合性和关联性，面向高质量发展要求，双方坚持目标导向与问题导向，坚持精准对接与深度服务模式，以项目合作为依托，进一步加深与拓展了双方合作的深度和广度，将学校的学科优势与技术创新成果转化为推动企业创新能力提升和产品结构升级的增长动力。双方围绕隧道掘进产品、胶带运输机产品、堆取料机等升级进行深度合作。近期，已研发出智能堆取料机无人值守堆取料系统。堆取料机无人值守智能平台广泛应用于钢铁、建材、电力、港口等行业，该技术通过使用先进的工业自动化、检测、测绘、计算机图像图形技术以及通信技术，实现堆取料机的自动化堆取料作业；利用激光扫描技术对料堆进行动态实时扫描，并进行仿真处理，形成三维图像及料堆信息数据库。该技术可实现将堆料、取料作业计划自动转化为PLC控制指令，控制堆取料机自动寻址，根据设定的数据，如堆形、堆宽、堆高等，进行自动堆料。还可以实现根据指定的料堆，自动寻找料堆切入点，进行自动取料。在市场需求日益增大的背景下，开发堆取料机无人值守智能平台，使北方重工集团有限公司快速具备智能料场技术整合能力，为用户提供差异化智能化解决方案，提升了盟员单位北方重工集团有限公司堆取料机产品竞争力。

由大连理工大学牵头，联合东北大学、沈阳工业大学等高校，以及北方重工集团有限公司等企业共同针对重大装备开展协同创新，协同研制出大型硬岩全断面隧道掘进机等国际领先的重大装备产品，建成世界知名的重大装备研发、创新人才培养和聚集基地，推动辽宁成为世界级装备制造基地，实现了由"中国制造"到"中国创造"的跃变。

中国科学院沈阳自动化研究所利用在工业设备全生命周期管理、工业大数据及智能制造云服务平台等方面的优势技术，积极与北方重工集团有限公司等盟员单位合作，为盟员单位培养博士等高层次科技人员，共同开展智能装备工业互联网平台研制与应用，促进了盟员企业单位的转型升级和企业产品的智能化水平。

3．人才培养情况

通过联盟搭建的平台，推动了联盟成员单位科技人才的联合培养和交流互动，使联盟成为培养高层次人才的重要基地，不断增强了产业的持续创新能力。

例如，与北方重工集团有限公司盾构机分公司共建研究生联合培养基地，培养研究生一百多人；与抚顺永茂建筑机械有限公司共建建筑施工机械研究开发研究生实践基地，培养近百名研究生和工程技术人员。

4．典型事例

沈阳建筑大学与盟员单位沈阳三洋建筑机械有限公司产学研合作的科技成果"超高异形建筑用施工平台关键技术与装备研发"获得辽宁省科技进步一等奖。

"超高异形建筑用施工平台关键技术与装备研发"项目研发的超高异形建筑用施工平台，是一种广泛用于超高异形建筑外立面施工、大型风电设备维修等具有高、悬、难、异等施工特点的高空作业机械装备，该平台的设计、制造和控制难题，已成为制约我国发展超高异形建筑施工和大型风电维修技术的重大"卡脖子"问题。沈阳建筑大学与盟员单位沈阳三洋建筑机械有限公司联合中国建筑科学研究院有限公司建筑机械化研究分院、申锡机械集团有限公司，围绕超高异形建筑用施工平台装备的关键技术问题进行联合攻关，取得了重大科技成果。项目所完成技术指标达到国际先进水平，部分成果达到国际顶尖水平。项目关键技术、研究成果被省内外多家企业相继转化应用，产品及技术同时服务于国家"一带一路"倡议，出口至美国、俄罗斯等国家。技术打破了国外垄断，实现装备的自主产权设计制造。该项目围绕超高异形建筑用施工平台装备的设计、制造、控制以及适应性等应用领域的基础理论和关键技术取得了一系列具有自主知识产权的原创性成果，推动了装备技术革新发展。先后获得国家授权发明专利37项、实用新型专利9项、软件著作权5项、制/修订相关国家标准11项。基于该项目研究成果出版的学术专著共有10部，先后发表学术论文90余篇，其中被SCI/EI检索收录21篇。

二、辽宁省"建材产业"校企协同创新联盟

辽宁省"建材产业"校企协同创新联盟以坚持实事求是、开拓创新、讲求实效为原则，组织生产企业、高等院校、研究院（所）、应用企业及相关学（协）会等围绕供给侧人才培养结构调整问题，建立专业人才的行业、学校、专业三级培养标准；围绕产业技术创新的关键问题，开展技术合作，突破产业发展与核心技术，形成产业技术标准；建立服务平台，实现资源整合和优势互补，实现校企联盟人才和技术供需的信息发布和公开对接；实施技术转移，加速科技成果的商业化运用，提升产业整体竞争力；联合培养人才，加强人员的交流互动，有效提升建材产业装备与技术的相关产业核心竞争力。

联盟是由建材产业链上从事人才培养、科学研究、生产、应用和服务的高等学校、研究院（所）、企业及社会团体，按照自愿、平等、合作原则组成的全省性非营

利专业社会团体。联盟严格遵守国家有关法律法规，贯彻国家关于建材产业发展的方针政策，加强辽宁省高校人才培养与产业需求的对接、技术创新与合作，提升高校人才培养和科技合作对辽宁建材产业结构调整和地方经济发展的贡献度。

（一）联盟的主要任务

1. 战略研究和平台搭建

组织制定建材产业创新发展规划，提出领域技术路线图和产业技术路线图；搭建公共信息平台，建立技术库、产品库、人才库和需求库，推动各类创新资源的整合对接；凝聚一批具有创新优势的产学研单位，形成高效率的产学研合作新机制，推进联盟内各方的沟通互动，提高资源配置效率。

2. 创新推进

根据建材产业发展需要，集聚创新资源和要素，设立一批联盟项目，积极组织和推进相关关键技术和重点产品的自主创新，提高建材产业产品的设计水平和质量。推进相关领域共性技术平台的建立，实现技术创新要素的优化组合、有效分工、合理衔接以及科技资源共享，完善产业创新链。

3. 产业推进

根据建材产业发展的需求，加强与关联产业领域的对接，推进建材产业服务平台的建设，完善产业链；积极推进相关优势区域建立产业基地，形成一批具有国际竞争力、特色鲜明的创新产业化基地。

4. 应用推进

紧密结合各级政府机构的实际需要，组织开展建材产业趋势研究和示范设计等工作，促进辽宁及东北地区建材产业的规模化推广，推动辽宁及东北地区建材产业的良性发展。

5. 行业人才培养

通过联盟搭建的平台，推动联盟高校成员单位人才培养与产业需求的对接以及科技人才的联合培养和交流互动，使联盟成为培养高层次人才的重要基地，成为吸引留学人才和海外人才的重要基地，不断增强产业的持续创新能力。

（二）联盟的组织机构

联盟共有51家会员单位，分别是沈阳建筑大学、辽宁忠大集团有限公司、沈阳理工大学、大连工业大学、辽宁科技大学、大连理工大学建设工程学部、东北大学材料科学与工程学院、沈阳工业大学、沈阳化工大学、大连海洋大学、辽宁省产品质量监督检验院、辽宁省建设科学研究院有限责任公司、辽宁省轻工科学研究院、辽宁中建西部建设有限公司、中铁九局集团工程检测试验有限公司、亚泰（集团）辽宁建材有限公司、沈阳泰丰特种混凝土有限公司、辽宁秦恒科技有限公司、沈阳依力达建筑外加剂厂、沈阳顺风实业集团有限公司、本溪玉晶玻璃有限公司、沈阳城市建设学院、营口理工学院、辽宁建筑职业学院、山水集团东北运营区、盘锦禹王防水建材集团有限公司、沈阳万融现代建筑产业有限公司、沈阳玖亿建筑材料有限公司、辽宁交通水泥有限责任公司、辽宁科隆精细化工股份有限公司、辽宁康泰塑胶科技有限公司、辽宁强风铝业工程有限公司、辽宁省秦甄环保建材有限公司、辽宁天宝佳华建材公司、沈阳远大铝业工程有限公司、沈阳兆寰现代建筑构件有限公司、沈阳博泰混凝土构件有限公司、沈阳万隆新型建材有限公司、建华建材（沈阳）有限公司、沈阳星光技术陶瓷有限公司、沈阳新王者陶瓷有限公司、营口象圆新材料工程技术有限公司、锦州市好为尔保温材料有限公司、绿源新材料（沈阳）有限公司、锦州东方雨虹建筑材料有限责任公司、集佳绿色建筑科技有限公司、沈阳中城国有资产经营集团有限公司、辽宁北煤矿业集团、金隅冀东混凝土辽宁区域管理公司、沈阳泽众环保科技有限公司、辽宁欧锐管业有限公司。

联盟成员分为理事会成员和非理事会成员。积极参加联盟成立初期的活动，并自愿作为发起人的高校、科研院所、生产企业及有关组织为理事会成员。随着工作的开展，逐步吸收非理事会成员，条件合格的单位发展成为理事会成员。

1. 联盟理事大会

联盟最高权力机构是理事大会，理事大会的职权是：制定和修改联盟章程；选举和罢免理事；审议理事会的工作报告和财务报告；决定终止事宜；决定其他重大事宜。

理事大会须有三分之二理事会成员出席方能召开，其决议须经到会成员半数以上表决通过方能生效。理事大会每届四年。因特殊情况需提前或延期换届的，须经理事会表决通过，报业务主管单位审查并经社团登记管理机关批准同意。延期换届最长不超过一年。

2. 理事会、秘书处

联盟设理事会、秘书处。秘书处设在沈阳建筑大学。理事会是理事大会的执行机构，在理事大会闭会期间领导本联盟开展日常工作，对理事大会负责。首届理事会由联盟发起人组成。

理事会的主要职权是：执行理事大会的决议；选举和罢免理事长、副理事长、秘书长；筹备召开理事大会；向理事大会报告工作和财务状况；决定理事会成员吸收、退出或除名；决定副秘书长等主要负责人的聘任；领导秘书处开展工作；制定内部管理制度；制定联盟发展规划和工作计划；决定其他重大事项。

理事会每年至少召开一次会议，由秘书长召集。情况特殊的也可采取通信、电话会议等形式召开。理事会须有三分之二以上成员出席方能召开，其决议须经到会成员半数以上表决通过方能生效。

3．任职条件

联盟理事长、副理事长、秘书长须具备下列条件：

坚持党的路线、方针、政策，政治素质好；在业务领域具有较大的影响；理事长、副理事长、秘书长最高任职年龄不超过70周岁；身体健康，能坚持正常工作；具有完全民事行为能力；未受过剥夺政治权利的刑事处罚。

理事长及副理事长、秘书长每届任期为四年，可以连任，任期不超过两届。理事长为本联盟法定代表人。

理事长行使下列职权：召集和主持理事会；检查理事大会、理事会决议的落实情况；代表本联盟签署有关重要文件。

副理事长行使下列职权：辅助理事长开展联盟各项工作；指导联盟秘书处开展各项工作；完成理事长交办事项。

秘书长行使下列职权：主持联盟开展日常工作，组织实施年度工作计划；协调工作组开展工作；提名常务副秘书长、副秘书长等主要负责人，交理事会决定聘用；处理其他日常事务。由于特殊原因，秘书长不能行使职权的，由常务副秘书长代为行使上述职权（提名常务副秘书长除外）。

（三）主要工作

联盟成立以来，联盟单位派出企业优秀专业技术人才、管理人才进入辽宁科技大学，面向本科生、研究生开展了数十次的专业技术讲座和实验指导以及与大学生面对面交流。

亚泰（集团）辽宁建材有限公司、辽宁交通水泥有限责任公司、沈阳万融现代建筑产业有限公司、沈阳顺风实业集团有限公司等多家成员单位，参与沈阳建筑大学、沈阳理工大学、大连工业大学等高校牵头举办的招聘会，与百余名学生签署就业协议。

辽宁山水集团、辽宁天宝佳华建材有限公司、辽宁秦恒科技有限公司、沈阳中城国有资产经营集团有限公司等多个成员单位与高校成员签署学生就业实习基地协议，同时参与产学院合作并进行了成果转化。

　　1．对接服务省内县域经济情况

　　（1）科技成果对接

　　积极组织联盟成员单位参加"民营企业高校院所行"暨建筑行业科技成果对接会，参会联盟单位31家，展出成果25项，现场签订技术服务合同2项，该活动在辽宁新闻进行了宣传报道。

　　（2）县域经济对接

　　联盟牵头单位沈阳建筑大学、联盟成员单位沈阳化工大学等参加了北票大学进园区活动，联盟牵头单位沈阳建筑大学与北票签订了"沈阳建筑大学支持北票市振兴发展合作协议"，与北票北塔油页岩综合开发利用有限公司签订了"共建页岩渣建材资源化利用校企研究院合作协议"。

　　联盟牵头单位沈阳建筑大学、联盟成员单位东北大学材料科学与工程学院、沈阳理工大学、沈阳化工大学等参加了第十五届沈阳法库国际陶瓷博览交易会，会上对联盟的15项科技成果进行了推介，并与辽宁法库陶瓷工程技术研究中心签订共建陶瓷产业研究院合作协议。

　　联盟牵头单位沈阳建筑大学与联盟成员单位山水集团初步达成共建新型建材产业研究院合作意向，研究院紧密围绕当今绿色建材、节能建材和装配式预制构件及配套材料等主导发展方向，设置特种水泥研究所、节能建筑材料研究所等9个研究所。下一步双方将就研究院重点优先研发和产业化的新型建材产品方向以及围绕优先发展方向拟购置的仪器设备和建立中试生产线等进行深入磋商。

　　（3）服务五大区域发展战略

　　联盟积极投身服务五大区域发展战略，承担辽宁省高校学科带头人对接服务辽西北地区重点任务2项，对接服务海城企业任务1项，承担高校产业技术研究院重大应用项目4项。项目充分利用陶瓷生产过程中产生的废弃陶瓷以及陶瓷抛光粉，开发系列新型建材产品；以煤矸石为主要原材料，生产陶粒轻骨料，用于混凝土、轻质建材、水处理等行业。

　　2．产学研合作情况

　　（1）依托企业，校企联合开展专业竞赛，协同创新育人。完成辽宁省教育厅主办、辽宁省化工类研究生创新与学术交流中心和沈阳化工大学共同承办，辽宁省建材产业校企联盟、营口东盛实业有限公司协办的第一届辽宁省化工材料与技术研究生创新大赛。比赛对于推动辽宁省化工类研究生培养模式的改革与创新，促进化工类研究生创新意识、实践能力水平的提高具有重要意义。

（2）立足沈阳固体废弃物，与企业共建研究院，开展固体废弃物资源化利用技术攻关。围绕沈阳固体废弃物，与企业共签订4所研究院协议（沈阳建筑大学与本溪市明山区；沈阳建筑大学、沈阳理工大学与山水集团东北运营区；沈阳建筑大学、沈阳理工大学与沈阳中城国有资产经营集团有限公司）、1个合作协议（沈阳建筑大学、建平县建平富荣昌水泥有限公司合作协议）、1个技术服务合同（沈阳建筑大学、建平县建平富荣昌水泥有限公司）。

（3）围绕沸石等矿产资源的综合利用关键技术，校企联合开展科研攻关。与企业签订共建研究院协议，与辽宁女娲防水建材科技集团签署产学研合作协议，沈阳建筑大学、沈阳理工大学与喀左县玉龙紫砂艺术品制造有限公司签署技术咨询协议，完成《建筑用紫砂干粉内墙涂料团体标准》一部，沈阳建筑大学与山水集团东北运营区双创办公室多次进行技术对接，在矿渣微粉助磨剂、矿渣助磨剂及专用助磨剂技术成果转化方面进行不间断合作。

3．人才培养情况

联盟采取企业走访、召开座谈会、问卷调查等多种形式，了解辽宁省建材行业对人才的需求，积极引入行业专家意见，结合建材相关专业办学特色，对培养方案及课程内容进行了调整。基于大量企业调研和对国内开设类似专业的同济大学、武汉理工大学等学校的培养方案的分析比较，完成了基于专业工程认证和卓越计划培养需要的无机非金属材料工程、高分子材料与工程专业的人才培养方案制定工作；完成了适用于无机非金属材料工程专业工程教育认证的培养目标达成情况分析管理办法及专业毕业要求达成情况评价办法。

未来一个阶段，学校将通过信息化手段推动社区的智慧化规划、建设及全周期管理。提高城市适老化程度，营造和谐健康的低碳社区，实现全方位系统的智能化管控，完善智慧社区功能、系统与运转机制，为构建城市智慧社区提供支撑，使老有所依，安享晚年，提升全社会幸福感。结合城市健康及城市大数据，围绕我省城市科学发展的迫切要求，分析和把握城市发展规律，充分利用大数据、人工智能、物联网等新一代信息技术，开展城市环境、交通、设施、服务、公共安全等突出、迫切的重大城市问题研究；综合运用多种技术手段，实现城市大数据的融合和集成，提高对城市自然环境、建成环境和人群活动的动态感知和分析能力，提出更符合城市发展规律的公共政策建议。

参考文献

[1] 习近平. 习近平谈治国理政（第三卷）[M]. 北京：外文出版社，2020.

[2] 本书编写组. 习近平总书记教育重要论述讲义[M]. 北京：高等教育出版社，2020.

[3] 中共中央宣传部. 习近平总书记系列重要讲话读本[M]. 北京：学习出版社，人民出版社，2016.

[4] 毛礼锐，沈灌群. 中国教育通史[M]. 济南：山东教育出版社，1989.

[5] 张维迎. 市场的逻辑[M]. 增订版. 上海：上海人民出版社，2010.

[6] 玛丽·亨克尔，布瑞达·里特. 国家、高等教育与市场[M]. 谷贤林，等译. 北京：教育科学出版社，2005.

[7] 伯顿·R·克拉克. 高等教育系统[M]. 王承绪，徐辉，殷企平，等译. 杭州：杭州大学出版社，1994.

[8] 郭斌，等. 知识经济下产学合作的模式、机制与绩效评价[M]. 北京：科学出版社，2007.

[9] 潘懋元. 多学科观点的高等教育研究[M]. 上海：上海教育出版社，2001.

[10] 尹庆民，陈浩，裴一蕾，等. 校企合作研究——基于应用型高校的模式及保障机制[M]. 北京：知识产权出版社，2012.

[11] 詹姆斯·埃文斯，威廉·林赛. 质量管理与质量控制[M]. 9版. 岳盼想，等译. 北京：中国人民大学出版社，2016.

[12] 林健. 大学薪酬管理——从实践到理论[M]. 北京：清华大学出版社，2010.

[13] 袁铎. 学科教学论教师课程育人与理论创新研究[M]. 广州：暨南大学出版社，2020.

[14] 王金华. 经管教育研究[M]. 南京：南京大学出版社，2019.

[15] 吴国盛. 技术哲学经典读本[M]. 上海：上海交通大学出版社，2008.

[16] 李茂国，朱正伟．工程教育范式：从回归工程走向融合创新[J]．中国高教研究，2017，（6）：30-36．

[17] 李培根．高等工程教育中的边界再设计[J]．高等工程教育研究，2007，（4）：8-11．

[18] 柳友荣，项桂娥，王剑程．应用型本科院校产教融合模式及其影响因素研究[J]．中国高教研究，2015，（5）：64-68．

[19] 施晓秋，赵燕，李校堃．融合、开放、自适应的地方院校新工科体系建设思考[J]．高等工程教育研究，2017，（4）：10-15．

[20] 卞成林．习近平新时代中国特色社会主义思想对我国高等教育的重要指导[J]．中国高等教育，2019，（Z1）：13-15．

[21] 陈星．应用型高校产教融合动力研究[D]．重庆：西南大学，2017．

[22] 庄西真．产教融合的内在矛盾与解决策略[J]．中国高教研究，2018，（9）：81-86．

[23] 吴华．产权视域下的校企合作——市场机制的失效和政府的有限介入[J]．现代教育管理，2014，（3）：78-81．

[24] 陈解放．"产学研结合"与"工学结合"解读[J]．中国高教研究，2006，（12）：34-36．

[25] 林健．面向未来的中国新工科建设[J]．清华大学教育研究，2017，38（2）：26-35．

[26] 吴爱华，侯永峰，杨秋波，郝杰．加快发展和建设新工科主动适应和引领新经济[J]．高等工程教育研究，2017，（1）：1-9．

[27] 林健．校企全程合作培养卓越工程师[J]．高等工程教育研究，2012，（3）：7-23．

[28] 吴岩．建设中国"金课"[J]．中国大学教学，2018，（12）：4-9．

[29] 吴岩．新工科：高等工程教育的未来——对高等教育未来的战略思考[J]．高等工程教育研究，2018，（6）：1-3．

[30] 钟登华．新工科建设的内涵与行动[J]．高等工程教育研究，2017，（3）：1-6．

[31] 顾佩华．新工科与新范式：概念、框架和实施路径[J]．高等工程教育研究，2017，（6）：1-13．

[32] 赵继，谢寅波．新工科建设与工程教育创新[J]．高等工程教育研究，2017，（5）：13-17+41．

[33] 李培根．工科何以而新[J]．高等工程教育研究，2017，（4）：1-4+15．

[34] 何郁冰. 产学研协同创新的理论模式[J]. 科学学研究, 2012, 30（2）: 165–174.

[35] 张力. 产学研协同创新的战略意义和政策走向[J]. 教育研究, 2011, 32（7）: 18–21.

[36] 阎卫东, 王素君, 吕文浩. 地方高校产教融合推进内涵式发展的逻辑分析和路径选择[J]. 现代教育管理, 2021,（6）: 44–50.

[37] 阎卫东, 吕文浩. 产教融合背景下地方高校教育改革路径研究[J]. 沈阳建筑大学学报（社会科学版）, 2020, 22（4）: 423–427.

[38] 李成森, 阎卫东. 供给侧改革背景下的高等地方高校发展趋向研究[J]. 教育与职业, 2017,（3）: 24–28.

[39] 王素君, 吕文浩, 刘阳. 校企协同育人的机制和模式研究[J]. 现代教育管理, 2015,（2）: 57–60.

[40] 周光礼. "双一流"建设中的学术突破——论大学学科、专业、课程一体化建设[J]. 教育研究, 2016, 37（5）: 72–76.

[41] 钟秉林, 方芳. 一流本科教育是"双一流"建设的重要内涵[J]. 中国大学教学, 2016,（4）: 4–8+16.

[42] 陈建国. 威斯康星思想与我国地方高校转型发展[J]. 高等教育研究, 2014, 35（12）: 46–53.

[43] 陶书中. "双师型"教师队伍建设的探索与实践[J]. 黑龙江高教研究, 2006,（1）: 80–81.

[44] 李志义, 朱泓, 刘志军, 夏远景. 用成果导向教育理念引导高等工程教育教学改革[J]. 高等工程教育研究, 2014,（2）: 29–34+70.

[45] 高延伟. 中国土建类高等教育发展现状与展望[J]. 高等建筑教育, 2014, 23（2）: 1–3.

[46] 余寿文, 王孙禺. 中国高等工程教育与工程师的培养[J]. 清华大学教育研究, 2004,（3）: 1–7.

[47] 朱高峰. 对工程伦理的几点思考[J]. 高等工程教育研究, 2015,（4）: 1–4.

[48] 潘玲珍. 基于产教融合的高职教师专业发展研究[J]. 高等工程教育研究, 2015,（2）: 159–163.

[49] 叶正飞. 基于产教融合的地方高校创新创业教育共同体构建研究[J]. 高等工程教育研究, 2019,（3）: 150–155.